高等职业教育食品检验检测技术专业教材

食品掺伪鉴别检验

（第四版）

主编
彭珊珊

中国轻工业出版社

图书在版编目（CIP）数据

食品掺伪鉴别检验/彭珊珊主编．—4版．—北京：中国轻工业出版社，2026.1
ISBN 978-7-5184-3931-7

Ⅰ.①食…　Ⅱ.①彭…　Ⅲ.①食品检验—教材
Ⅳ.①TS207.3

中国版本图书馆CIP数据核字（2022）第051617号

责任编辑：张　靓　王宝瑶
策划编辑：张　靓　　责任终审：白　洁　　封面设计：锋尚设计
版式设计：砚祥志远　　责任校对：朱燕春　　责任监印：张　可

出版发行：中国轻工业出版社（北京鲁谷东街5号，邮编：100040）
印　　刷：三河市万龙印装有限公司
经　　销：各地新华书店
版　　次：2026年1月第4版第4次印刷
开　　本：720×1000　1/16　印张：21.5
字　　数：433千字
书　　号：ISBN 978-7-5184-3931-7　定价：48.00元
邮购电话：010-85119873
发行电话：010-85119832　010-85119912
网　　址：http://www.chlip.com.cn
Email：club@chlip.com.cn

260005J2C404ZBW

本书编写人员

主　编　彭珊珊（韶关学院）

副主编　张俊艳（韶关学院）
许柏球（深圳职业技术大学）
冯翠萍（山西农业大学）

参　编　石　燕（南昌大学）
徐吉祥（清远职业技术学院）
包永华（浙江经贸职业技术学院）
许晓春（厦门城市职业技术学院）
施　帅（江苏农牧科技职业学院）
李秋红（九江学院）

前 言 PREFACE

民以食为天。食品是人类生存和社会发展的物质基础，是人们从事劳动生产和一切活动的能量源泉，也是国家稳定和社会发展的必备基础。食品的特殊性，使得食品产业成为“朝阳产业”，在当今得到空前的重视和发展。

由于历史的原因，我国的食品工业基础较差，卫生设施不尽如人意，加之产品优胜劣汰的市场机制尚待完善，一些不法企业和个体商贩钻空子，生产、销售掺伪食品，给消费者带来了危害。为了适应我国食品工业迅猛发展的新形势，我们要增强问题意识，聚焦实践中的新问题、人民群众急难愁盼问题，不断提出真正解决问题的新理念、新思路、新办法。开展食品掺伪鉴别检验工作具有十分重要的意义。根据教学和生产的需要，作者通过多年教学实践的改进和完善，以及对国内外有关资料的收集、整理，编著本教材。

高职院校学生大多要面向企业，所做的技术工作都要围绕着企业的生产和市场销售来展开。对生产和市场的熟悉与适应能力，是高职学生未来成功的基础，也是高职院校的重要培养目标。怎样在课程中形成自己的特色，使学生能够尽快切入实际，是作者在多年教学中探索的内容。本教材就是在这方面探索的一个结果。为了更好地体现高职食品类专业的教学体系特点，作者在教材中极力贯彻创新性、实践性原则，着力培养、造就德才兼备的高素质人才，努力在现代化建设中展现新作为、作出新贡献。

在本教材编写过程中，考虑到各方面的需要，作者力求使教材通俗易懂，简便易行，对各类食品的感官特性、理化指标、掺伪鉴别检验方法进行深入浅出的叙述，在本教材再版之际，作者将部分类似的内容进一步归纳，并且在第三版教材的基础上，针对高等职业院校理论与实践相互渗透和相互印证，强调基础应用内容，采用典型案例加以教学效果强化，将理论知识灵活应用于生产实践并提升其中的技能点；根据2021年修订的《中华人民共和国食品安全法》，结合职业院校教学要求，增加课程思政、实训内容，特别是感官检验的实训内容，并且增加典型的基础性、综合性、设计性、选择性教学实训项目，供各院校结合各自实训条件选择使用；通过典型掺伪鉴别检验实训内容的辅助教学，提高学生对掺伪鉴别检验方法的感性认识，加深学生对掺伪鉴别检验方法基础理论的理解与掌握，为今后的生产实践打下基础；同时附加数字化教学资源，方便教师备课和学生的自主学习。

本教材既有利于高等院校的理论与实验教学工作，又便于各级化验人员的实际操作，并可指导生产实践，同时对消费者有着参考、指导作用，不失为一本实用性较强的专业科技书。

组织食品掺伪鉴别检验教学是一种探讨性的工作，作者在食品工程专业没有同类教科书的情况下编写本教材并进行了修订，期望引起更多的讨论，为最终形成较为成熟的学科教学体系做出贡献。

本教材在编写过程中，曾得到国内各有关单位领导、食品专家的热情帮助和大力支持，在此谨致以诚挚的感谢。需要特别说明的是本教材在编写过程中，参考或引用了不同专业的专著和期刊等文献资料，考虑到本教材的篇幅有限，参考文献未能一一列举，在此谨向各位作者表示感谢。

限于作者的编写水平，书中难免有误，敬请读者指正。

编者

目 录 CONTENTS

模块一

食品掺伪鉴别检验基础知识

学习目标与要求

了解食品掺伪的定义、方式。掌握食品掺伪的危害、食品掺伪鉴别检验的内容。

具有社会主义核心价值观、求实的科学态度、严谨的工作作风和团队协作精神。贯彻执行《中华人民共和国食品安全法》，加强食品检测和监督，保障人民的身体健康，把人民群众的根本利益落实到为人民服务的食品工作实践当中去。

学习重点与难点

重点：掺伪食品的危害。

难点：食品掺伪的方式。

学习内容

食品通常泛指一切食物，但在大多数情况下是把经过加工得到的食物称为食品。食品是万物之首，是关系国计民生的特殊商品。我国自改革开放以来，不少食品企业不断增加对技术开发、技术引进及技术改造的投入，学习国内外先进管理方法，使产品质量不断提高，新品种明显增多，涌现出一批名优食品和质量效益型食品企业，不少食品的质量、性能达到或接近国际先进水平，其花色品种多姿多彩，在质量上讲究营养保健性能，食用方便化。科学的发展伴随着一系列与食品相关的理念和设计思想的更新，大量新技术不断应用于食品加工业，我国食品工业呈现出大好的发展形势。

但是由于历史的原因，我国的食品工业起步较晚，仍处于初级发展阶段。不少企业尚存在生产工艺落后、卫生设施不尽如人意的情况，加之产品优胜劣汰的市场机制还不够完善，一些不法企业和个体商贩目无法纪，生产、销售掺伪、劣质食品，伤害消费者的身体健康。

目前我国已将“方便、营养、安全”作为食品工业发展的方向，坚持深化改革开放的重大原则并进一步加强对食品生产者的法规教育，增强其安全意识。食品企业要为我国人民身体健康服务，要走向国际市场，因此，研究降低食品掺伪案发率的对策和整体防范控制办法势在必行，开展食品掺伪鉴别检验具有十分重要的意义。

项目一

食品掺伪的定义、危害、方式

一、食品掺伪的定义

食品质量主要有三项基本要求：①营养价值；②较好的色、香、味和外观性状；③无毒、无害，符合食品安全质量要求。如果食品中的营养物减少了或者发霉变质了，那么这种食品就降低或失去了应有的食用价值。发生这类现象的原因除了生产、加工、贮藏、运输、销售不当以外，就是掺假、掺杂、伪造所造成的。

食品的掺伪一般是指侵犯他人知识产权的产品，不符合国家质量、技术标准要求的产品，不符合市场准入条件的产品等等。例如人为地、有目的地向食品中加入一些非所固有的成分，以增加其质量或体积，降低成本；或改变某种质量，以低劣色、香、味来迎合消费者心理的行为。食品的掺伪主要包括掺假、掺杂和伪造，这三者之间没有明显的界限，食品掺伪为掺假、掺杂和伪造的总称。食品的掺假是指向食品中非法掺入物理性状或形态相似的物质，如小麦粉中掺入滑石粉，味精中掺入食盐，油条中掺入洗衣粉，食醋中掺入游离矿酸等。食品的掺杂是指在粮油食品中非法掺入非同一种类或同种类劣质物质，如大米中掺入沙石，糯米中掺入大米等。食品的伪造是指人为地用一种或几种物质进行加工仿造、冒充某种食品在市场销售的违法行为，如用工业酒精兑制白酒，用黄色素、糖精及小麦粉仿制蛋糕等。一般的掺伪物质可以假乱真。

比如《广东省查处生产销售假冒伪劣商品违法行为条例》中“第十条　有下列情形之一的，为假冒伪劣商品：（一）不符合保障人体健康和人身、财产安全的国家标准、行业标准、地方标准的；（二）掺杂掺假，以假充真，以次充好，以旧充新，以不合格商品冒充合格商品的；（三）未依法取得许可或者假冒许可证编号的；（四）使用假冒伪劣原材料、零部件进行生产、加工、制作或者组装的；（五）使用国家禁止使用的原料生产食品添加剂的；（六）食品中有违反国家标准超范围、超限量使用的添加剂的；（七）过期、失效、变质的；（八）国家明令淘汰或者禁止生产、销售的；（九）篡改生产日期、安全使用期、有效期、失效日期或者保质期的；（十）伪造商品产地、伪造或者冒用厂名、厂址的；（十一）假冒认证标志、采用国际标准产品标志、名优标志、防伪标志、地理标志产品专用标志、保健食品专用标志、商品条码等标志标识，或者假冒合格证书、检验报告、质量保证书等质量证明文件的；（十二）商品质量不符合标识、说明书表明的质量状况的；（十三）盗版复制或者假冒注册商标、专利的；（十四）法律、法规规定的其他假冒伪劣商品”。

二、掺伪食品的危害

掺伪食品对人体健康的危害，主要取决于添加物的化学性质和物理性质，大致可分为以下 4 种情况。

1. 添加物原属于正常食品或原辅料，仅是成本较低

例如：乳粉中加入过量的白糖；牛乳中掺水或豆浆；芝麻香油中加米汤或掺葵花籽油、玉米胚油；糯米粉中掺大米粉；味精中掺食盐等。这些添加物都不会对人体产生急性损害，但食品的营养成分、营养价值降低，干扰了经济市场，致使消费者蒙受经济损失。

2. 添加物是杂物

例如：米粉中掺入泥土，面粉中混入沙石等杂物，人食用后可能对消化道黏膜产生刺激和损伤，不利于人体健康。

3. 添加物具有明显的毒害作用，或具有蓄积毒性

例如：用化肥（尿素）浸泡豆芽；用除草剂催发无根豆芽；将添加绿色染料的凉粉当作绿豆粉制成的凉粉等。人食用这类食品后，胃部会受到恶性刺激，还可能对人体产生蓄积毒性，具有致癌、致畸、致突变等作用。有些地区也有因用混入桐油的食用油炸制油饼、油条而引起人体食物中毒的报道。

4. 添加物受细菌污染而腐败变质的，通过加工生产仍不能彻底灭菌或破坏其毒素

曾有因食用变质月饼、糕点等引起食物中毒的典型事例，使食用者深受其害。

由此可见，掺伪食品对人体健康的危害是非常严重的。2015 年发布、2021 年修订的《中华人民共和国食品安全法》第三十四条明文规定：禁止生产经营“……混有异物、掺假掺杂或者感官性状异常的食品、食品添加剂”。这是从消费者利益出发的，以保障人们的身体健康，增强各族人民体质。对于一些生产或经营制作、销售掺伪食品的单位或个人，必须严加惩治，这是建立和维护社会主义市场经济体制的需要，也是广大工商企业和消费者的迫切要求。

三、食品掺伪的方式

食品掺伪的原因及方式是随着化工行业和轻工行业中食品加工工业的纵深发展而逐渐变化的，其手段也日趋复杂巧妙，掺入的成分和数量也不尽相同，加之手段隐蔽，给鉴别检验带来了更多的困难。因此，对食品掺伪进行深入研究是十分必要的。

一些生产者或经营者掺伪的主要目的是想少投入多产出，用少量的成本获取高额的利润。因此，多采用以下4种掺伪方式。

1. 掺兑

主要是在食品中掺入一定数量的外观类似的物质以取代原食品成分。如掺入廉价易得的物质增加食品质量，一般指液体（流体）食品的掺兑。例如，芝麻油掺米汤、食醋掺游离矿酸、啤酒和白酒兑水、牛乳兑水等。其中最多的是兑水，特别是酱油、食醋、酒、牛乳的兑水、掺水。酱油、牛乳相对密度不足时，加入食盐或兑入与牛乳相对密度相近的豆浆、米汤等，增加食品的质量。

2. 混入

在固体食品中掺入一定数量外观类似的非同种物质，或种类相同但质量低劣的，称作混入，是一种采取好的、漂亮的精制包装或夸大的标签说明，而内装食品的种类、品质、营养成分名不副实的假冒做法。例如：将薯粉混入藕粉并精美包装出售的假藕粉，还有味精中混入食盐、糯米粉中混入大米粉等。

3. 抽取

从食品中提取出部分营养成分后，仍冒充成分完整在市场进行销售的做法称为抽取。例如：小麦粉提取出面筋后，其余物质还充当小麦粉销售或掺入正常小麦粉中出售。

4. 粉饰

一些生产者和经营者为了迎合消费者的心理，扩大销售量，以色素（或颜料）、香料及其他严禁使用的添加剂对质量低劣的或所含营养成分低的食品进行调味、调色处理后，加以精致漂亮的包装，充当正常食品出售；甚至夸大宣传所售商品，来掩盖质量低劣的产品的做法称为粉饰。例如，糕点加非食用色素、糖精等；将过期霉变的糕点下脚料粉碎后制作饼馅；将酸败的挂面断头粉碎后，与原料混合，再次制作成挂面出售；米粉和粉丝中加入荧光增白剂；馒头用硫黄熏蒸；挂面中掺加吊白块等。

或者对已经变质的食品进行中和；为了掩盖不良性状达到可以继续出售的目的，将非食品用的防腐剂、中和剂及其他非食用添加剂掺入食品中。例如：用化肥浸泡豆芽；在已变质牛乳中加入中和剂；在豆腐中掺入非食用色素；在米、面制品中加入硼酸盐防腐等。

在对目前市场进行的检查、检验中发现食品掺伪主要包括以上几种方式，它们之间的划分尚没有严格的界限，可能在一种食品中会涉及多种方式。为了加强市场经营管理，保证食品质量卫生及人们饮食安全，必须从人们身体健康着想，促进食品工业发展。杜绝假冒伪劣食品，这既要靠国家的政策法令，又要靠企业及时采取有效防范技术措施，还要靠消费者对掺伪食品的识别和抵制能力以及自我保护意识，最终严防假冒伪劣产品流入市场，扰乱市场经济。

项目二

食品掺伪鉴别检验的方法

在掺伪食品鉴别检验工作中，由于被测组分和干扰成分的性质以及它们在食品中的数量存在差异，所以选择的分析方法也各不相同。掺伪食品鉴别检验采用的方法有感官检验法、理化检验法、微生物分析法和酶分析法。

一、感官检验法

感官检验又称感官分析，是在心理学、生理学和统计学的基础上发展起来的一种检验方法。食品的感官检验是借助人的感觉器官的功能，通过人的感觉——味觉、嗅觉、视觉、触觉，以语言、文字、符号作为分析数据，对食品的色泽、风味、气味、组织状态、硬度等外部特征进行评价的方法，其目的是评价食品的可接受性和鉴别食品的质量。感官检验是与仪器分析并重的检测手段，在食品的掺伪检验中具有其他检验方法不可代替的作用。其重要性不但在于有些产品的特性目前还不能用仪器检验，只能靠感官检验，而且即使有先进的检测仪器，感官检验的重要性也不会随之降低。感官检验是评价食品质量不可缺少的重要手段，各种食品的质量标准中都有感官指标，如外形、色泽、滋味、气味、均匀性、浑浊程度、有无沉淀及杂质等。这些感官指标往往能反映食品的品质和质量的好坏。当食品的质量发生变化时，常会引起某些感官指标也发生变化。因此，通过感官检验可判断食品的质量及其变化情况。感官质量评价是不可缺少的，而且常在理化和微生物检验方法之前进行。感官指标不合格则不必进行理化检验，因此感官检验法是食品的重要分析检验手段之一。

按检验时所利用的感觉器官，感官检验可分为视觉检验、嗅觉检验、味觉检验和触觉检验。

1. 视觉检验

通过被检验物作用于视觉器官所引起的反应对食品进行评价的方法称为视觉检验。在感官检验中，视觉检验占有重要位置，几乎所有产品的检验都离不开视觉检验。视觉检验即用肉眼观察食品的形态特征。如色泽可判断水果、蔬菜的成熟状况和新鲜程度；透光感可以判断饮料的清澈与浑浊；把瓶装液体倒过来，可检验有无沉淀物和夹杂物，据此判断食品是否受到了污染或变质。

视觉检验不宜在灯光下进行，因为灯光会给食品造成假象，给视觉检验带来错觉。检验时应从外往里检验，先检验整体外形，如罐装食品有无鼓罐或凹罐现象，软包装食品是否有胀袋现象等；再检验内容物，然后给予评价。

2. 嗅觉检验

通过被检物作用于嗅觉器官所引起的反应评价食品的方法称为嗅觉检验。嗅觉是辨别各种气味的感觉。人的嗅觉非常灵敏，有时用一般方法和仪器不能检测出来的轻微变化，用嗅觉检验可以发现。如鱼的最初分解和油脂开始酸败时理化指标变化不大，但敏锐的嗅觉可以觉察有氨味和哈喇味。在进行嗅觉检验时，可取少许样品于洁净的手掌上摩擦，再嗅检。嗅觉器官长时间受气味浓的物质刺激会疲劳，灵敏度降低，因此检验时应该由轻气味到浓气味的顺序进行，一段时间后应休息一会。

3. 味觉检验

通过被检物作用于味觉器官所引起的反应评价食品的方法称为味觉检验。味觉是由舌面和口腔内味觉细胞（味蕾）产生的，基本味有酸、甜、苦、咸四种，其余味觉都是由基本味觉组成的混合味觉。味觉还与嗅觉、触觉等其他感觉有联系。味蕾的灵敏度与食品的温度有密切关系，味觉检验的最佳温度为20～40℃，温度过高会使味蕾麻木，温度过低亦会降低味蕾的灵敏度。味觉检验前不要吸烟或吃刺激性较强的食物，以免降低感觉器官的灵敏度。检验时取少量被检食品放入口中，细心品尝，然后吐出（不要咽下），用温水漱口。若连续检验几种样品，应先检验味淡的，后检验味浓的，且每品尝一种样品后，都要用温水漱口，以减少相互影响。对已有腐败迹象的食品，不要进行味觉检验。

4. 触觉检验

通过被检物作用于触觉感受器官所引起的反应评价食品的方法称为触觉检验。触觉检验主要借助手、皮肤等器官的触觉神经来检验某些食品的弹性、韧性、紧密程度、稠度等，以鉴别其质量。如根据肉类的弹性，可判断其品质和新鲜程度；可根据用掌心与指头揉搓蜂蜜时的润滑感鉴定其黏度。此外，还有脆性、黏性、弹性、硬度、冷热、油腻性和接触压力等触感。

进行感官检验时，通常先进行视觉检验，再进行嗅觉检验，然后进行味觉检验及触觉检验。感官检验实验室应远离其他实验室，要求安静，不受外界干扰，无异味，色调淡。

检验时取样品在自然光线下，用触觉鉴别法鉴别组织状态，视觉鉴别法鉴别色泽，嗅觉鉴别法鉴别气味。

二、理化检验法

1. 食品理化检验的基本原则和要求

GB/T 5009. 1—2003《食品卫生检验方法　理化部分　总则》规定了食品理化

检验的基本原则和要求。

（1）规范性引用文件　通过标准的引用而成为标准的条款。凡是注明日期的引用文件，其随后所有的修改单（不包括勘误的内容）或修订版均不适用于该标准，然而，鼓励根据该标准达成协议的各方研究是否可使用这些文件的最新版本。凡是不注明日期的引用文件，其最新版本适用于标准。

（2）检验方法的一般要求

①称取：用天平进行的称量操作。其准确度要求用数值的有效数位表示，如“称取20.0g……”指称量准确至±0.1g；“称取20.00g……”指称量准确至±0.01g。

②准确称取：用天平进行的称量操作，准确度为±0.0001g。

③恒量：在规定的条件下，连续两次干燥或灼烧后称定的质量差异不超过规定的范围。

④量取：用量筒或量杯取液体物质的操作。

⑤吸取：用移液管、刻度吸量管取液体物质的操作。

实验中所用的玻璃量器如滴定管、移液管、容量瓶、刻度吸管、比色管等所量取体积的准确度应符合国家标准对该体积玻璃量器的准确度要求。

⑥空白实验：除不加试样外，采用完全相同的分析步骤、试剂和用量（滴定法中标准滴定液的用量除外），进行平行操作所得的结果，用于扣除试样中试剂本底和计算检验方法的检出限。

（3）检验要求　严格按照标准方法中规定的分析步骤进行检验，对实验中不安全因素（中毒、爆炸、腐蚀、烧伤等）应有防护措施。

理化检验实验室应实行分析质量控制，检验人员应填写好检验记录。

2. 理化检验方法

理化检验是借助物理、化学的方法，使用某种仪器、设备进行检验并能测得具体的数值。理化检验有化学分析法和仪器分析法。

（1）化学分析法　化学分析法是以物质的化学反应为基础，使被测成分在溶液中与试剂作用，由生成物的量或消耗试剂的量来确定组分及其含量的方法。

化学分析法包括定性分析和定量分析两部分。定性分析是鉴定物质是由哪些元素、原子团、官能团或化合物组成的。定量分析是测定物质中有关组分的含量。定量分析包括重量法和滴定法。

化学分析法是掺伪食品鉴别检验的基础，现代的仪器分析都是用化学方法对样品进行预处理及制备标准样品，且仪器分析的原理大多是建立在化学分析的基础上的。为保证检验仪器分析的准确度，还须用规定的或推荐的化学分析标准方法作对照，以分析结果的符合程度。因此，化学分析法是掺伪食品鉴别检验的最重要的方法。

（2）仪器分析法　仪器分析法是以物质的物理或物理化学性质为基础，利用光电仪器来测定物质含量的方法，它包括物理分析法和物理化学分析法。

物理分析法是通过测定密度、黏度、折射率、旋光度等物质特有的物理性质求出被测组分含量的方法。如密度法可测定饮料中糖分的浓度、酒中酒精的含量，检验牛乳是否掺水、脱脂等；折光法可测定果汁、番茄制品、蜂蜜、糖浆等食品的固形物含量和牛乳中乳糖含量等；旋光法可测定饮料中蔗糖含量、谷类食品中淀粉含量等。

物理化学分析法是通过测量物质的光学性质、电化学性质等物理化学性质求出被测组分含量的方法，它包括光学分析法、电化学分析法、色谱分析法等。光学分析法又分为紫外-可见分光光度法、原子吸收分光光度法、荧光分析法等，可用于测定食品中铅、镉等成分的含量。电化学分析法可用于检验酱油的酸度及氨基氮等成分。色谱法是近几年来迅速发展起来的一种分析技术，可用于测定食品添加剂、农药残留量、黄曲霉毒素等成分。

三、微生物分析法和酶分析法

1. 微生物分析法

微生物分析法是基于某些微生物生长需要特定的物质来进行测定的方法。此方法测定条件温和，克服了化学分析法和仪器分析法中某些被测成分易分解的弱点，方法的选择性也较高。此法广泛应用于食品中维生素、抗生素残留量、激素等成分的分析中。

近年来，随着食品工业生产的发展和科学技术的进步，一些学科的先进技术不断渗透到掺伪食品鉴别检验工作中，其分析方法和分析仪器日益增多。许多自动化分析技术已应用于掺伪食品鉴别检验中，这不但缩短了分析时间，减少了人为的误差，而且大大提高了测定的灵敏度和准确度。

2. 酶分析法

酶分析法是利用酶的反应进行物质定性、定量的方法。酶是生物催化剂，它具有高效和专一的催化特征，而且是在温和的条件下进行。酶作为分析试剂应用于食品分析中，解决了从复杂的组分中检测某一成分而不受或很少受其他共存成分干扰的问题，具有简便、快速、准确、灵敏等优点，目前已应用于食品中有机酸、糖类、淀粉、维生素 C 等成分的测定。

项目三

食品掺伪鉴别检验的法律依据和原则

一、食品掺伪鉴别检验的法律依据

1. 食品掺伪鉴别检验的法律依据

食品掺伪鉴别检验的法律依据是 2015 年发布、2021 年修订的《中华人民共和国食品安全法》“第五章　食品检验”，并且，国家有关部委和各级卫生防疫部门颁发的地方食品产品标准也都具有法律效力。

2. 食品安全标准

《中华人民共和国食品安全法》（以下简称《食品安全法》）在第三章对食品安全标准作出了明确的规定：

“第二十四条　制定食品安全标准，应当以保障公众身体健康为宗旨，做到科学合理、安全可靠。

第二十五条　食品安全标准是强制执行的标准。除食品安全标准外，不得制定其他食品强制性标准。

第二十六条　食品安全标准应当包括下列内容：

（一）食品、食品添加剂、食品相关产品中的致病性微生物，农药残留、兽药残留、生物毒素、重金属等污染物质以及其他危害人体健康物质的限量规定；

（二）食品添加剂的品种、使用范围、用量；

（三）专供婴幼儿和其他特定人群的主辅食品的营养成分要求；

（四）对与卫生、营养等食品安全要求有关的标签、标志、说明书的要求；

（五）食品生产经营过程的卫生要求；

（六）与食品安全有关的质量要求；

（七）与食品安全有关的食品检验方法与规程；

（八）其他需要制定为食品安全标准的内容。”

《食品安全法》第二十七条：“食品安全国家标准由国务院卫生行政部门会同国务院食品安全监督管理部门制定、公布，国务院标准化行政部门提供国家标准编号。”国家标准代号为“GB”，分别为“国标”两字汉语拼音第一个字母，如GB 10765—2021《食品安全国家标准　婴儿配方食品》。

《食品安全法》第二十九条：“对地方特色食品，没有食品安全国家标准的，省、自治区、直辖市人民政府卫生行政部门可以制定并公布食品安全地方标准，报国务院卫生行政部门备案。食品安全国家标准制定后，该地方标准即行废止。”如地方标准DB13/T 1269—2010《饮用天然泉水》，在公布GB 8537—2018《食品安全国家标准　饮用天然矿泉水》后，即行废止。

《食品安全法》第三十条：“国家鼓励食品生产企业制定严于食品安全国家标准或者地方标准的企业标准，在本企业适用，并报省、自治区、直辖市人民政府卫生行政部门备案。”企业标准代号为“Q”，即“企”字汉语拼音的第一个字母，如康师傅（沈阳）方便食品有限公司有企业标准为Q/KSF 0002 S—2019《方便食品调味料包》。

对于有些食品尤其是出口产品，国家还鼓励积极采用国际标准，如ISO 11135 1—2014 *Sterilization of health care products—Ethylene*。

食品安全标准分为强制性标准和推荐性标准。

保障人体健康、人身安全的标准和法律、行政法规及规定强制执行的标准是强制性标准，其他标准是推荐性标准。如行业标准均为推荐性标准。强制性标准必须执行。不符合强制性标准的食品禁止生产、销售和进口，如未精炼的毛棉子油含有对人体有害、有毒的棉酚，不准在市场上销售。对于推荐性标准，国家鼓励企业采用。

制定食品安全标准对发展我国社会主义商品经济，促进食品工业技术进步，改进食品产品质量，提高社会经济效益，维护国家和人民的利益，发展对外经济关系和增加食品出口贸易创汇创收都具有重大意义。每一种食品都必须按照有关标准要求保证产品质量和卫生。

3. 食品安全质量指标

目前我国制定的食品安全质量指标，其内容一般包括5个方面。

（1）感官指标　食用的色、香、型。

（2）细菌及其他微生物指标　食品菌落总数、食品大肠菌群最近似数、各种致病菌等。

（3）毒理学指标　各种化学污染物、食品添加剂、食品产生的有毒化学物质、食品中天然有毒成分、生物性毒素（如霉菌毒素、细菌毒素等）以及污染食品的放射性核素等在食品的容许量。

（4）间接反映食品卫生质量可能发生变化的指标　如粮食、乳粉中的水分含量等。

（5）商品规格质量指标　物理指标：折射率、相对密度、波美度、净含量等；化学指标：脂肪、蛋白质、总糖、酸度、氨基氮、维生素、食品添加剂等。

对食品质量进行鉴别、检验时，应在感官检验的同时，参考检验数据，进行全面分析，按照有关原则与要求，得出合理公正的鉴别结论。

二、食品鉴别、检验工作的原则

食品鉴别、检验工作的原则如下。

（1）《中华人民共和国食品安全法》和国务院有关部委及各级卫生防疫部门颁发的食品安全法规是判定食品能否食用的主要依据。

（2）国务院有关部委和各级有关部门颁发的食品产品质量标准是判定食品质量优劣的主要依据。

（3）食品具有明显腐败变质或含有超过量的有毒、有害物质时不得供食用。

（4）在鉴别指标的分寸掌握上，婴幼儿、老年人、病人食用的保健、营养食品，要严于成年人、健康人食用的食品。

（5）鉴别结论必须明确，不得含糊不清，模棱两可，对符合条件可食的食品，应将条件写准确。

(6) 在进行食品综合全面鉴别前，应向有关单位或个人收集食品的有关资料，如食品的来源、保管方法、贮存时间、原料组成、包装情况以及加工、运输、保管、经营过程的卫生情况，寻找可疑环节、可疑现象，为鉴别结论提供必要的正确鉴别的基础。

(7) 食品检验人员，必须敢于坦言；而且身体健康，精神素质健全，无不良嗜好，不偏食；同时还具有丰富的食品加工专业知识及检验、鉴别的专门技能。

三、鉴别后的食用与处理原则

食品在质量评价后，应根据被鉴别食品的具体情况提出食用或处理原则。食品的食用与处理原则是在确保人民群众身体健康的前提下，尽量减少国家、企业和个人的经济损失。

具体处理原则通常有以下四种。

(1) 正常食品　经过鉴别和挑选的食品，其感官性状正常，符合国家的质量标准和卫生标准，可供食用。

(2) 无害化食品　食品在感官鉴别时发现了一些问题，对人体健康有一定危害，但经过处理后，可以被清除或控制，其危害不再会影响到食用者的健康。如高温加热、加工复制等。

(3) 附条件可食食品　有些食品在感官鉴别后，需要在特定的条件下才能供人食用。如有些食品已接近保质期，必须限制出售和限制供应对象。

(4) 危害健康食品　在食品感官鉴别过程中发现的对人体健康有严重危害的食品，不能供给食用。但可在保证不扩大蔓延并对接触人员安全无危害的前提下，充分利用其经济价值，如用于工业。但对严重危害人体健康且不能保证安全的食品，如畜、禽患有烈性传染病，或易造成在畜禽肉中蔓延的传染病，以及被剧毒毒物或被放射性物质污染的食品，必须在严格的监督下毁弃。

项目四

食品掺伪鉴别检验实训的要求和原则

一、食品掺伪鉴别检验实训的目的和要求

1. 食品掺伪鉴别检验实训的目的

随着我国经济的飞速发展，市场对食品的要求不仅仅停留在追求产量上，而更加追求营养和无毒、无害，因此，对食品进行品质检验和质量控制越来越受到重视。掺伪食品鉴别检验作为高等职业院校食品类专业课程，其教学目的是培养学生对掺伪食品进行品质检验和评价的基本能力，它是一门实践性很强的学科。

掺伪食品鉴别检验实训不是简单地验证有关理论，而是要求学生通过学习，能正确且较熟练地掌握掺伪食品鉴别检验的基本操作技能，培养学生具有理论联系实际的能力和一定的分析问题、解决问题的能力，为将来从事实际工作打下坚实的基础。

通过课程的实训教学，学生应该掌握国内外常用的食品掺伪鉴别检验方法，正确地掌握常用食品检验仪器及其基本操作，首先要求操作正确，逐步达到操作熟练，并在实验中能根据准确度的要求，正确选择合适精度的仪器，保证处理得当。

通过本课程典型的实训，学生不仅要会按实训步骤操作，还能够应用理论指导实践，善于观察，认真思考，学会运用所学理论解释实训现象，研究实训中的一些问题，并处理分析数据。学生应该能够独立检验一些简易的样品，能够自己根据具体的对象和要求进行较简单的设计性实验，包括根据样品的情况（均匀性、含量等），提出不同的要求，选择适当的测定方法和检验的理论根据，配备仪器，确定取样量和分解试样的方法，制定操作步骤，运用误差理论正确进行分析结果的计算，并讨论实训结果，最终获得可靠的检验结果。还应使学生对实训有全面的了解，并能独立完成分析方案的设计，得到综合训练，培养学生具备一定的独立工作能力，为从事实际工作和研究打下坚实的基础。

在实训教学过程中，注意培养严谨的学习态度、科学的思想方法，良好的操作习惯及实事求是的工作作风。

2. 食品掺伪鉴别检验实训的基本要求

（1）实训前要认真预习，明确实训目的，了解实训的基本原理、方法、步骤，以及有关的基本操作和注意事项。在预习好实训内容的基础上，事先设计好应记录的数据及报告格式，以便实训时及时准确地记录测得的数据和观察到的现象。

（2）遵守纪律，不迟到、早退。实训时听从教师的指导，严格按操作规程正确操作，仔细观察，积极思考实训中所遇到的现象或问题，认真分析研究，并且合理安排时间、提高实训效率。

（3）实训中观察到的现象、结果、数据，应该及时地直接在专用的记录本上如实记录，绝对不可用单片字纸，以防丢失或转抄时发生错误。实训过程涉及的各种特殊仪器的型号和标准溶液的浓度等，也应及时准确记录。实训的原始数据不得用铅笔填写，不准随意涂改。如发现数据错误而需要改动时，可将该数据用一横线划去，并在其上方写上正确的数字，以便实训总结时进行核对，作为查找成败原因的参考依据，努力培养严谨的科学作风。

（4）实训结束后，应根据原始记录，联系理论知识，将实训结果进行归纳、分析、对比，同时对有关实训的一些问题进行探讨，以提高自己分析问题和解决问题的能力。对于特殊仪器的实训装置，有时应画出实训装置图。按要求格式认真写出实训报告，及时交给指导教师批阅。

二、遵守实训室规则

1. 掺伪食品鉴别检验实训室的规则

（1）实训前，先清点所用仪器，如发现破损，立即向指导教师声明后补领。如在实训过程中损坏仪器，应及时报告，并填写仪器破损报告单，经指导教师签字后，交实训室工作人员处理。

（2）公用仪器和试剂瓶等用毕立即放回原处，不得乱拿乱放。

（3）实训时，要保持桌面和实训室清洁整齐。公用和个人的仪器，从摆放到使用都要求规范化，注意节约用水、电和试剂。

（4）实训完毕，将桌面、仪器及药品架整理干净。值日生负责做好整个实训室的清洁工作，并关好水、电开关及门窗等。实训室的一切物品不得带离实训室。

2. 实训室的安全知识

在食品掺伪鉴别检验实训中，有时会使用到腐蚀性的、易燃、易爆的或有毒的化学试剂，易损的玻璃仪器和某些精密分析仪器及煤气、水电等。为确保实训的正常进行和人身安全，实训中必须严格遵守水、电、煤气、易燃易爆及有毒药品等使用的安全规则。

（1）实训室内严禁吸烟，一切化学药品禁止入口。实训完毕后，必须洗手。

（2）浓酸、浓碱具有强烈的腐蚀性，切勿溅到皮肤和衣服上。使用 H_2SO_4、HNO_3、HCl、$HClO_4$ 及氨水时，均应在通风橱中操作，绝不允许在实训室加热。如不小心溅到，应立即用大量清水冲洗，然后用5%碳酸氢钠溶液（酸腐蚀时采用）或5%硼酸溶液（碱腐蚀时采用）冲洗，最后再用水冲洗。

（3）使用 CCl_4、乙醚、苯、丙酮、三氯甲烷等有机溶剂时，一定要远离火焰和热源。使用后，将试剂瓶塞严，放在阴凉处保存。低沸点的有机溶剂不能直接在火焰或热源（煤气灯或电炉）上加热，而应在水浴中加热。

（4）热的浓 $HClO_4$ 遇有机物常发生爆炸。如果试样为有机物，则应先用浓硝酸加热，使之与有机物发生反应，有机物被破坏后，再加入 $HClO_4$。蒸发 $HClO_4$ 所产生的烟雾易在通风橱中凝聚，对经常使用 $HClO_4$ 的通风橱应定期用水冲洗，以免 $HClO_4$ 的凝聚物与灰尘、有机物作用，引起燃烧或爆炸，造成事故。

（5）使用汞盐、砷化物、氰化物等剧毒物品时，应特别小心。氰化物不能接触酸，因作用产生 HCN，属剧毒物。氰化物废液应倒入碱性亚铁盐溶液中，使其转化为氰化亚铁盐，然后进行废液处理；严禁直接倒入下水道或废液缸中，涉及有毒气体的操作时，一定要在通风橱中进行。

（6）分析天平、分光光度计、酸度计等均为实训中使用的精密仪器，使用时应严格遵守操作规程。仪器使用完毕后，拔去插头，将仪器各部分旋钮恢复到原来位置。

（7）如发生烫伤，可在烫伤处涂抹黄色的苦味酸溶液或烫伤软膏，严重者应立即送医院治疗。实训室如发生火灾，应根据起火的原因进行针对性灭火。酒精及其他可溶于水的液体着火时，可用水灭火；汽油、乙醚等有机溶剂着火时，用沙土扑灭，此时绝对不能用水，否则反而扩大燃烧面；导线或电器着火时，不能用水或二氧化碳灭火器，而应首先切断电源，再用 CCl_4 灭火器灭火；衣服着火时，切忌奔跑，而应就地躺下滚动，或用湿衣服在身上抽打灭火。

（8）实训室内应保持整齐、干净。禁止将固形物、玻璃碎片等扔入水槽内，以免造成下水道堵塞。废酸、废碱等应小心倒入废液缸（或塑料提桶内），切勿倒入水槽内，以免腐蚀下水管。

（9）水、电、煤气使用完毕后，应立即关闭。离开实训室时，应仔细检查水、电、煤气、门、窗确保其均已关好。使用电器设备时，应特别小心，切不可用湿润的手去开启电闸和电器开关。不要使用漏电的仪器，以免触电。

思考题

1. 举例说明掺伪食品的危害。
2. 食品掺伪的定义是什么？
3. 食品掺伪的方式有哪些？举例说明。
4. 简述掺伪食品鉴别检验的主要方法。
5. 食品掺伪鉴别检验的法律依据是什么？

实训内容

实训一

了解《中华人民共和国消费者权益保护法》

一、实训目的

了解《中华人民共和国消费者权益保护法》（以下简称《消费者权益保护法》）的内容。

二、实训原理

原理参见本模块“项目三　食品掺伪鉴别检验的法律依据和原则”。

三、实训方法

上网或者到消费者协会调查。

四、实训要求

指出《消费者权益保护法》中第几条说明“在商品中掺杂、掺假，以假充真，以次充好，或者以不合格商品冒充合格商品的”如何处理，消费者对此如何处理。

实训二

食品卫生标准中常用计量单位

一、实训目的

了解食品卫生标准中常用计量单位。

二、实训方法

上网或者去企业调查；查找我国食品卫生标准中常用计量单位。

三、实训要求

了解食品卫生标准中常用计量单位：质量单位、容量单位、时间单位、溶液浓度或物质含量、维生素的单位量、营养学热能单位的使用标准，进行小结。

模块二

粮食掺伪鉴别检验

学习目标与要求

了解大米、面粉、大豆等粮食及其相关粮制品的质量标准、检验项目；掌握其感官鉴别检验方法。学会常见粮谷及其粮制品掺伪鉴别检验方法。领会工匠精神，严格遵守实践现场管理规范。为人民群众提供更好的食品产品、更可靠的生活保障。

学习重点与难点

重点：掌握粮品类质量检验标准和主要掺伪形式常用检验方法。

难点：常用粮谷及其粮制品掺伪鉴别检验方法。

学习内容

粮食是人类的主要食物，因此在我国人民生活中占有重要的地位，其品质的优劣和人民身体健康息息相关。但是在粮品行业中存在着以陈代新、以次充好或掺入非食用性物质的现象，如大豆粉中掺有玉米粉，糯米粉中掺有大米粉，小米掺色素，面粉中掺荧光增白剂，在馒头、面条、米粉等食品中添加“吊白块”（甲醛合次硫酸氢钠)，用化肥催发豆芽等。这些被污染的食品，不仅使人体健康受到危害，还会影响到后代。因此，必须确保《中华人民共和国食品安全法》的贯彻执行，对于那些掺伪食品要加强检测和监督，禁止其生产、出售，以保障人民的身体健康。对于可以作为食品添加剂使用的物质，必须严格规定其使用标准，不得超过允许限量。

项目一

粮食的质量标准

依据 GB 2715—2016《食品安全国家标准 粮食》，粮食包括原粮和成品粮。原粮是未经加工的谷物、豆类、薯类等的统称。成品粮是指原粮经机械等方式加工的初级产品，如大米、小麦粉等。

一、粮食的感官要求

粮食的感官要求应符合表 2-1 的规定。

表 2-1 粮食的感官要求

项目		要求	检验方法
色泽、气味		具有正常粮食的色泽、气味	见 GB/T 5492—2008
热损伤粒/%			
小麦	≤	0.5	按 GB/T 5494—2019 中不完善粒检验的规定，挑拣出热损伤粒，进行称量、计算含量
霉变粒/%			
大豆	≤	1.0	按 GB/T 5494—2019 中不完善粒检验的规定，挑拣出霉变粒，进行称量、计算含量
除大豆外的其他粮食	≤	2.0	

二、粮食的理化指标

粮食的理化指标应符合表 2-2 的规定。

表 2-2 粮食的理化指标

项目		指标	检验方法
总氢氰酸/(mg/kg)			
木薯粉	≤	10	见 GB/T 5009.36—2003
单宁（以干基计）/%			
高粱米、高粱粉	≤	0.3	见 GB/T 15686—2008

三、粮食中有毒有害菌类、植物种子限量

粮食中有毒有害菌类、植物种子限量应符合表 2-3 的规定。

表 2-3　　粮食中有毒有害菌类、植物种子限量

项目		指标	检验方法
麦角/%			
大米、玉米、豆类	≤	不得检出	见 GB 2715—2016 中的附录 A
小麦、燕麦、莜麦、大麦、米大麦	≤	0.01	
毒麦/（粒/kg）			
小麦、大麦	≤	1	见 SN/T 1154—2015
曼陀罗籽及其他有毒植物的种子*/(粒/kg)			
玉米、高粱米、豆类小麦、燕麦、莜麦、大麦、米大麦	≤	1	见 GB 2715—2016 中的附录 B

注：* 如猪屎豆属（*Crotalaria* spp.）、麦仙翁（*Agrostemma githago* L.）、蓖麻子（*Ricinus communis* L.）和其他公认的对健康有害的种子。

四、粮食污染物限量、真菌毒素限量和其他

污染物限量应符合 GB 2762—2017《食品安全国家标准　食品中污染物限量》的规定，其中原粮类粮食应分别符合 GB 2762—2017 中对谷物、豆类、薯类的规定，成品粮类粮食应分别符合 GB 2762—2017 中对谷物碾磨加工品、豆类、干制薯类的规定。

真菌毒素限量应符合 GB 2761—2017《食品安全国家标准　食品中真菌毒素限量》的规定，其中原粮类粮食应分别符合 GB 2761—2017 中对谷物、豆类、薯类的规定，成品粮类粮食应分别符合 GB 2761—2017 中对谷物碾磨加工品、豆类、干制薯类的规定。

农药最大残留限量应符合 GB 2763—2021《食品安全国家标准　食品中农药最大残留限量》的规定。

食品添加剂的使用应符合 GB 2760—2014《食品安全国家标准　食品添加剂使用标准》的规定。

食品营养强化剂的使用应符合 GB 14880—2012《食品安全国家标准　食品营养强化剂使用标准》的规定。

项目二

常见粮食掺伪鉴别检验

一、粮食的感官检验方法

感官鉴别粮食质量的优劣时，一般依据其色泽、滋味、气味、外观等进行综

合评价。用眼睛观察可感知粮谷类颗粒的饱满程度，是否完整、均匀，质地的紧密与疏松程度，以及其本身固有的正常色泽，并且可以看到有无霉变、虫蛀、杂物、结块等异常现象。鼻嗅和口尝则能够体会到粮食的气味和滋味是否正常，有无异臭味。其中，注重观察其外观与色泽，对粮食感官鉴别具有重要的意义。可按 GB/T 5492—2008《粮油检验 粮食、油料的色泽、气味、口味鉴定》进行。

（1）色泽 良质的粮食籽粒均具有本品种所固有的颜色和光泽。未成熟的籽粒色泽苍白或无光泽。由于病害、霉菌、异物感染，仓虫危害，水浸，陈化等因素的影响，可使籽粒色泽变暗或光泽减弱。

色泽鉴定方法：分取 20~50g 样品，放在手掌中均匀地摊平，在散射光线下仔细观察样品的整体颜色和光泽。

对色泽不易鉴定的样品，根据不同的粮种，取 100~150g 样品在黑色平板上，均匀地摊成 15cm×20cm 的薄层，在散射光线下仔细观察样品的整体颜色和光泽。

（2）气味 每种粮食均有本品种固有的气味，新鲜良质的粮食气味浓郁清香，无异味。由于粮食自身的变化和外界条件（病虫害、真菌、异物感染）的影响，会产生不正常的气味，如发酵气味、霉味、酸味、哈喇味、仓虫气味等。

气味鉴定方法：分取 20~50g 样品，放在手掌中用哈气或摩擦的方法，提高样品的温度后，立即嗅其气味。

对气味不易鉴定的样品，分取 20g 放入广口瓶，置于 60~70℃ 的水浴锅中，盖上瓶塞，颗粒状样品保温 8~10min，粉末状样品保温 3~5min，开盖嗅辨气味。

（3）口味 新鲜良质的粮食具有本品种所固有的滋味，无异味。由于霉变、虫害、陈化等因素可引起粮食滋味的变化，产生霉味、酸味、苦味等。

口味鉴定方法：稻谷、大米按 GB/T 20569—2006 中附录 B 执行。小麦按 GB/T 20571—2006 中附录 A 执行。玉米按 GB/T 20569—2006 中附录 B 执行。一般是蒸煮后品尝，如稻谷的蒸煮品评，首先进行试样的制备：取混匀后的净稻谷样品 500g，用实验砻谷机脱壳制成糙米，取适量糙米（即实验碾米机的最佳碾磨质量）用实验碾米机制成标准一等精度的大米（对照标准样品）。

然后进行米饭的制备。

称样：称量 10g 试样于饭盒中，按参加品评人数每人一盒。

洗米：用约 30mL 水搅拌淘洗一次，再用 30mL 蒸馏水冲洗一次，尽量将余水倾尽。

加水：籼米加蒸馏水 15mL，粳米加蒸馏水 12mL，糯米加蒸馏水 10mL，将加好水的饭盒盖严备用。

蒸煮：在蒸锅内加适量水，用电炉（或电磁炉）加热至沸腾后，取下锅盖，将加水的饭盒均匀放于蒸屉上，盖上锅盖，继续加热并开始计时，蒸煮 40min，停止加热，焖 10min。

品评：将米饭盒从蒸锅内取出，放在瓷盘上（每人一盘），趁热品尝。

（4）外观　粮食外观价值是粮食的外部特性（主要是类型、品种、颗粒形状、大小、色泽、气味、纯度及含杂量等）和品质的综合标志。它是评定粮食品质的一个重要参考项目。

以粉状粮食牙碜的鉴别为例。粉状粮食牙碜的主要因素是粉中含有尘土或细砂。鉴别的方法常与滋味的鉴定同时进行，即用臼齿摩擦试样来鉴定牙碜程度。

水分含量也很重要。水分含量低的粮食，用手摸、捻、压、掐等感觉很硬；用手插入粮食堆中光滑易进；手搅动时，发出清脆的声音；用齿嗑籽粒时，抗压力大，破碎时发出强有力的声响。水分含量高的粮食粒形膨胀，光泽较强；用牙嗑时抗压力小；破碎时响声较低，略有弹性；手插入粮食中，有涩滞和潮湿感，甚至在拔出手时，籽粒易粘在手上。粮食的正常含水量应在14%以下。如果要定量检验，具体可见 GB 5009. 3—2016《食品安全国家标准　食品中水分的测定》。

还有纯度，主要是指检验粮食中有机杂质和无机杂质的含量，如沙石、煤渣、谷壳、植物秸秆等的含量。

现在可采用大米品质分析仪，该仪器对粳稻大米、粳稻糙米、籼稻大米、籼稻糙米采用图像扫描采集方式，采用通用计算机和专用处理软件进行图像处理。检测稻谷的整精米率，大米的垩白粒率、垩白度、黄粒米、不完善粒和粒型等指标。如自动测量每粒的面积、长径、短径、长宽比、圆度、等效直径。测定垩白度：自动检测整米中平均垩白大小、垩白米粒数、垩白度、垩白粒率和透明度。并且在米粒图像中，可用不同颜色方框显示出碎米、整米、米粒编号和异常米，一目了然地看到每个米粒具有的不同粒型，与 GB/T 1350—2009《稻谷》、GB/T 17891—2017《优质稻谷》或 GB 1354—2018《大米》、NY/T 2334—2013《稻米整精米率、粒型、垩白粒率、垩白度及透明度的测定　图像法》等标准相对应，检测有关指标和粒数比。

二、粮食的感官鉴别

1. 稻谷质量优、劣的感官鉴别

（1）色泽　良质稻谷外壳呈黄色、浅黄色或金黄色，色泽鲜艳一致，具有光泽，无黄粒米。次质稻谷色泽灰暗无光泽，黄粒米超过2%。劣质稻谷色泽变暗或外壳呈褐色、黑色，肉眼可见真菌菌丝，有大量黄粒米或褐色米粒。

（2）外观　良质稻谷颗粒饱满，完整，大小均匀，无虫害及霉变，无杂质。次质稻谷有未成熟颗粒，少量虫蚀粒、生芽粒及病斑粒等，大小不均，有杂质。劣质稻谷有大量虫蚀粒、生芽粒、霉变颗粒，有结团、结块现象。

（3）气味　良质稻谷具有纯正的稻香味，无霉味、无其他任何异味。次质稻谷稻香味微弱，稍有异味。劣质稻谷有霉味、酸臭味、腐败味等不良气味。

(4) 滋味　良质稻谷无酸味、苦味和其他异味。

2. 小麦质量优、劣的感官鉴别

(1) 色泽　去壳后良质小麦皮色呈白色、黄白色、金黄色、红色、深红色、红褐色，有光泽。次质小麦色泽变暗，无光泽。劣质小麦色泽灰暗。

(2) 外观　良质小麦颗粒饱满、完整、大小均匀，组织紧密，无虫害和杂质。次质小麦颗粒饱满度差，有少量破损粒、生芽粒、虫蚀粒，有杂质。劣质小麦严重虫蚀、生芽、发霉结块，有多量赤霉病粒（被赤霉菌感染，麦粒皱缩，呆白，胚芽发红或带红斑，或有明显的粉红色霉状物，质地疏松）。

(3) 气味　良质小麦具有小麦正常固有的气味，无霉变、无任何其他异味。次质小麦微有异味。劣质小麦有霉味、酸臭味或其他不良气味。

(4) 滋味　良质小麦微甜，无酸味、苦味和其他异味。

3. 玉米质量优、劣的感官鉴别

(1) 色泽　良质玉米具有各种玉米固有的正常颜色，色泽鲜艳，有光泽。次质玉米颜色发暗，无光泽。劣质玉米颜色灰暗无光泽，胚部有黄色或绿色、黑色的菌丝。

(2) 外观　良质玉米颗粒饱满完整，均匀一致，质地紧密，无杂质。次质玉米颗粒饱满度差，有破损粒、生芽粒、虫蚀粒、未熟粒等，有杂质。劣质玉米有多量生芽粒、虫蚀粒或发霉变质、质地疏松。

(3) 气味　良质玉米具有玉米固有的气味，无任何其他异味。次质玉米微有异味。劣质玉米有霉味、腐败变质味或其他不良异味。

(4) 滋味　良质玉米具有玉米的固有滋味，微甜。次质玉米微有异味。劣质玉米有酸味、辛辣味等不良滋味。

4. 大豆质量优、劣的感官鉴别

(1) 色泽　良质大豆皮色呈各种大豆固有的颜色，洁净而有光泽，脐色正常。大豆种类较多。东北黄大豆粒色为黄色，粒形多为圆形、椭圆形，有光泽或微有光泽，脐色多为黄褐、淡褐或深褐色。一般黄大豆粒色为黄色、淡黄色，粒型较小，多为扁圆和长椭圆形，脐色为黄褐、淡褐和深褐色。青大豆种皮为青色，种仁或为青色或为黄色。黑大豆种皮为黑色，种仁或为青色或为黄色。其他大豆种皮为褐色、棕色、赤色等单一颜色。

(2) 外观　良质大豆颗粒完整饱满，大小均匀一致，无未成熟粒，无霉变、无虫蛀粒、无污染、无杂质。

(3) 气味　良质大豆具有正常豆类所固有的豆香味，无霉味、无异味。

(4) 滋味　良质大豆具有豆类固有的滋味，无其他异味。

近年来，粮食中掺杂、掺假的现象虽然大大减少，但是仍然还是存在，因此，对粮食的掺伪鉴别检验仍然必须掌握。

三、陈旧米、面的检验

1. 酸度检验法

酸度定义：粮食及制品中含有的磷酸、酸性磷酸盐、乳酸、乙酸等水溶性酸性物质的总量。以 10g 样品所消耗的 0.1mol/L NaOH（或 KOH）溶液的体积（mL）计。依据 GB 5009.239—2016《食品安全国家标准　食品酸度的测定》规定的生乳及乳制品、淀粉及其衍生物酸度和粮食及制品酸度的测定方法，标准中第一法适用于生乳及乳制品、淀粉及其衍生物、粮食及制品酸度的测定，具体可见本模块“实训四　陈旧米、面的酸度检验法”。

2. 呈色检验法

（1）原理　粮食中存在过氧化氢酶，新粮中该酶的活力较高，陈粮中该酶由于变性而丧失活力。本法利用过氧化氢酶分解过氧化氢，并以邻甲氧基苯酚（愈疮木酚）氧化而呈色来确定粮食的新、陈程度。

（2）主要试剂

①1%邻甲氧基苯酚水溶液：将 1g 新蒸馏的邻甲氧基苯酚（沸点为 205℃）溶于 99mL 蒸馏水中。此试剂应为无色透明状态，如呈色，应弃去重配。此试剂应保存于棕色瓶中。

②3%过氧化氢溶液：取 1 份 30%过氧化氢，用 9 份水稀释。此试剂保存期限为 3 个月。

（3）检验方法　取待测米 50~100 粒，置于试管中，加入 1%邻甲氧基苯酚水溶液 4mL，振摇 1min 后加数滴 3%过氧化氢溶液，静置观察。

同时用新米作对照实验。如果是新米，则溶液上部应在 1~3min 内呈深红褐色。若为陈米，则不呈色。若为新米和陈米的混合物，则呈色时间推迟。

四、粮食酸败的检验

粮食酸败的检验可采用希夫试剂法。

1. 原理

粮食酸败时，脂肪分解并部分转化为醛类，醛类与希夫试剂作用，生成醌型化合物，使无色的希夫试剂呈现红紫色。

2. 主要仪器

水蒸气蒸馏装置。

3. 主要试剂

希夫试剂：溶解 0.1g 碱性品红于 60mL 蒸馏水中，加入 10mL 100g/L 的亚硫酸钠溶液，再加入 1mL 浓硫酸，搅匀后放置 1h，然后用水稀释至 100mL。试剂应为无色透明溶液，若呈现淡粉红色，可用活性炭脱色后过滤。

4. 检验方法

将100g待测样品磨碎，取50g置于500mL圆底烧瓶中，加入200mL水和10mL磷酸，摇匀后装成水蒸气蒸馏装置。通入水蒸气并收集约20mL馏出液。

向馏出液中加入0.5~1mL希夫试剂，摇匀后静置观察。

5. 结果判定

如果粮食已经酸败，将在数分钟至1h内呈现红紫色。

此方法也适用于糕点酸败的检验。

五、掺霉变米的检验

市场上曾出现将发霉米掺到好米中出售的现象，也有将发霉的米，经漂洗、晾干之后出售，在进口米中也曾发现霉变米。人们吃了霉变米，尤其是含有黄曲霉毒素的米，身体会受到严重损害。

好米中掺霉变米的检验可以采用感官鉴别、化学鉴别法、微生物鉴别法。

1. 感官鉴别

（1）色泽　发霉的米色泽与正常米粒不一样，呈现出黑、灰黑、绿、紫、黄、黄褐等颜色。

（2）气味　好米的气味正常，霉变米有一股霉味。

（3）品尝　好米煮成的饭，食之有一股米香味，霉变的米，食之有一股霉味。

2. 化学鉴别法

化学鉴别法可以采用酸度检验法。

原理：粮食在贮藏期间，由于受条件的影响，增加最多的酸性物质是脂肪酸，特别是在含水量与温度较高的情况下，更为显著。具体见本模块“实训四　陈旧米、面的酸度检验法”。

3. 霉菌孢子的检验

（1）方法　取样品10g置于三角瓶中，加生理盐水100mL，放数粒玻璃球，在振荡器上振荡20min，即成1∶10菌悬液。然后用生理盐水以1∶100、1∶1000、1∶10000稀释度稀释。

取以上各比例的稀释液1mL，注入无菌平皿中，各做两个平行样。再将冷却至45℃的改良察氏培养基倒入平皿中，轻轻转动，使菌液与培养基混合均匀。待凝固后翻转平皿，置于28℃温箱中培养3~5d。

菌落长出后，选取每皿菌数20~100个的稀释度的平皿，计算菌落总数，并观察鉴定各类真菌。

（2）结果判定　样品检验出霉菌孢子数在1000个/g以下的，属正常米粒；在1000~10000个/g，属轻度霉变米；在10000个/g以上的，属霉变米。

经漂洗后的霉变米，用此检验方法，不能反映真实情况。

六、粮食杂质的检验

依据GB/T 5494—2019《粮油检验　粮食、油料的杂质、不完善粒检验》，具体可见本模块“实训三　粮食杂质的检验”。

七、用姜黄染色小米、黄米的检验

陈小米和陈黄米色暗，无新鲜感。不法商贩为了掩盖陈小米和陈黄米轻度发霉现象，将其漂洗后，加入姜黄粉及姜黄色素，进行伪装，使其鲜黄诱人，如同当年的新米。

用姜黄粉染色的小米和黄米，可用以下方法来识别。

1. 感官鉴别

（1）色泽　新鲜小米、黄米的色泽均匀，呈金黄色，富有光泽。染色后的小米、黄米，色泽深黄，缺乏光泽，看上去每粒黄米的色泽一样。

（2）气味　新鲜小米、黄米有一股小米、黄米的正常气味。染色后的小米，闻之有姜黄色素的气味。

（3）水洗　新鲜小米、黄米用温水清洗时，水色不黄。染色后的小米、黄米，用温水清洗时，水色显黄。

2. 化学方法鉴别

（1）原理　利用姜黄粉在碱性条件下呈红褐色的化学性质来鉴别。

（2）主要试剂　100g/L氢氧化钠溶液、无水乙醇。

（3）检验方法　取10g小米于研钵中，加入10mL无水乙醇进行研磨，待研碎后，再加入15mL无水乙醇研匀。取其悬浮液10mL置于比色管中，加入100g/L的氢氧化钠溶液2mL，振荡，静置片刻，观察颜色的变化，如果出现橘红色，则说明小米是用姜黄素染色的。

八、掺滑石粉、石膏粉及荧光增白剂小麦粉的检验

1. 灰分检验

（1）原理　小麦粉中掺入滑石粉、石膏粉等，皆能使小麦粉中的灰分增加。正常小麦粉中矿物质（以灰分计）的含量：特制粉不超过0.75%，标准粉不超过1.2%，普通粉不超过1.5%。灰分在1.5%～2.0%为可疑，大于2%为掺有无机矿物。

根据灰化法原理，即在自由流通空气下，以高温灼烧试样，在灼烧过程中使

有机物氧化成气体逸出，其中含有矿物质元素生成的氧化物则残留下来，此残留物即为灰分。

（2）主要仪器　马弗炉。

（3）检验方法　用分析天平准确称取2~3g小麦粉于已灼烧至恒重的坩埚中（精确至小数点第4位），先在电炉上炭化，然后放入550℃马弗炉中灼烧、灰化2h。取出后放冷，用少量稀硝酸（或水）将残渣润湿后再放入马弗炉中灰化2h。

取出坩埚，稍冷后放入干燥器中冷却，称量。

（4）计算　按下式计算灰分含量：

$$灰分含量=\frac{灰分质量}{样品质量}\times100\%$$

（5）其他方法　也可按GB/T 24872—2010《粮油检验　小麦粉灰分含量测定　近红外法》进行测定。

2. 灰分中二氧化硅定性法

（1）原理　滑石粉是一种无机化合物，滑石粉分子式为$Mg_3[Si_4O_{10}](OH)_2$。滑石粉经处理后，其水溶液中如滴入盐酸会产生H_2SiO_3呈胶絮状的物质析出。正常标准的小麦面粉中不含有二氧化硅（SiO_2）杂质。

（2）检验方法　具体见本模块“实训五　掺滑石粉的小麦粉的检验”。

3. 灰分中钙离子和硫酸根离子检验法

（1）原理　滑石粉经处理后的溶液如滴入$BaCl_2$溶液，会产生沉淀物$BaSO_4$，证明样品中含有钙离子和硫酸根离子。

（2）检验方法　取样品灰分，加盐酸溶液（1+1）10mL，加热溶解、过滤，将滤液等分成两份。一份滤液中加10g/L氯化钡溶液1mL，如产生大量沉淀，则表示检出硫酸根离子（SO_4^{2-}）。同时做空白实验对照。另一份滤液中加饱和草酸铵溶液1mL，滴加氨水（1+1）成弱碱性，产生大量沉淀为阳性，即表明小麦粉中Ca^{2+}过量（纯小麦粉只含有少量Ca^{2+}，上述反应仅呈混浊）。同时应做空白实验对照。

（3）结果判定　样品小麦粉中如仅检验出钙离子、硫酸根离子，则认为在小麦粉中掺加有石膏粉。如若同时检验出有二氧化镁及上述钙离子、硫酸根离子，则可认为掺有滑石粉。

小麦粉在加工过程中，落地面粉或含砂量多的小麦粉用上述检验法也会呈阳性，因此检验时应做空白对照实验。

4. 荧光增白剂的检验

掺有荧光增白剂的小麦粉在紫外光照射下会产生蓝至蓝紫色荧光，而正常面粉（及其制品）无荧光现象。

据此，可将样品放在荧光计下或用紫外灯照射，荧光显现则可证实掺有荧光增白剂。

九、面粉增白剂——过氧化苯甲酰的测定

GB 2760—2007《食品添加剂使用卫生标准》中规定：过氧化苯甲酰可作为面粉改良剂。过氧化苯甲酰应用于面粉加工业用以增加面粉的白度和筋力，同时也具有防腐、防霉的效果。但是在 GB 2760—2014《食品安全国家标准　食品添加剂使用标准》中已剔除了过氧化苯甲酰。面粉添加剂过氧化苯甲酰和过氧化钙于 2011 年 5 月 1 日起，正式禁用。过氧化苯甲酰对人体上呼吸道有刺激性，对皮肤有强烈刺激及致敏作用，极有可能有致癌性。但一些生产企业为了提高面粉白度，增加经济效益，还在使用面粉增白剂过氧化苯甲酰，因此对于过氧化苯甲酰的测定是必要的。

过氧化苯甲酰的检验方法介绍如下。

1. 快速测定法

（1）原理　在酸性条件下过氧化苯甲酰被还原成苯甲酸，参与化学反应的冰乙酸溶液的量的多少表征于溶液颜色的变化。

（2）主要试剂　3%冰乙酸、石油醚溶液。

（3）测定方法　取 5g 面粉，放入具塞三角瓶中，倒入冰乙酸石油醚溶液 30mL，盖上瓶塞，轻轻摇动三角瓶 3~5min，静置观察上清液颜色（冬天实验时需将三角瓶置于 30℃水中浸泡摇荡）。

（4）结果判定　上清液若呈淡黄绿色，则试样中过氧化苯甲酰含量较少或没有；若是无色，则试样中过氧化苯甲酰含量肯定超标。

2. 碘量法测定含量

（1）原理　过氧化苯甲酰以三氯甲烷-甲醇溶解，过氧化苯甲酰与 KI 反应，生成的碘被硫代硫酸钠标准溶液滴定。

（2）主要试剂　三氯甲烷-甲醇混合液（1+1）；10%柠檬酸甲醇溶液；500g/L 碘化钾溶液；0. 02mol/L 硫代硫酸钠标准溶液。

（3）测定方法　称取面粉 10. 0g 于一碘量瓶中，加三氯甲烷甲醇溶液 50mL，振摇 10min 后过滤。取滤液 40mL 于另一碘量瓶中，加柠檬酸甲醇溶液 0. 5mL 及碘化钾溶液 2mL，立即塞严，在不断振摇下放置于暗处 15min，以空白作参照；用 0. 02mol/L 硫代硫酸钠标准溶液滴定至黄色消失，记录其用量，计算过氧化苯甲酰的含量。（本法是非水滴定，故被测物经三氯甲烷甲醇溶液溶解，溶液中大量甲醇影响淀粉显色，经模拟实验样品含量在国家标准限量内，不产生蓝色。因此本法以黄色消失判断终点。）

（4）结果计算

$$\text{过氧化苯甲酰含量 (mg/L)} = \frac{m}{(V_2 - V_1)} 10 \times 1000$$

式中　V_1——空白滴定消耗 $Na_2S_2O_3$ 标液的体积，mL；

V_2——样品滴定消耗 $Na_2S_2O_3$ 标液的体积，mL；

10——计算系数；

m——与 $Na_2S_2O_3$ 标液相当的过氧化苯甲酰的质量（0.0200mol/L 硫代硫酸钠标准溶液 1mL≈12.112mg 过氧化苯甲酰），mg。

3. 其他过氧化苯甲酰定量检测方法

可依据 GB/T 22325—2008《小麦粉中过氧化苯甲酰的测定　高效液相色谱法》，进行测定。还有过氧化苯甲酰定量检测仪能够快速检测面粉、小麦粉、大麦粉等中等过氧化苯甲酰含量。

十、大豆粉中掺玉米粉的检验

大豆粉中掺玉米粉虽然不会对食用者的健康造成损害，但会影响成品的质量和消费者的经济利益。

1. 定性检验

（1）原理　大豆粉主要成分是蛋白质，淀粉较少，而玉米粉的主要成分则是淀粉，利用淀粉和碘的反应可以检验出其是否掺玉米粉。

（2）主要试剂　0.01mol/L 碘溶液（0.12g 碘、0.25g 碘化钾共溶于 100mL 水中）。

（3）测定方法　取 1g 样品用少量水调成糊。另取一烧杯，加入约 50mL 水煮沸。将调成的糊成细流状注入沸水中后再煮沸约 1min。放冷后，取糊化溶液约 5mL 于试管中，加入数滴碘溶液。纯大豆粉显淡灰绿色。如掺有玉米粉，溶液呈蓝色。

此方法也可适用于豆制品如豆腐、豆浆中掺玉米粉的检查。

2. 玉米粉的含量快速分析

（1）原理　碘遇淀粉变蓝色。

（2）主要仪器　显微镜。

（3）主要试剂　0.01mol/L 碘溶液、50%（体积分数）乙醇溶液、50%（体积分数）甘油溶液。

（4）测定方法　取大豆粉少许（豆制品需烘干研细）于载玻片上，滴加 2 滴 50%乙醇溶液，用玻璃棒轻轻研开涂匀。稍风干后再加 2 滴 50%甘油溶液。盖上盖玻片，勿使产生气泡。在盖玻片一侧滴上 1 滴碘溶液使其溶液逐步向内扩散。

（5）结果判定　在显微镜下观察变蓝的玉米淀粉粒所占的比例。

十一、糯米粉中掺大米粉的检验

糯米粉中掺大米粉是最常见的掺假现象。尽管它不会对食用者造成健康危害，但会影响成品质量和消费者利益。

糯米粉中掺大米粉可采用感官或化学方法鉴别。

1. 感官鉴别

（1）色泽　糯米粉呈乳白色，缺乏光泽；大米粉色白清亮。

（2）粉粒　用手指搓之，糯米粉粉粒粗；大米粉粉粒细。

（3）水试　糯米粉用水调成的面团，手捏黏性大；大米粉用水调成的面团，手捏黏性小。

2. 化学鉴别

（1）原理　糯米淀粉主要是支链淀粉，大米淀粉则以直链淀粉为主。这两种不同的淀粉与碘反应，呈现的颜色不同，糯米粉呈棕褐色，而大米粉呈蓝色。

（2）主要仪器　显微镜。

（3）主要试剂　0.01mol/L 碘溶液、50%乙醇溶液、50%甘油溶液。

（4）检验方法　将待测粉研细，置于载玻片上，加 2 滴 50%乙醇溶液湿润，并涂成均匀的薄膜。稍干后再加 2 滴 50%甘油溶液。盖上盖玻片，在盖玻片一侧滴上 1 滴碘液。倾斜载玻片，使碘液渗入盖玻片一半处。在显微镜下观察盖玻片中部的淀粉染色情况并确定其比例。

十二、小麦粉中混杂麦角的鉴别检验

小麦粉中有时会混杂有害物质，例如麦角，其中毒表现除有急性胃肠炎症状外，并有中枢神经系统的损害、痉挛、昏迷，严重者可造成心力衰竭。麦角的毒性极为稳定，可保持数年之久，在烘烤时其毒性也不受破坏。当人们食用了混杂有较大量的麦角的谷物或面粉所做的食品后也可发生麦角中毒。

1. 麦角的鉴别

麦角别名麦角菌、黑麦乌米，呈细长的暗紫色三棱形，周缘钝圆，大小在 20~40mm。

在加工小麦前，必须进行认真检查、清理。可采用机械净化法或用 250g/L 食盐水浮选，漂出麦角，将麦角除掉。

2. 麦角的检验

称取小麦粉试样 10g，置于 50mL 锥形瓶内，加入乙醚 20mL 和稀硫酸（1+4）1mL。用软木塞将锥形瓶塞紧，放置 2~3h，其间加以振摇。

将上述样液用普通滤纸过滤于小试管中，并加 1mL 碳酸氢钠饱和溶液，振荡后置于试管架中观察其颜色反应。如小麦粉中混杂有麦角，则试管的下层溶液呈现紫黑色。

项目三

粮食制品的质量标准

用大米、小麦、高粱等粮食制作的食品就是粮食制品，简称粮制品。粮制品包括面制品、米制品、豆制品和淀粉类制品等。

一、面制品的质量标准

面制品主要是用小麦粉制作的食品。面制品有面包类、糕点类、饼干类、挂

面、方便面、馒头等。以下主要介绍饼干、面包、糕点、方便面等。

1. 饼干标准

饼干标准依据 GB 7100—2015《食品安全国家标准　饼干》，饼干是以谷类粉（和/或豆类、薯类粉等）为主要原料，添加（或不添加）糖、油脂及其他原料，经调粉（或调浆）、成形、烘烤（或煎烤）等工艺制成的食品，以及熟制前或熟制后在产品之间（或表面、或内部）添加奶油、蛋白、巧克力等的食品。

（1）饼干的感官要求　饼干的感官要求应符合表 2-4 的规定。

表 2-4　饼干的感官要求

项目	要求	检验方法
色泽	具有产品应有的正常色泽	将样品置于白瓷盘中，在自然光下观察色泽和状态，检查有无异物；闻其气味，用温开水漱口后品其滋味
气味	无异嗅、无异味	
口感	有爽滑感，无牙碜	
杂质	无霉变、无生虫及其他正常视力可见的外来杂质	

（2）饼干的理化指标　饼干的理化指标应符合表 2-5 的规定。

表 2-5　饼干的理化指标

项目		指标	检验方法
酸价（以脂肪计）（KOH）/(mg/g)	≤	5	GB 5009. 229—2016
过氧化值（以脂肪计）/(g/100g)	≤	0. 25	GB 5009. 227—2016

注：酸价和过氧化值指标仅适用于配料中添加油脂的产品。

（3）饼干的污染物限量　饼干的污染物限量应符合 GB 2762—2017 的规定。

（4）饼干的微生物限量　饼干的致病菌限量应符合 GB 29921—2021 中熟食粮食制品（含焙烤类）的规定。饼干的微生物限量见表 2-6 的规定。

表 2-6　饼干的微生物限量

项目	采样方案及限量				检验方法
	N	*c*	*m*	*M*	
菌落总数/(CFU/g)	5	2	10^4	10^5	GB 4789. 2—2022
大肠杆菌/(CFU/g)	5	2	10	10^2	GB 4789. 3—2016 平板计数法
霉菌/(CFU/g)	150	150	150	150	GB 4789. 15—2016

注：①样品的采集及处理按 GB 4789. 1—2016 执行。

②本教材微生物限量相关表格中“采样方案及限量”一栏中：

N—同一批次产品应采集的样品件数；

c—最大可允许超出 *m* 值的样品数；

m—微生物指标可接受水平限量值（三级采样方案）或最高安全限量值（二级采样方案）；

M—微生物指标的最高安全限量值。

（5）饼干的其他要求　食品添加剂的使用应符合 GB 2760—2014 的规定。食品营养强化剂的使用应符合 GB 14880—2012 的规定。

2. 糕点、面包标准

依据 GB 7099—2015《食品安全国家标准　糕点、面包》，糕点是以谷类、豆类、薯类、油脂、糖、蛋等的一种或几种为主要原料，添加（或不添加其他原料，经调制、成形、熟制等工艺制成的食品，以及熟制前或熟制后在产品表面或熟制后内部添加奶油、蛋白、可可、果酱等的食品。

面包是以小麦粉、酵母、水等为主要原料，添加或不添加其他原料，经搅拌、发酵、整形、醒发、熟制等工艺制成的食品，以及熟制前或熟制后在产品表面或内部添加奶油、蛋白、可可、果酱等的食品。

（1）糕点、面包的感官要求　糕点、面包的感官要求应符合表 2-7 的规定。

表 2-7　　糕点、面包的感官要求

项目	要求	检验方法
色泽	具有产品应有的正常色泽	将样品置于白瓷盘中，在自然光下观察色泽和状态，检查有无异物；闻其气味，用温开水漱口后品其滋味
滋味、气味	具有产品应有的气味和滋味，无异味	
状态	无霉变、无生虫及其他正常视力可见的外来异物	

（2）糕点、面包的理化指标　糕点、面包的理化指标应符合表 2-8 的规定。

表 2-8　　糕点、面包的理化指标

项目		指标	检验方法
酸价（以脂肪计）（KOH）/（mg/g）	≤	5	GB 5009. 229—2016
过氧化值（以脂肪计）/（g/100g）	≤	0. 25	GB 5009. 227—2016

注：酸价和过氧化值指标仅适用于配料中添加油脂的产品。

（3）糕点、面包的污染物限量　糕点、面包的污染物限量应符合 GB 2762—2017 的规定。

（4）糕点、面包的微生物限量　糕点、面包的致病菌限量应符合 GB 29921—2021 中熟制粮食制品（含焙烤类）的规定。糕点、面包的微生物限量还应符合表 2-9 的规定。

表 2-9　　糕点、面包的微生物限量

项目	采样方案及限量				检验方法
	N	*c*	*m*	*M*	
菌落总数①/(CFU/g)	5	2	10^4	10^5	GB 4789. 2—2022
大肠菌群②/(CFU/g)	5	2	10	10^2	GB 4789. 3—2016 平板计数法
霉菌③/(CFU/g)	150	150	150	150	GB 4789. 15—2016

注：①样品的采集及处理按 GB 4789. 1—2016 执行。
②菌落总数和大肠菌群的要求不适用于现制现售的产品，以及未熟制的发酵配料或新鲜水果蔬菜的产品。
③不适用于添加了霉菌成熟干酪的产品。

（5）糕点、面包的其他要求　食品添加剂的使用应符合 GB 2760—2014 的规定。食品营养强化剂的使用应符合 GB 14880—2012 的规定。

3. 方便面、方便米粉标准

依据 GB 17400—2015《食品安全国家标准　方便面》，方便面是以小麦粉和（或）其他谷物粉、淀粉等为主要原料，添加或不添加辅料，经加工制成的面添加方便调料的面条类预包装方便食品，包括油炸方便面和非油炸方便面。

油炸方便面是采用油炸工艺干燥的方便面，包括泡面、干吃面和煮面。

非油炸方便面是采用除油炸以外的其他工艺（如微波、真空和热风等）干燥的方便面，包括泡面、干吃面。

方便米粉（米线）是以大米为主要原料，添加或不添加辅料，经加工制成的多种形式的米粉（米线）制品，添加或不添加方便调料的预包装方便食品。

方便粉丝是以薯类、豆类、谷类淀粉为主要原料，添加或不添加辅料，经加工制成的粉丝饼，添加或不添加方便调料的预包装方便食品。

面饼是以小麦粉和（或）其他谷物粉、淀粉等为主要原料，经加工制成的多种形式的面条。

方便调料是面饼、米线、粉丝以外用于调味和提供营养的可食用物料。调味料、蔬菜、豆类、畜禽、水产等加工制品，可直接附加于面饼或单独包装。

（1）方便面、方便米粉的感官要求　方便面、方便米粉的感官要求应符合表 2-10 的规定。

表 2-10　　方便面、方便米粉的感官要求

项目	要求	检验方法
色泽	具有产品应有的色泽	按食用方法取适量被测样品置于 500mL，无色透明烧杯中，在自然光下观察色泽、形态；闻其气味，用温开水漱口后品其滋味
滋味、气味	无异味、无异嗅	
状态	外形整齐或一致，无正常视力可见的外来异物	

（2）方便面、方便粉丝理化指标　方便面、方便粉丝理化指标应符合表 2-11 的规定。

表 2-11　　方便面、方便粉丝理化指标

项目		指标	检验方法
水分/(g/100g)			
油炸面饼	≤	10.0	GB 5009.3—2016
非油炸面饼	≤	14.0	
酸价（以脂肪计）(KOH)/(mg/g)			
油炸面饼	≤	1.8	GB 5009.229—2016
过氧化值（以脂肪计）/(g/100g)			
油炸面饼	≤	0.25	GB 5009.227—2016

（3）方便面、方便粉丝污染物限量　方便面、方便粉丝污染物限量应符合 GB 2762—2017 中带馅（料）面米制品的规定。

（4）方便面、方便粉丝微生物限量　方便面、方便粉丝致病菌限量应符合 GB 29921—2021 中方便面米制品的规定。

微生物限量还应符合表 2-12 的规定。

表 2-12　　方便面、方便粉丝微生物限量

项目	采样方案①及限量				检验方法
	N	c	m	M	
菌落总数②/(CFU/g)	5	2	10^4	10^5	GB 4789.2—2022
大肠菌群②/(CFU/g)	5	2	10	10^2	GB 4789.3—2016 平板计数法

注：①样品的采集及处理按 GB 4789.1—2016 执行。
②仅适用于面饼和调料的混合检验。

（5）方便面、方便粉丝食品添加剂和食品营养强化剂要求　食品添加剂的使用应符合 GB 2760—2014 的规定。食品营养强化剂的使用应符合 GB 14880—2012 的规定。

二、豆制品的质量标准

豆制品是以大豆或杂豆为主要原料，经加工制成的食品，包括发酵性豆制品、非发酵性豆制品和大豆蛋白类制品。

发酵性豆制品是以大豆为主要原料，经微生物发酵而成的，如腐乳、豆豉、豆酱、酱油等。非发酵性豆制品是指以大豆或杂豆为原料制成的豆制品，如豆腐、豆浆、豆乳、豆皮、豆干、腐竹、百叶、千张、素鸡等，或经卤制的豆制品（卤豆干、五香豆干)、炸卤豆制品（花干、素鸡等)、熏制豆制品（熏干、熏肠)、油炸制品（油豆腐等)、烘干豆制品（腐竹等）和家常大豆制品，如豆芽、煮豆、炒豆等。大豆蛋白产品有粉状大豆蛋白产品和组织化大豆产品。粉状大豆蛋白产品是以大豆为原料经脱脂、去除或部分去除碳水化合物而得到的富含大豆蛋白质的产品。组织化大豆蛋白是以粉状大豆蛋白产品为原料经挤压蒸煮工艺得到的具有类似于肉的组织结构的产品。豆制品的质量标准依据 GB 2712—2014《食品安全国家标准　豆制品》。

1. 豆制品感官要求

豆制品感官要求应符合表 2-13 的规定。

表 2-13　　豆制品感官要求

项目	要求	检验方法
色泽	具有产品应有的色泽	液体样品取适量试样置于 500mL 烧杯中，固体样品取适量试样置于白色瓷盘中，在自然光下观察色泽和状态；闻其气味，用温开水漱口后品其滋味
滋味、气味	具有产品应有的滋味和气味，无异味	
状态	具有产品应有的状态，无霉变，无正常视力可见的外来异物	

2. 豆制品理化指标

豆制品理化指标应符合表 2-14 的规定。

表 2-14　　豆制品理化指标

项目	指标	检验方法
脲酶实验	阴性	GB/T 5009. 183—2003

注：仅适用于豆浆。

3. 豆制品污染物限量和真菌毒素限量

污染物限量应符合 GB 2762—2017 的规定。

真菌毒素限量应符合 GB 2761—2017 的规定。

4. 豆制品微生物限量

致病菌限量应符合 GB 29921—2021 的规定。

即食豆制品中的微生物限量还应符合表 2-15 的规定。

表 2-15　　即食豆制品的微生物限量

项目	采样方案及限量				检验方法
	N	*c*	*m*	*M*	
大肠菌群/[(CFU/g) 或 (CFU/mL)]	5	2	10	10^2	GB 4789. 3—2016 平板计数法

注：样品的采集及处理按 GB 4789. 1—2016 执行。

5. 豆制品中食品添加剂的使用

食品添加剂的使用应符合 GB 2760—2014 的规定。

三、淀粉制品的质量标准

按 GB 2713—2015《食品安全国家标准　淀粉制品》。

淀粉制品是指以薯类、豆类、谷类等植物中的一种或几种制成的食用淀粉为原料，经和浆、成形、干燥（或不干燥）等工艺加工制成的产品，如粉条、粉丝、粉皮、凉粉等。

1. 感官要求

淀粉制品感官要求应符合表 2-16 的规定。

表 2-16　淀粉制品感官要求

项目	要求	检验方法
色泽	具有产品应有的色泽	在自然光下观察色泽和状态；闻其气味，用温开水漱口后品其滋味
滋味、气味	无异味、不酸	
状态	具有产品应有的形态，不发黏，无发霉，无变质，无正常视力可见外来异物，口尝无砂质	

2. 淀粉制品污染物限量

污染物限量应符合 GB 2762—2017 的规定。

3. 即食淀粉制品微生物限量

即食淀粉制品的致病菌限量应符合 GB 29921—2021 中粮食制品类的规定。

即食淀粉制品的微生物限量还应符合表 2-17 的规定。

表 2-17　即食淀粉制品微生物限量

项目	采样方案及限量				检验方法
	N	c	m	M	
菌落总数/(CFU/g)	5	2	10^4	10^5	GB 4789. 2—2022
大肠菌群/(CFU/g)	5	2	10	10^2	GB 4789. 3—2016 平板计数法

注：样品的采集及处理按 GB 4789. 1—2016 执行。

4. 淀粉制品食品添加剂和食品营养强化剂的使用

食品添加剂的使用应符合 GB 2760—2014 的规定。

食品营养强化剂的使用应符合 GB 14880—2012 的规定。

项目四
常见粮食制品的感官鉴别与掺伪鉴别检验

一、常见粮食制品的感官鉴别

粮食制品的感官鉴别可从色泽、形状、组织结构、气味和滋味等方面进行。

（一）面制品感官鉴别

下面以酥皮月饼、苏打饼干为例介绍。

1. 酥皮月饼的感官鉴别

（1）色泽　良质月饼表面为白或乳白色，底部为金黄色至红褐色，色泽均匀、鲜艳。次质月饼表面、底部、墙部的颜色偏深或略浅，色泽分布不太均匀。劣质月饼色泽较正品而言或太深或太浅。

（2）形状　良质月饼规格和形状一致，美观大方，不跑糖、不露馅，装饰适中。次质月饼大小不太均匀，外形不甚美观，有少量的跑糖现象。劣质月饼块形大小相差悬殊，跑糖、露馅严重。

（3）组织结构　良质月饼皮、馅均匀，层次分明，皮和馅的位置适当，无大空洞，无杂质。次质月饼层次不太分明或稍有偏皮、偏馅。劣质月饼层次混杂不清，偏皮、偏馅严重，含杂质多。

（4）气味和滋味　良质月饼松酥绵软不垫牙，油润、细腻，具有所填夹果料应有的味道。次质月饼松酥程度稍差，所应有的味道不太突出，没有油润、细腻的感觉，咬之粘牙。劣质月饼食之垫牙，有异味、脂肪酸败的哈喇味等。

2. 苏打饼干的感官鉴别

（1）色泽　良质饼干表面呈乳白色至浅黄色，起泡处颜色略深，底部金黄色。次质饼干色彩稍重或稍浅，分布不太均匀。劣质饼干表面黑暗或有阴影、发毛。

（2）形状　良质饼干片形整齐，表面有小气泡和针眼状小孔，油酥不外露，表面无生粉。次质饼干有部分破碎，片形不太平整，表面露酥或有薄层生。劣质饼干片形不整齐，破碎者太多，缺边、缺角严重。

（3）组织结构　良质饼干夹酥均匀，层次多而分明，无杂质，无油污。次质饼干夹酥不均匀，层次较少，无杂质。劣质饼干有油污，有杂质，层次间粘连板结成一体，霉变。

（4）气味和滋味　良质饼干口感酥、松、脆，具有发酵香味和本品种固有的风味，无异味。次质饼干食之发艮或绵软，特有的苏打饼干味道不明显。劣质饼干因油脂酸败而带有哈喇味。

（二）米制品的感官鉴别

米制品的感官鉴别以年糕、粽子为例介绍。

1. 年糕的感官鉴别

依据中华人民共和国商务部国内贸易行业标准 SB/T 10507—2008《年糕》。年糕是以大米等谷物为主要原料，经成粉蒸制或直接蒸制、冷却、成形、包装等工艺制成的食品。

年糕有水磨年糕和花色年糕 2 种。水磨年糕是以大米为主要原料，经水磨工艺成粉，经蒸煮、成形、包装等工艺制成的年糕。花色年糕是以大米及其他谷物粉等为主要原料，裹以（或混合）各种辅料，经相关工艺制成的年糕。

水磨年糕感官鉴别如下。

（1）年糕外观　块形完整、无粉粒。

（2）色泽　呈不同品种固有的色泽。

（3）气味　无异味。

（4）杂质　无肉眼可见杂质。

2. 粽子感官鉴别

可参考中华人民共和国商业行业标准 SB/T 10377—2004《粽子》。

粽子是以糯米和（或）其他谷类食物为主要原料，中间裹以（或不裹）豆类、果仁、菌类、肉禽类、蜜饯、水产品等馅料，用粽叶包扎成形，经水煮至熟而成的制品。产品按生产工艺不同分为有馅类、无馅类、混合类。

无馅类是指生产过程中只使用一种主原料裹成的粽子。

无馅类粽子感官鉴别如下。

（1）表面形态　粽角端正，扎线松紧适当，无明显砚角（砚角指煮熟后粽子角处有肉眼可见的粽体）、粽体无外露。

（2）色泽　剥去粽叶，外观粽体米粒呈本白色（或其他谷类食物相应的色泽），有光泽。

（3）组织形态　粽体不过烂，粽子内外无杂质，无夹生，不得有霉变、生虫及其他外来污染物。

（4）滋味与气味　糯而不烂，咸甜适中，具有粽叶、糯米或其他谷类食物固有的香味，不得有酸败、发霉、发馊等异味。

（三）豆制品的感官鉴别

豆制品的感官鉴别以豆芽、豆腐干为例介绍。

1. 豆芽的感官鉴别

（1）色泽　良质豆芽色泽洁白，根部显白色或淡褐色，头部显淡黄色，色泽鲜艳而有光泽。次质豆芽色泽灰白，不鲜艳。劣质豆芽色泽发暗，根部呈棕褐色或黑色，无光泽。

（2）外观　取豆芽样品在散射光线下观察其外观形态。良质豆芽芽身挺直，长短合适，芽脚不软，组织结构脆嫩，无烂根、烂尖现象。次质豆芽长短不一，粗细不均，枯萎蔫软。劣质豆芽严重枯萎或霉烂。

（3）气味　良质豆芽具有豆芽固有的鲜嫩气味，无异味。次质豆芽固有的气味淡薄或稍有异味。劣质豆芽有腐烂味、酸臭味、农药味、化肥味及其他不良气味。

（4）滋味　良质豆芽具有本种豆芽固有的滋味。次质豆芽的固有滋味平淡或稍有异味。劣质豆芽有苦味、涩味、酸味及其他不良滋味。

2. 豆腐干的感官鉴别

（1）色泽　良质豆腐干呈乳白色或浅黄色，有光泽。次质豆腐干色泽比正常豆腐干的颜色深。劣质豆腐干色泽呈深黄色略微发红或发绿，无光泽或光泽不均匀。

（2）组织结构　良质豆腐干质地细腻，边角整齐，有一定的弹性，切口处挤压不出水，无杂质。次质豆腐干质地粗糙，边角不齐或缺损，弹性差且易被折断，切口处可挤压出水珠。劣质豆腐干质地粗糙，无弹性，表面黏滑，切开时黏刀，切口处挤压出水。

（3）气味　良质豆腐干具有豆腐干特有的清香气味，无其他任何异味。次质豆腐干特有的香气平淡。劣质豆腐干有馊味、腐臭味等不良气味。

（4）滋味　良质豆腐干滋味纯正，咸淡适口。次质豆腐干特有滋味平淡，偏咸或偏淡。劣质豆腐干有酸味、苦涩味及其他不良滋味。

二、常见粮食制品掺伪鉴别检验

粮谷类制品的掺伪主要表现为：不按指定配方添加原料，以霉变米面、酸败油脂加工制品；用陈旧糕点碾碎制馅重新制作糕点；用长期使用的煎炸油制作糕点；馒头、米粉中使用吊白块；油条中掺洗衣粉；使用非食用色素；过量使用防腐剂、糖精钠等。

（一）米、面制品中掺工业用增白剂的检验

工业用增白剂“吊白块”，它的化学名称为甲醛次硫酸氢钠（$NaHSO_4 \cdot CH_2O \cdot 2H_2O$），它在水中或高温、潮湿的环境中能分解产生二氧化硫及甲醛，工业上将其常用作还原剂和漂白剂。

一些食品加工者违法使用“吊白块”对米粉、腐竹、馒头、粉丝、面条等进行增白处理。由于甲醛会残留在食品中，对人体造成危害，因此，我国严禁在食品中使用“吊白块”。

1. 甲醛次硫酸氢钠的定性检验

（1）原理　甲醛次硫酸氢钠与醋酸铅反应，生成棕黑色化合物。

（2）检验方法　取面条（或其他样品）磨碎，加入10倍量的水混匀，移入锥形瓶中，向瓶中加入盐酸溶液（1+1）（每10mL样品加入2mL盐酸溶液），再加2g锌粒，然后迅速在瓶口包1张醋酸铅试纸，放置1h。观察其颜色的变化，同时做对照实验。

2. 吊白块的定量测定

具体可见“实训六　馒头中甲醛合次硫酸氢钠的测定”。

（二）米、面制品中掺硼砂的检验

硼砂早已被禁止用作食品添加剂，但仍有些食品加工企业或个体在制作腐竹、萨其马、粉肠、凉粉等食品时加入硼砂。

硼砂是一种有毒物质，食用到一定量时，可损害人的脑、肝、肾脏及皮肤黏膜，严重的可发生休克。

食品中掺硼砂的检验方法如下。

1. pH试纸法

（1）原理　硼砂是碱性物质，能使pH试纸变蓝，如试纸无变化，则表示未被硼砂污染。

（2）检验方法　将pH试纸粘在粉肠、凉粉等食品上，观察pH试纸的变化。

2. 感官检验

用手摸加入硼砂的食品，有爽滑感觉，并能闻到轻微的碱味。

3. 姜黄试纸特性检验法

（1）原理　姜黄试纸与硼砂反应，呈浅蓝色，则证明食品被硼砂污染；若试纸是褐色，则表示未被硼砂污染。

（2）主要试剂　姜黄试纸（先将姜黄根研磨成粉状物，水洗几次，再用6倍的白酒浸泡，滤去不溶物即得姜黄液。将快速滤纸截为小条状，放在姜黄液中浸湿，置于暗处烘干备用）。

（3）检验方法　检测时，将姜黄试纸放在粉肠、凉粽等食品表面并使之润湿，再将试纸在碱水中蘸一下，观察试纸变化。如果是腐竹、米面制品、萨其马等食品，应先研磨成粉末状，放入一定量的水中搅拌均匀，然后按上述方法检验即可。

（三）用硫黄熏蒸面制食品的检验

我国GB 2760—2014《食品安全国家标准　食品添加剂使用标准》规定，只限用于硫黄熏蒸水果干类、蜜饯凉果、干制蔬菜、经表面处理的鲜食用菌和藻类、食糖、魔芋粉，并对熏蒸最大使用量（以二氧化硫残留量计）有一定规定：如熏蒸水果干类不得超过 0.1g/kg。不允许使用硫黄熏蒸面制食品等。如果长期食用这种增白馒头、包子、挂面等，会引起人体的胃肠道功能紊乱，引起剧烈腹泻、头痛，甚至损害肝脏，使儿童缺钙严重，使人体内红细胞、血红蛋白减少，并产生一定的致癌作用。

可以通过测定 SO_2（漂白剂）的含量（残留量）检测面制食品用硫黄熏蒸的情况。

1. SO_2（漂白剂）含量的快速测定

（1）原理　硫黄与氧作用会生成 SO_2，SO_2 遇水又生成亚硫酸。以碘标准液滴定亚硫酸至呈现蓝色，以消耗碘标准溶液的体积计算 SO_2 含量。

（2）主要试剂　1mol/L KOH 溶液、硫酸溶液（1+3）、0.01mol/L（1/2）I_2 标准溶液、1g/L 淀粉溶液。

（3）检验方法　在小烧杯内称取试样 20g（精确至小数点后第 2 位），用蒸馏水将试样洗入 250mL 容量瓶中，然后加蒸馏水至总容量的 1/2，加塞摇荡，再加蒸馏水至刻度，摇匀。

待瓶内液体澄清后，用移液管吸取澄清液 50mL，注入 250mL 碘量瓶中，加入 1mol/L KOH 溶液 25mL。将瓶内混合液用力振荡后放置 10min，然后一边振荡，一边加入硫酸溶液（1+3）10mL 和淀粉液 1mL，以碘标准液滴定至呈现蓝色并 30s 不褪色为止。同时不加试样，按上述方法做一空白。

（4）结果计算

$$\text{二氧化硫含量}=\frac{c\ (V_1-V_2)\ \times 0.032\times 5}{m}\times 100\%$$

式中　V_1——滴定时所耗（1/2）I_2 标准溶液的体积，mL；

V_2——滴定空白实验所耗（1/2）I_2 标准溶液的体积，mL；

c——（1/2）I_2 标准溶液的浓度，mol/L；

m——样品的质量，g；

0.032——（1/2）SO_2 的毫摩尔质量，g/mmol。

2. 酸度法

依据 GB/T 22427.13—2008《淀粉及其衍生物二氧化硫含量的测定》进行检测，具体可见本模块“实训七　淀粉及其衍生物二氧化硫含量的测定——酸度法”（米粉类、粉条按 GB 5009.34—2022《食品安全国家标准　食品中二氧化硫的测定》）。

（四）糕点中掺入非食用色素的检验

糕点厂家在生产糕点时，广泛使用人工合成色素，因为它具有成本低廉、色泽鲜艳、着色力强、色调多样等特点，但多数人工合成色素对人体具一定毒性、致泻作用、致癌作用等。因此，对人工合成色素应严格管理，谨慎使用。

糕点中掺入非食用色素的检验方法如下。

（1）原理　非食用色素在氯化钠溶液中，可使脱脂棉染色，而这种被染色的脱脂棉经氨水溶液洗涤后不会褪色。

（2）主要试剂　0.1g/mL 氯化钠溶液、1%氨水溶液。

（3）样品的处理　取适量糕点的染色部位风干、研细。若染色部位含有较多油脂，可先将染色部位置于颈部塞有脱脂棉的漏斗中，用有机溶剂（如石油醚、四氯化碳等）淋洗去除油脂，再取出风干、研细。将研细的样品置于烧杯中，加水浸泡 1~2h，必要时可适当加热。过滤后，将滤液收集于洁净的烧杯中。若滤液颜色过浅，可放在水浴中浓缩，备用。

（4）检验方法　取样品溶液 10mL，加 0.1g/mL NaCl 溶液 1mL，混合均匀，放进脱脂棉 0.1g，置于水浴锅上加热搅拌片刻，取出脱脂棉，用水洗涤。

将此脱脂棉放入蒸发皿中，加 1%氨水溶液 10mL，置于水浴锅上加热数分钟，取出脱脂棉水洗。若脱脂棉不褪色，则证明样品中存在非食用色素。

（五）糕点酸败的检验

糕点是含油脂的食品，在贮藏、加工及运输过程中均会自然地氧化酸败，产生哈喇味，造成食品变质，营养价值降低。糕点酸败的快速检验如下。

（1）原理　油脂酸败产生过氧化物，与碘化钾反应，生成游离碘，使淀粉试纸变蓝。

（2）主要试剂　碘化钾-淀粉试纸、四氯化碳-冰醋酸（3+1）溶液。

（3）检验方法　在试管中加入 1~2g 待检样品（不均匀的样品应选择脂肪含量高的部位），再向试管中加入 2mL 四氯化碳-冰醋酸溶液。用玻璃棒将样品磨碎后，塞住管口，用力振摇 2min。放置片刻，蘸 1 滴上清液于碘化钾-淀粉试纸上，观察试纸变化，如果变蓝，说明样品已经酸败或使用的油脂为酸败油脂。

此外，也可用希夫试剂进行检验。具体可见本模块“项目二　常见粮食掺伪鉴别检验”中“四、粮食酸败的检验”。

（六）糕点含糖精钠的测定

我国 GB 2760—2014《食品安全国家标准　食品添加剂使用标准》规定糖精钠可用于糕点、饼干和面包等食品中，最大使用量为 0.15g/kg，不可用于饼干、面包等食品中。

（1）原理　糖精钠盐用盐酸酸化分解后可转化为氯化铵，氯化铵可与纳氏试剂发生显色反应，因此，可通过光度法测定糖精钠的含量。

（2）主要仪器　分光光度计、蒸馏装置。

（3）主要试剂

①纳氏试剂（将 11.5g 碘化汞和 10.0 碘化钾共溶于 50mL 无氨蒸馏水中，加

入 50mL 6mol/L NaOH 溶液，静置，倾出上清液贮于棕色瓶中，避光、避氨保存）。

②标准硫酸铵溶液（1mg/mL）。

（4）样品的处理　用分析天平准确称取已充分切细、研细的样品 20～30g（精确至小数点后第 4 位）于玻璃纸上，用玻璃纸包住，扎住口，做成透析装置，然后用玻棒挂在精确盛有 200mL 用无氨蒸馏水配制的 0.01g/mL 的 NaOH 溶液的烧杯中进行透析。烧杯口用表面皿盖住，置于无氨的房间中过夜。

（5）检验方法　精确吸取 100mL 透析液于分液漏斗中，加入 4～5mL 浓盐酸，将其酸化至强酸性。分别用 50，40，30mL 乙醚进行 3 次抽提，然后合并 3 次抽提的乙醚，用含有 1 滴盐酸的无氨水洗涤 1 次。

在漏斗中装入少量脱脂棉，将乙醚抽提液通过脱脂棉滤入干燥洁净的蒸馏烧瓶中。抽提液完全滤完后，用少量乙醚洗涤脱脂棉，一并滤入蒸馏烧瓶中。

装好蒸馏装置，用水浴加热，蒸馏回收乙醚，至烧瓶内剩下约 1mL 溶液为止。切记不可蒸干，以免糖精钠挥发损失。在蒸馏烧瓶中加入无氨蒸馏水 5mL 及浓盐酸 6mL，撤换接收器，并用直火加热，蒸馏至剩下约 1mL 浓缩液为止。经过此步操作，糖精钠被盐酸分解转化为氯化铵。

向浓缩液中加入无氨蒸馏水 10mL，并滴加 0.1g/mL NaOH 溶液，中和至溶液的 pH 介于 5 和 6 之间。注意 NaOH 溶液不可过量，以免氨挥发损失。然后将其定量转移到 50mL 的容量瓶中。蒸馏烧瓶用无氨蒸馏水洗涤 3 次，洗涤液也一并转移到容量瓶中。另取 1 个 50mL 容量瓶，加入标准硫酸铵溶液 1.5mL 和无氨蒸馏水 40mL。在两个容量瓶中各加入纳氏试剂 2.5mL，摇匀后，用无氨蒸馏水稀释至刻度。同时向另 1 个 50mL 的容量瓶中加入 2.5mL 纳氏试剂，用无氨蒸馏水定容至刻度，作为空白。在波长为 430nm 的紫外光下测定吸光度，记下吸光度 $A_{标}$ 和 $A_{样}$。

（6）结果计算　糖精钠含量结果计算如下。

$$\text{糖精钠含量（mg/kg）}=\frac{\frac{A_{样}}{A_{标}}\times 1.5}{m}\times 2\times 1000$$

式中　$A_{样}$——样品管吸光度；

$A_{标}$——标准管吸光度；

m——取样量，g；

2——稀释系数。

（7）其他方法　测定方法还可参考 GB/T 5009.28—2016《食品安全国家标准 食品中苯甲酸、山梨酸和糖精钠的测定》，高效液相色谱法。

（七）用化肥催生的豆芽的鉴别

有些个体商贩为了催生豆芽，缩短豆芽的生长期，并使其粗壮，在生豆芽过程中施放化肥，如尿素、硫酸铵、硝酸铵等。

由于豆芽生长期短，化肥施放后，大部分被豆芽吸收，积存在豆芽体内，使其受到污染。这样的豆芽不仅在食用时缺乏其应有的脆嫩、鲜美味道，且对人的胃部产生恶性刺激，同时有着潜在危害。

浸泡豆芽的化肥都是含铵类化合物，它们在细菌的作用下，可以转化成亚硝胺。而亚硝胺是一种致癌物质。因此，用化肥催生的豆芽是有害的。

化肥催生豆芽可用感官鉴别。

用化肥催生的豆芽，豆芽粗壮、发水，色泽灰白，芽秆粗胖，根短、无根或少根，豆粒发蓝；如将豆芽折断，则断面有水分冒出，有的还残留有化肥的气味，如带有氨味。

自然培育的豆芽，身挺直，芽根不软，组织结构脆嫩，有光泽且白嫩，稍细，无烂根、烂尖现象。

还有为了使加工后的豆芽能够保持鲜嫩，在加工的过程中添加了保险粉（连二硫酸钠）、漂白粉进行浸泡。豆芽中的二氧化硫残留量超标，对人体健康有严重影响。二氧化硫残留量的测定可参考本模块项目四　常见粮食制品的感官鉴别与掺伪鉴别检验中“用硫黄熏蒸面制食品的检验”。

（八）豆制品中掺玉米粉的鉴别检验

近年来发现不法商贩在豆制品中掺入10%~30%的玉米粉，致使有些豆制品质量低劣，失去了原有的风味。

1. 感官鉴别

（1）色泽　大豆粉是白中显微黄，而玉米粉则是金黄色。如果大豆粉中含有浅黄色或是带有黄点般的粉粒，则说明大豆粉中掺入了玉米粉。

（2）粒形　大豆粉的颗粒多为圆球形，而玉米粉的颗粒呈多面形，偶有不规则的圆形，且一般玉米粉颗粒都比较粗大。

可取一些试样放在左手心上，用右手指去揉搓，如果感到试样粒度、形状、大小不均匀，则说明试样中掺入了玉米粉。

（3）水试　取试样豆粉少许，置于玻璃杯中，加入开水后，用筷子搅拌后稍等片刻，如果杯底沉有沉淀物，说明试样中掺入了玉米粉。

2. 化学检验

化学检验方法同本模块“项目二　常见粮食掺伪鉴别检验”中“大豆粉中掺玉米粉的检验”。

（九）大豆豆腐及豆粕（饼）豆腐的鉴别检验

1. 感官鉴别

用大豆和豆粕（饼）分别为原料生产的豆腐的感官要求区别可见表2-18。

表 2-18　　大豆豆腐和豆粕（饼）豆腐的感官要求

项目	以纯大豆为原料生产的豆腐	以豆粕（饼）为原料生产的豆腐
色泽	色白洁净，富有脂肪、油亮光	色泽灰白，失去光泽
组织状态	组织良好，无缺损，质地细嫩柔软，剖面整齐，形状完整	组织松散，有缺损，质地粗糙较硬，剖面不整齐，有小孔洞
滋味	口感好，无渣感，有香味	口感差，食后有渣质感，味淡薄
弹性	黏结力强、弹性好，手压后能恢复原状	黏结力差，无弹性，手压后不易恢复原状
水煮	做出的豆腐汤，豆腐片能浮在水面上，有香味	做出的豆腐汤，豆腐片沉落在水底下，食用时缺乏豆腐的香味

2. 理化检验

（1）原理　豆粕（饼）是大豆制取油脂的副产品，脂肪成分含量低微，所以可通过测定豆腐及豆制品中脂肪成分的含量，确定所选用的原料品种及大豆与粕（饼）的混合比例。

（2）主要试剂　三氯甲烷-甲醇溶液（2+1）。

（3）检验方法　取适量豆腐样品用白布包裹，挤压除去水分至半干，均质。取 10g 样品置于三角烧瓶中加入三氯甲烷-甲醇溶液，使样品充分浸泡，并不时振荡，2h 后过滤于锥形瓶中，加热以除净溶剂，然后测定脂肪含量（或称重）。

（4）结果确定　选用豆粕（饼）制作的豆腐，其脂肪含量小于 0.02%；选用全大豆制作的豆腐，其脂肪含量大于 4%。

（5）其他方法　测定方法还可见 GB/T 5009.6—2016《食品安全国家标准　食品中脂肪的测定》。

思考题

1. 粮食的伪劣问题主要表现在哪些方面？举例说明。
2. 粮食、方便面的质量标准对感官要求各有哪些？
3. 简述粮食的感官检验方法。
4. 分别简述玉米、豆腐干质量优、劣的感官鉴别方法。
5. 分别简述蛋糕、软式面包质量标准中的感官要求。
6. 淀粉制品的理化指标有哪些？
7. 举例简述陈旧米、面的检验方法。
8. 举例说明小麦粉、糕点中常见的掺伪物分别有哪些。
9. 如何检验粉条中掺入“吊白块”？
10. 如何进行糕点中掺入非食用色素的检验？
11. 如何进行大豆粉中掺玉米粉的检验？

实训内容

实训一

大米的质量标准和感官鉴别

一、实训目的

了解大米的质量标准、掌握大米的感官鉴别方法。

二、实训原理

参见本模块“项目一　粮食的质量标准”“项目四　常见粮食制品的感官鉴别与掺伪鉴别检验”和 GB 1354—2018《大米》。

三、实训方法

到企业调查，或者上网查找 GB 1354—2018《大米》。

四、实训要求

对照 GB 1354—2018，了解大米的质量标准，还可参考 GB/T 5492—2008《粮油检验　粮食、油料的色泽、气味、口味鉴定》；GB/T 5494—2019《粮油检验　粮食、油料的杂质、不完善粒检验》；GB/T 5496—1985《粮食、油料检验　黄粒米及裂纹粒检验法》；GB/T 5503—2009《粮油检验　碎米检验法》等。注意对大米的形态、色泽、滋味与口感、组织的要求，阐述大米的感官鉴别方法，并进行小结。

实训二

曲奇饼干的质量标准和感官鉴别

一、实训目的

了解饼干的质量标准、掌握饼干的感官鉴别方法。

二、实训原理

参见本模块“项目三　粮制品的质量标准”“项目四　常见粮食制品的感官鉴别与掺伪鉴别检验”和 GB/T 20980—2021《饼干质量通则》。

三、实训方法

到企业调查，或者上网查找 GB/T 20980—2021。

四、实训要求

对照 GB/T 20980—2021，了解曲奇饼干的质量标准，注意对曲奇饼干的形态、色泽、滋味与口感、组织的要求，阐述曲奇饼干的感官鉴别方法，并进行小结。

实训三

粮食杂质的检验

一、实训目的

掌握陈旧米、面的杂质检验方法。

二、实训原理

依据 GB/T 5494—2019《粮油检验　粮食、油料的杂质、不完善粒检验》检验杂质的试样分大样、小样两种：大样是用于检验大样杂质，包括大型杂质和绝对筛层的筛下物；小样是从检验过大样杂质的样品中分出少量试样，检验与粮粒大小相似的并肩杂质。

三、实训方法

1. 主要仪器和用具

天平、谷物选筛、电动筛选器、分样器和分样板、分析盘、镊子。

2. 样品制备

按照 GB 5491—1985 中粮食、油料检验扦样、分样法的规定分取检验杂质的试样用量。小粒，如粟、芝麻、油菜籽等大样质量 500g，小样质量 10g；中粒如稻谷、小麦、高粱、小豆、棉籽等大样质量 500g，小样质量 50g；大粒如大豆、玉米、豌豆、葵花籽、小粒蚕豆等大样质量 500g，小样质量 100g；其他如甘薯片、大米中带壳稗粒和稻谷粒检验 500～1000g。

3. 操作步骤

（1）筛选

①电动筛选器法：按质量标准中规定的筛层套好（大孔筛在上，小孔筛在下，套上筛底），按规定称取试样放入筛上，盖上筛盖，放在电动筛选器上，接通电源，打开开关，选筛自动地向左向右各筛 1min（110～120r/min），筛后静止片刻，将筛上物和筛下物分别倒入分析盘内。卡在筛孔中间的颗粒属于筛上物。

②手筛法：按照上法将筛层套好，倒入试样，盖好筛盖。然后将选筛放在玻璃板或光滑的桌面上，用双手以 110～120 次/min 的速度，按顺时针方向和逆时针方向各筛动 1min。筛动的范围掌握在比选筛直径大 8～10cm。筛后的操作与上法相同。

（2）大样杂质检验　从平均样品中，按样品制备规定称取试样（m），按筛选法分两次进行筛选（特大粒粮食分 4 次筛选），然后拣出筛上大型杂质和筛下物合并称重（m_1）。（小麦大型杂质在 4. 5mm 筛上拣出。）

（3）小样杂质检验　从检验过大样杂质的试样中，按照样品制备的规定用量称取试样（m_2），倒入分析盘中，按质量标准的规定拣出杂质，称重（m_3）。

四、实训要求

1. 结果计算

$$大样杂质（\%）=\frac{m_1}{m_2}\times100$$

式中 m_1——大样杂质质量，g；

m_2——大样质量，g。

$$小样杂质（\%）=\frac{(100-M)\times m_3}{m_2}$$

式中 m_3——小样杂质质量，g；

m_2——小样质量，g；

M——大样杂质百分率，%。

$$杂质总量（\%）=M+N$$

式中 M——大样杂质百分率，%；

N——小样杂质百分率，%。

2. 进行总结

实训四

陈旧米、面的酸度检验法

一、实训目的

掌握陈旧米、面的酸度检验方法。

二、实训原理

米、面中都含有少量磷酸、酸性磷酸盐、乳酸、乙酸等水溶性酸性物质，米、面在贮存过程中酸度均有所增高。因此，测定酸度是确定米、面是否陈旧的重要方法。

按 GB 5009.239—2016《食品安全国家标准　食品酸度的测定》。

试样经过处理后，以酚酞作为指示剂，用氢氧化钠标准溶液滴定至中性，根据消耗氢氧化钠溶液的体积数，计算确定试样的酸度。

三、实训方法

（1）主要仪器　滴定管（碱式）。

（2）主要试剂　酚酞指示剂，0.01mol/L NaOH（或 KOH）标准溶液。

（3）试样制备　取混合均匀的样品 80～100g，用粉碎机粉碎，粉碎细度要求 95%过 40 目筛。粉碎后全部筛分样品充分混合，装入磨口瓶中，制备好的样品应立即测定。

（4）测定　准确称取样品 15g 于具塞磨口瓶中，加蒸馏水 150mL，滴加三氯甲烷 5 滴，加塞后摇匀，在室温下放置提取 2h，每隔 15min 摇动 1 次，浸提完毕后静置数分钟，用干燥滤纸过滤。

用移液管吸取滤液 10mL，注入 100mL 锥形瓶中，再加蒸馏水 20mL 和酚酞指示剂 3 滴，用 0.1mol/L NaOH（或 KOH）标准溶液滴定至微红色 0.5min 内不消失为止。记下所消耗的 NaOH（或 KOH）标准溶液体积（mL）。

另用 30mL 蒸馏水作空白实验，记下所消耗的 NaOH（或 KOH）标准溶液体积（mL）。

四、实训要求

1. 按下式计算酸度

$$X=(V_1-V_2)\times\frac{V_3}{V_4}\times\frac{c}{0.1}\times\frac{10}{m}$$

式中 X——酸度，用 10g 样品所消耗的 0.1mol/L NaOH（或 KOH）标准溶液的体积计，mL/10g；

V_1——试样滤液消耗的 0.1mol/L NaOH（或 KOH）标准溶液的体积，mL；

V_2——空白实验消耗的 0.1mol/L NaOH（或 KOH）标准溶液的体积，mL；

V_3——浸提试样的水体积，mL；

V_4——用于滴定的试样滤液体积，mL；

c——NaOH（或 KOH）标准溶液浓度，mol/L；

m——试样的质量，g。

2. 进行总结

实训五

掺滑石粉的小麦粉的检验

一、实训目的

掌握掺滑石粉的小麦粉的检验方法。

二、实训原理

滑石粉是一种无机化合物，滑石粉分子式为 $Mg_3[Si_4O_{10}](OH)_2$。滑石粉经处理后，其水溶液中如滴入盐酸会产生 H_2SiO_3 呈胶絮状的物质析出。正常标准的小麦面粉中不含有二氧化硅（SiO_2）杂质。

三、实训方法

灰分测定后，向试样中加入 2 倍量以上的研成细末状的氢氧化钾，充分混合均匀，于 600℃下熔融。冷却后，加水溶解，向水溶液中滴加盐酸（1+1）使之成酸性，如有胶絮状物析出（H_2SiO_3）表示检出了二氧化硅（SiO_2）。同时做空白实验对照。

四、实训要求

1. 进行结果判定

标准的正常的小麦粉一般检不出 SiO_2，但掺入 1%以上滑石粉的小麦粉则可检

出 SiO_2。

2. 进行总结

实训六

馒头中甲醛合次硫酸氢钠的测定

一、实训目的

使学生了解甲醛合次硫酸氢钠（又名吊白块）对人体的危害，掌握馒头等食品中甲醛合次硫酸氢钠的定量测定方法。

二、实训原理

吊白块在酸性条件下可分解出甲醛，甲醛沸点很低，因此可对检样进行水蒸气蒸馏，使甲醛馏出后再与乙酰丙酮作用，生成黄色的二乙酰基二氢吡啶，然后根据颜色的深浅比色定量。

三、实训方法

1. 主要仪器

721 型分光光度计。

2. 试剂

（1）10%（体积分数）磷酸溶液。

（2）液体石蜡。

（3）乙酰丙酮溶液　在 100mL 蒸馏水中加入醋酸铵（AR）25g、冰醋酸 3mL 和乙酰丙酮（AR）0.40mL，振摇使其溶解，贮于棕色瓶中。此溶液可稳定 1 个月。

（4）甲醛标准储备液　吸取分析纯甲醛（36%～38%）0.3mL，用蒸馏水定容至 100mL，然后依下述方法标定。吸取上述贮备液 10.00mL，置于 250mL 碘量瓶中，加入 0.1mol/L（1/2）I_2 溶液 25.00mL 和 1mol/L NaOH 溶液 7.5mL，放置 15min，再加入 0.5mol/L H_2SO_4 溶液 10mL，放置 15min。用 0.025mol/L $Na_2S_2O_3$ 溶液滴定，滴定至呈淡黄色时，加入淀粉指示剂 1mL，继续滴定至蓝色消失，记录溶液用量。同时做空白实验。

$$甲醛含量（mg/L）=(V_1-V_2)c\times15/10\times1000$$

式中　V_1——空白滴定消耗硫代硫酸钠溶液的体积，mL；

V_2——滴定甲醛消耗硫代硫酸钠溶液的体积，mL；

c——硫代硫酸钠溶液的浓度，mol/L；

15——与 1mmol/L（1/2）I_2 相当的甲醛的质量，mg。

（5）甲醛标准应用液　临用时以蒸馏水将甲醛标准储备液稀释成 5μg/mL。

3. 检验方法

（1）样品处理　称取经粉碎的湿样馒头 5.00g，置于蒸馏瓶中，加入蒸馏水

20mL、液体石蜡2.5mL和10%磷酸溶液10mL，立即通水蒸气蒸馏。冷凝管下端应事先插入盛有10mL蒸馏水且置于冰浴上的容器中的液面下，精确收集蒸馏液至150mL；同时做空白蒸馏。

（2）显色操作　视检品中吊白块含量的高低，吸取检品蒸馏液2~10mL，补充蒸馏水至10mL，加入乙酰丙酮溶液1mL混匀，置于沸水浴中加热3min，取出冷却。然后以蒸馏水调零，于波长435nm处，以1cm比色皿进行比色，记录吸光度；查标准曲线计算结果。

（3）绘制标准曲线　分别吸取5mol/mL甲醛标准液0，0.50，1.00，3.00，5.00，7.00mL，补充蒸馏水至10mL，然后按上述（2）中对应步骤操作；减去零管吸光度后，绘制标准曲线。

四、实训要求

1. 结果计算

$$吊白块含量（mg/kg）=\frac{V_1 m_1 \times 5.133}{m_2 \times \frac{V_2}{V_3}}$$

式中　V_1——样品管相当标准管体积，mL；

m_1——1mL甲醛标准溶液中甲醛的质量，μg；

m_2——样品的质量，g；

V_2——显色操作取蒸馏液体积，mL；

V_3——蒸馏液的总体积，mL；

5.133——甲醛与吊白块换算的系数。

本法实际应用时，只需做定性检验。收集馏出液30~50mL，呈色反应呈黄色者为阳性。

2. 进行总结

实训七

淀粉及其衍生物二氧化硫含量的测定——酸度法

一、实训目的

使学生了解淀粉及其衍生物二氧化硫含量对人体的危害，掌握淀粉及其衍生物二氧化硫含量的测定方法——酸度法。

二、实训原理

依据GB/T 22427.13—2008《淀粉及其衍生物二氧化硫含量的测定》将样品酸化和加热，使样品释放出二氧化硫，并随氮流通过过氧化氢稀溶液而吸收氧化成硫酸，用氢氧化钠溶液滴定形成硫酸。并将氢氧化钠标准溶液的耗用体积转化为二氧化硫质量。

三、实训方法

1. 试剂

氮气（无氧）、9~10g/L 过氧化氢溶液、15%盐酸、1mg/mL 溴酚蓝指示剂乙醇（20%）溶液、0.1mol/L 和 0.01mol/L 氢氧化钠标准溶液、0.01mol/L 碘标准溶液、5g/L 淀粉溶液、焦亚硫酸钾-乙二胺四乙酸二氢钠（0.87+0.20）水溶液。

2. 主要仪器

滴定管、分析天平、磁力搅拌器、雾状仪，如图 2-1 所示。

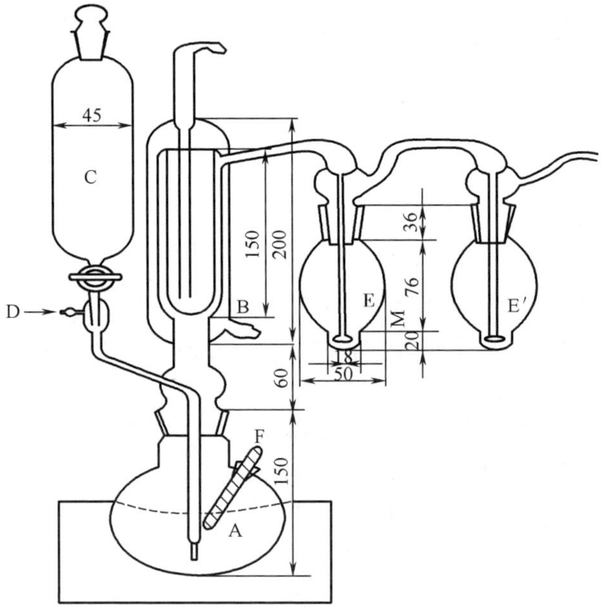

A—烧瓶；B—冷凝器；C—漏斗；D—连有苯三酚碱性溶液吸收器的氮流入口处；E 和 E′—起泡器。

图 2-1　实训装置（单位：mm）

雾状仪应满足下列要求：在烧瓶 A 中放入 100mL 水，2 个起泡器内溶液应是中性的。进行下列操作：①用吸管向烧瓶 A 中加入 20mL 溶液进行二氧化硫的成雾和测定；②用吸管将 20mL 的碘溶液、5mL 盐酸和 1mL 淀粉溶液移入 100mL 锥形瓶，用滴定管以溶液进行滴定直至变色。用①法和②法测定的二氧化硫含量之差不应超过其算术平均值的 1%。

3. 过程简述

（1）样品的准备　将样品进行混合至均匀。

（2）样品量　按表 2-19 称取样品，精确至 0.01g。

表 2-19　　二氧化硫含量测定样品量

二氧化硫估计含量值/(mg/kg)	样品量/g
<50	100
50~200	50

当样品是 D-葡萄糖时，样品量可适当增加。

样品定量地移入烧瓶，向样品加 100mL 的水，并摇晃使之混合均匀。

（3）成雾　①在漏斗 C 中放入 50mL 盐酸；②用吸管在起泡器 E 和 E′中分别注入 3mL 过氧化氢溶液、0.1mL 溴酚蓝指示剂溶液，并用氢氧化钠标准溶液中和过氧化氢溶液；③将冷凝器 B 和起泡器 E 和 E′连接到仪器上，慢慢地通过氮气，以排出仪器中全部空气，并开始向冷凝器放入水流；④让漏斗 C 内盐酸放入烧瓶 A 中，必要时可暂停氮气进入；⑤混合物在 30min 内加热到沸腾，然后保持沸腾 30min，同时通入氮气，不停地搅拌。

（4）滴定　定量地将第二个起泡器内溶液倒入第一个起泡器内，根据二氧化硫含量估计值，用氢氧化钠标准溶液滴定已形成的硫酸。如有挥发性有机酸存在，则应煮沸 2min，再冷却至室温，然后滴定。

（5）检查　如果使用 0.01mol/L 氢氧化钠标准溶液，体积耗用小于 5mL，或使用 0.1mol/L 氢氧化钠标准溶液，体积耗用小于 0.5mL，则应增加样品量。

（6）测定次数　对同一样品进行二次测定。

四、实训要求

1. 结果计算

$$X_1=\frac{320.3\times V}{m_0}$$

式中　X_1——样品二氧化硫（7446-09-5）含量，mg/kg；

m_0——样品的质量，g；

V——0.01mol/L 氢氧化钠标准溶液的体积耗用数，mL（或 0.1mol/L 氢氧化钠标准溶液的 10 倍体积耗用数，mL）。

2. 进行总结

模块三

食用油脂掺伪鉴别检验

学习目标与要求

了解食用油脂分类、植物油料、油脂及其制品的检验项目。掌握食用油质量标准和掺伪的鉴别检验方法。

坚持“以人民为中心的发展思想”，更广泛地保障人民权益，培养严谨的工作作风，树立自信心和终身学习的理念。

学习重点与难点

重点：掌握食用油脂质量标准；食用油脂掺伪常用检验方法。

难点：食用油脂掺伪常用检验方法。

学习内容

油脂是人类食品的主要营养成分之一，不但是人体很好的能量来源，而且含有人体自身不能合成而必须摄自食物以维持健康的必需脂肪酸，如亚油酸、亚麻酸等。另外，油脂中还含有磷脂、固醇、生育酚等脂质伴随物。这些物质与人体的生长发育和维持人体正常的生理功能有着密切的关系。我国是世界上主要油脂生产国和消费国之一，油脂生产技术也发展为现代机械化和自动化程度较高的生产体系。但有个别不法企业和个体商贩为牟取暴利，在油脂中掺入低价油、非食用油等，以次充好，损害了消费者的利益和生命安全。作为消费者和粮油工作者，掌握一些辨别真伪油脂的知识具有重要意义。

项目一
食用油脂质量标准

一、食用植物油脂质量标准

植物原油是以植物油料为原料制取的原料油。食用植物油脂是以植物油料或植物原油为原料制成的食用植物油脂。食用植物油脂一般是从可食用植物的籽实中提取的，主要包括花生油、大豆油、菜籽油、葵花籽油、芝麻油、玉米胚油、米糠油、棉籽油、棕榈油、茶籽油、小麦胚芽油等。这些食用植物油经深加工、精加工制成油脂制品，如人造奶油、起酥油、氢化油、色拉油、煎炸油、调和油等。

为了防止不法商贩以次充好，必须了解食用植物油的质量标准。按 GB 2716—2018《食品安全国家标准　植物油》，主要包括感官要求和理化指标。

1. 食用植物油的感官要求

食用植物油的感官要求应符合表 3-1 的规定。

表 3-1　　食用植物油的感官要求

项目	要求	检验方法
色泽	具有产品应有的色泽	取适量试样置于 50mL 烧杯中，在自然光下观察色泽；将试样倒入 150mL 烧杯中，用玻璃棒迅速搅拌，嗅其气味，用温开水漱口后，品其滋味
气味、滋味	具有产品应有的气味和滋味，无焦臭、酸败及其他异味	
状态	具有产品应有的状态，无正常视力可见的外来异物	

2. 食用植物油的理化指标

食用植物油的理化指标应符合表 3-2 的规定。

表 3-2　　食用植物油的理化指标

项目		指标			
		植物原油	食用植物油（包括调和油）	煎炸过程中的食用植物油	检验方法
酸价（KOH）/(mg/g)					
米糠油	≤	25			
棕榈油、玉米油、橄榄油、棉籽油、椰子油	≤	10	3	5	GB 5009.229—2016
其他	≤	4			

续表

项目		指标			
		植物原油	食用植物油（包括调和油）	煎炸过程中的食用植物油	检验方法
过氧化值/(g/100g)	≤	0.25	0.25		GB 5009.227—2016
极性组分/%	≤			27	GB 5009.202—2016
溶剂残留量*/(mg/kg)	≤		20		GB 5009.262—2016
游离棉酚/%					
棉籽油	≤		200	200	GB 5009.148—2014

注：*压榨油溶剂残留量不得检出（检出值小于10mg/kg时，视为未检出）。

二、各种食用植物油脂的特定质量标准

1. 大豆油

大豆油分为大豆原油和成品大豆油二类。大豆油的质量标准依据GB/T 1535—2017《大豆油》。大豆原油是采用大豆制取的符合该标准原油质量指标的不能直接供人食用的油品。成品大豆油是经加工处理符合该标准成品油质量指标和食品安全国家标准的供人食用的大豆油品。

成品大豆油质量指标见表3-3。

表3-3　　成品大豆油质量指标

项目		质量指标		
		一级	二级	三级
色泽		淡黄色至浅黄色	浅黄色至橙黄色	橙黄色至棕红色
透明度		澄清、透明	澄清	允许微浊
气味、滋味		无异味、口感好	无异味、口感良好	具有大豆油固有的气味和滋味，无异味
水分及挥发物含量/%	≤	0.10	0.15	0.20
不溶性杂质含量/%	≤	0.05	0.05	0.05
酸价（KOH）/（mg/g）	≤	0.50	2.0	按照GB 2716—2018执行
过氧化值/（mmol/kg）	≤	5.0	6.0	按照GB 2716—2018执行
加热实验（280℃）		—	无析出物，油色不变	允许微量析出物和油色变深

续表

项目		质量指标		
		一级	二级	三级
含皂量/%	≤	—	0.03	
冷冻实验（0℃贮藏5.5h）		澄清、透明	—	
烟点/℃	≥	190	—	
溶剂残留量/(mg/kg)		不得检出	按照GB 2716—2018执行	

注：①画有“—”者不做检测。

②过氧化值的单位换算：当以g/100mg表示时，如5.0mmol/kg相当于5.0/39.4g/100g≈0.13g/100g。

③溶剂残留量检出值小于10mg/kg时，视为未检出。

食品安全要求：应符合GB 2716—2018和国家有关的规定。不得添加任何香精和香料，不得添加其他食用油类和非食用物质。

表3-3中酸价是指中和1g油脂中所含游离脂肪酸需要的氢氧化钾质量（mg）。过氧化值是指1kg油脂中过氧化物的物质的量（mmol）。含皂量是指油脂中皂化物的含量，以油酸钠计。烟点是指油样加热至开始连续发蓝烟时的温度。

2. 花生油

花生油是从花生中提取的，花生油分为花生原油和成品花生油二类。花生油质量依据GB/T 1534—2017《花生油》。

花生原油是采用花生制取的符合该标准原油质量指标的不能直接供人食用的油品。成品花生油是经加工处理符合该标准成品油质量指标和食品安全国家标准的供人食用的花生油品。压榨花生油是利用机械压力制取的符合本标准质量指标的油品。浸出花生油是利用溶剂溶解的特性，从花生料胚或预榨饼中制取的花生原油经精炼加工制成的符合该标准质量指标的油品。

压榨成品花生油、浸出成品花生油质量指标分别见表3-4和表3-5。

表3-4 压榨成品花生油质量指标

项目		质量指标	
		一级	二级
色泽		淡黄色至橙黄色	橙黄色至棕红色
透明度（20℃）		澄清、透明	允许微浊
气味、滋味		具有花生油固有的香味和滋味，无异味	具有花生油固有的气味和滋味，无异味
水分及挥发物含量/%	≤	0.10	0.15
不溶性杂质含量/%	≤	0.05	0.05

续表

项目	质量指标	
	一级	二级
酸价（KOH）/（mg/g） ≤	1.50	按照 GB 2716—2018 执行
过氧化值/（mmol/kg） ≤	6.0	按照 GB 2716—2018 执行
加热实验（280℃）	无析出物，油色不变	允许微量析出物和油色变深
溶剂残留量/(mg/kg)	不得检出	

注：溶剂残留量检出值小于 10mg/kg 时，视为未检出。

表 3-5　　浸出成品花生油质量指标

项目	质量指标		
	一级	二级	三级
色泽	淡黄色至黄色	黄色至橙黄色	橙黄色至棕红色
透明度	澄清、透明	澄清	允许微浊
气味、滋味	无异味、口感好	无异味、口感良好	具有花生油固有的气味和滋味，无异味
水分及挥发物含量/% ≤	0.10	0.15	0.20
不溶性杂质含量/% ≤	0.05	0.05	0.05
酸价（KOH)/(mg/g） ≤	0.50	2.0	按照 GB 2716—2018 执行
过氧化值/(mmol/kg） ≤	5.0	7.5	按照 GB 2716—2018 执行
加热实验（280℃）	—	无析出物，油色不变	允许微量析出物和油色变深
含皂量/% ≤	—	0.03	
冷冻实验（0℃贮藏 5.5h）	澄清、透明	—	
烟点/℃ ≥	190	—	
溶剂残留量/(mg/kg)	不得检出	≤50	

注：①画有“—”者不做检测。

②过氧化值的单位换算：当以 g/100mg 表示时，如 5.0mmol/kg 相当于 5.0/39.4g/100g≈0.13g/100g。

③溶剂残留量检出值小于 10mg/kg 时，视为未检出。

食品安全要求：应符合 GB 2716—2018 和国家有关的规定。不得添加任何香精和香料，不得添加其他食用油类和非食用物质。

3. 芝麻油

芝麻油是以芝麻籽为原料制取的油脂。

芝麻油分为芝麻原油、芝麻香油、小磨芝麻香油、精炼芝麻油 4 类。芝麻原油是芝麻籽或压榨法所得芝麻饼及水代法所得芝麻渣采用溶剂浸出工艺制取的未经精炼的不能直接食用的芝麻油。芝麻香油是芝麻籽经过焙炒采用压榨或压滤工艺制取的具有浓郁香味的成品芝麻油。小磨芝麻香油是经过焙炒和石磨磨浆，采用水代法制取的成品芝麻油。精炼芝麻油是芝麻原油经过精炼制成的成品芝麻油。

芝麻油的质量指标见 GB/T 8233—2018《芝麻油》。

芝麻油特征指标：折射率 n^{20}：1.4575~1.4792；相对密度 d_{20}^{20}：0.915~0.924；碘值（以 I 计）/(g/100g)：104~120；皂化值（以 KOH 计）/(mg/g)：186~195。

以芝麻香油为例介绍质量指标。

芝麻香油的质量指标见表 3-6。

表 3-6　芝麻香油（包括小磨芝麻香油）质量指标

项目		等级	
		一级	二级
色泽		橙黄色、橙红色至棕红色	
气味、滋味		具有浓郁的芝麻油固有香味和滋味，口感好，无异味	
透明度（20℃）		透明	允许微浊
水分及挥发物含量/%	≤	0.20	
不溶性杂质含量/%	≤	0.05	
酸价（以 KOH 计）/(mg/g)	≤	2.5	3.0
过氧化值/（g/100g）	≤	0.15	0.18

食品安全要求：按食品安全标准和法律法规要求规定执行。芝麻油中不得掺有其他食用油和非食用油；不得添加任何香精和香料。

4. 菜籽油

菜籽油是从油茶籽中提取的。菜籽油主要分为菜籽原油、压榨成品菜籽油、浸出成品菜籽油三类。菜籽油质量指标见 GB/T 1536—2021《菜籽油》。菜籽原油是未经任何处理的不能直接供人类食用的菜籽油。成品菜籽油是经处理符合该标准成品油质量指标和卫生要求的直接供人类食用的菜籽油。压榨菜籽油是油菜籽经直接压榨制取的油。浸出菜籽油是油菜籽经浸出工艺制取的油。此外还有转基因菜籽油是用转基因油菜籽制取的油。低芥酸菜籽油是芥酸含量不超过脂肪酸组成 3%的菜籽油。

菜籽油的特征指标见表 3-7。

表 3-7　　菜籽油的特征指标

项目		一般菜籽油	低芥酸菜籽油
折射率（n^{40}）		1.465～1.469	1.465～1.467
相对密度（d_{20}^{20}）		0.910～0.920	0.914～0.920
碘值（I）/(g/100g)		94～120	105～126
皂化物（KOH）/mg		168～181	182～193
不皂化物/(g/kg)	≤	20	20

压榨成品菜籽油质量指标见表 3-8。

表 3-8　　压榨成品菜籽油质量指标

项目		质量指标	
		一级	二级
色泽		淡黄色至浅黄色	橙黄色至棕黄色
透明度（20℃）		澄清、透明	允许微浊
气味、滋味		且有菜籽油因有的香味和滋味，无异味	具有菜籽油固有的气味和滋味，无异味
水分及挥发物含量/%	≤	0.10	0.15
不溶性杂质含量/%	≤	0.05	0.05
酸价（以 KOH 计）/(mg/g)	≤	1.5	3.0
过氧化值/(g/100g)	≤	0.125	0.25
加热实验（280℃）		无析出物，油色不得变深	允许微量析出物和油色变深

食品安全要求：按 GB 2716—2018、GB 2760—2014 和其他国家有关标准、规定执行。

菜籽油不得掺有其他食用油和非食用油不得添加的任何香精和香料。

5. 葵花籽油

葵花籽油是从葵花籽中提取的食用油脂。葵花籽油分为葵花籽原油和成品葵花籽油二类。葵花籽油的质量指标见 GB/T 10464—2017《葵花籽油》。葵花籽原油是采用葵花籽制取的符合该标准原油质量指标的不能直接供人食用的葵花籽油。成品葵花籽油是经处理符合该标准成品油质量指标和食品安全国家标准的供人食用的葵花籽油品。压榨葵花籽油是葵花籽经蒸炒或焙炒处理后利用机械压力挤压制取的或再经精炼生产的符合该标准质量指标的油品的统称。浸出葵花籽油是利用溶剂溶解的特性，从葵花籽料胚或预榨饼中制取的葵花籽原油经精炼加工制成的符合该标准质量指标的油品。

成品葵花籽油质量指标见表3-9和表3-10。

表3-9　压榨葵花籽油（包括葵花仁油）质量指标

项目		质量指标	
		一级	二级
色泽		淡黄色至橙黄色	橙黄色至棕红色
透明度（20℃）		澄清、透明	允许微浊
气味、滋味			
压榨葵花籽油		无异味，口感好	具有葵花籽油固有的气味和滋味，无异味
葵花仁油		具有葵花籽油固有的香味和滋味，无异味	
水分及挥发物含量/%	≤	0.10	0.15
不溶性杂质含量/%	≤	0.05	0.05
酸价（KOH计）/(mg/g)	≤	1.5	按照GB 2716—2018执行
过氧化值/(g/100g)	≤	7.5	按照GB 2716—2018执行
溶剂残留量/(mg/kg)		不得检出	

注：溶剂残留量检出值小于10mg/kg时，视为未检出。

表3-10　浸出葵花籽油质量指标

项目		质量指标		
		一级	二级	三级
色泽		淡黄色至浅黄色	浅黄色至橙黄色	橙黄色至棕色
透明度（20℃）		澄清、透明	澄清	允许微浊
气味、滋味		无异味、口感好	无异味、口感良好	具有葵花籽油固有气味和滋味，无异味
水分及挥发物含量/%	≤	0.10	0.15	0.20
不溶性杂质含量/%	≤	0.05	0.05	0.05
酸价（KOH)/(mg/g)	≤	0.50	2.0	按照GB 2716—2018执行
过氧化值/(mmol/kg)	≤	5.0	7.5	按照GB 2716—2018执行
加热实验（280℃）		—	无析出物，油色不变	允许微量析出物和油色变深

续表

项目		质量指标		
		一级	二级	三级
含皂量/%	≤	—	0.03	
冷冻实验（0℃贮藏 5.5h）		澄清、透明	—	
烟点/℃	≥	190	—	
溶剂残留量/(mg/kg)		不得检出	按照 GB 2716—2018 执行	

注：①画有“—”者不做检测。
②过氧化值的单位换算：当以 g/100mg 表示时，如 5.0mmol/kg 相当于 5.0/39.4g/100g≈0.13g/100g。
③溶剂残留量检出值小于 10mg/kg 时，视为未检出。

食品安全要求：应符合 GB 2716—2018 和国家有关的规定，不得添加任何香精和香料，不得添加其他食用油类和非食用物质。

6. 油茶籽油

油茶籽油是以油茶及相应近缘种的籽实或仁为原料制取的油脂。油茶籽油按照品质分为油茶籽原油和成品油茶籽油二类。按照加工工艺分为压榨油茶籽油、浸出油茶籽油、水酶法油茶籽油。油茶籽原油是采用油茶籽制取的不能直接供人食用的油品。成品油茶籽油是经加工处理的供人食用的油品。压榨油茶籽油是采用机械压力挤压油茶籽制取的油品。浸出油茶籽油是利用溶剂溶解油脂的特性，从油茶籽预榨饼中提取的原油经精炼加工制成的油品。水酶法油茶籽油是油茶籽仁（全脱壳）通过色选除去霉变籽粒，经研磨后，与水混合加热，在特定酶的作用下，释放油脂，离心分离出含水的油茶籽油，脱水干燥，加工制成的油品。

油茶籽油质量指标见 GB/T 11765—2018《油茶籽油》。

成品油茶籽油质量指标分别见表 3-11 和表 3-12。

表 3-11　　水酶法、压榨油茶籽油质量指标

项目		质量指标	
		一级	二级
色泽		淡黄色至橙黄色	浅黄色至棕黄色
透明度（20℃）		清澈	微浊
气味、滋味		具有浓郁的油茶籽油固有的气味和滋味，无异味	
水分及挥发物含量/%	≤	0.10	0.20
不溶性杂质含量/%	≤	0.05	0.05
酸价（以 KOH 计）/(mg/g)	≤	2.0	3.0
过氧化值/(g/100g)	≤	0.25	

表 3-12　　　　浸出油茶籽油质量指标

项目		质量指标		
		一级	二级	三级
色泽		淡黄色至黄色	浅黄色至橙黄色	淡黄色至棕红色
透明度（20℃）		澄清、透明	澄清	允许微浊
气味、滋味		无异味、口感好	无异味、口感良好	具有油茶籽油固有气味和滋味，无异味
水分及挥发物含量/%	≤	0.10	0.15	0.20
不溶性杂质含量/%	≤	0.05	0.05	0.05
酸价（以 KOH 计）/(mg/g)	≤	0.50	2.0	3.0
过氧化值/（mmol/kg）	≤	0.25		
加热实验（280℃）		—	无析出物，允许油色变浅或不变化	微量析出物，允许油色变浅、不变化或变深
含皂量/%	≤	—	0.02	0.03
烟点/℃	≥	190	—	—

注：画有“—”者不做检测。

食品安全要求：按食品安全标准和法律法规要求规定执行，不得掺有其他食用油和非食用油；不得添加任何香精和香料。

7. 玉米油

玉米油是采用玉米胚（包括玉米胚芽和少量玉米皮、玉米胚乳）制取的油品。玉米油分为玉米原油、成品玉米油二类。玉米原油是采用玉米胚制取的，不能直接供人食用的油品。成品玉米油是经加工处理的供人食用的油品。压榨玉米油是利用机械压力挤压玉米胚制取的油品。浸出玉米油是利用溶剂溶解的特性，从玉米胚或预榨饼中制取的玉米原油经精炼加工制成的油品。玉米油质量指标见 GB/T 19111—2017《玉米油》。

成品玉米油质量指标见表 3-13。

表 3-13　　　　成品玉米油质量指标

项目	质量指标		
	一级	二级	三级
色泽	淡黄色至黄色	浅黄色至橙黄色	淡黄色至棕红色
透明度（20℃）	澄清、透明	澄清	允许微浊
气味、滋味	无异味、口感好	无异味、口感良好	具有玉米油固有气味和滋味、无异味

续表

项目		质量指标		
		一级	二级	三级
水分及挥发物含量/%	≤	0.10	0.15	0.20
不溶性杂质含量/%	≤	0.05	0.05	0.05
酸价（以 KOH 计）/（mg/g）	≤	0.50	2.0	按照 GB 2716—2018 执行
含皂量/%	≤	—	0.02	0.03
烟点/℃	≥	190	—	

注：画有“—”者不做检测。

一级玉米油的冷冻实验（0℃贮藏 5.5h）规定澄清、透明；加热实验（280℃）规定无析出物，允许油色变浅或不变。

二级玉米油加热实验（280℃）规定微量析出物，允许油色变浅、不变、变深。

食品安全要求：应符合 GB 2716—2018 和国家有关的规定，不得添加任何香精和香料，不得添加其他食用油类和非食用物质。

8. 米糠油

米糠油是从米糠中提取的油脂。米糠油分为米糠原油、压榨成品米糠油、浸出成品米糠油三类。米糠油质量见 GB/T 19112—2003《米糠油》。米糠原油是未经任何处理的不能直接供人类食用的米糠油。成品米糠油是经处理符合该标准成品油质量指标和卫生要求的直接供人类食用的米糠油。压榨米糠油是米糠经直接压榨制取的油。浸出米糠油是米糠经浸出工艺制取的油。

压榨成品米糠油、浸出成品米糠油质量指标见表 3-14。

表 3-14　　压榨成品米糠油、浸出成品米糠油质量指标

项目		质量指标①			
		一级	二级	三级	四级②
色泽					
罗维朋比色槽 25.4mm	≤	黄 35	红 3.0	黄 35	红 6.0
罗维朋比色槽 133.4mm	≤	黄 35	红 3.5	黄 35	红 5.0
气味和滋味		无气味、口感好	气味、口感良好	具有米糠油固有的气味和滋味，无异味	具有米糠油固有的气味和滋味，无异味
透明度		澄清、透明	澄清、透明	—	—
水分及挥发物含量/%	≤	0.05	0.05	0.10	0.20
不溶性杂质含量/%	≤	0.05	0.05	0.05	0.05

续表

项目	质量指标①			
	一级	二级	三级	四级②
酸值（KOH）/(mg/g) ≤	0.20	0.30	1.0	3.0
过氧化值/(mmol/kg) ≤	5.0	5.0	7.5	7.5
加热实验（280℃）	—	—	无析出物，罗维朋比色：黄色值不变，红色值增加小于 0.4	微量析出物，罗维朋比色：黄色值不变，红色值增加小于 4.0，蓝色值增加小于 0.5
含皂量/%≤	—	—	0.03	0.03
烟点/℃≥	215	205	—	—
冷冻实验（0℃贮藏 5.5h）	澄清、透明	—	—	—
溶剂残留量/(mg/kg)				
浸出油	不得检出	不得检出	≤50	≤50
压榨油	不得检出	不得检出	不得检出	不得检出

注：①画有“—”者不做检测。压榨油和一、二级浸出油的溶剂残留量检出值小于 10mg/kg 时，视为未检出。
②该部分为强制指标。

卫生指标：按 GB 2716—2018 和 GB/T 2760—2014 和国家有关标准、规定执行。米糠油中不得掺有其他食用油和非食用油；不得添加任何香精和香料。

9. 棉籽油

棉籽油是以棉籽为原料制取的油脂。棉籽油的质量指标见 GB/T 1537—2019《棉籽油》。棉籽油分为棉籽原油和成品棉籽油二类。棉籽原油是采用压榨或浸出等工艺从棉籽中获得的油脂，符合该标准原油质量指标和食品安全国家标准，但不能直接供人类食用的棉籽油。成品棉籽油是由棉籽原油经精炼工艺制取的油脂，符合该标准成品油质量指标和食品安全国家标准，可供食用的油脂。

成品棉籽油质量指标见表 3-15。

表 3-15　成品棉籽油质量指标

项目	质量指标		
	一级	二级	三级
色泽	淡黄色至浅黄色	浅黄色至橙黄色	橙黄色至棕红色
气味、滋味	无气味、口感好		

续表

<table>
<tr><th rowspan="2" colspan="2">项目</th><th colspan="3">质量指标</th></tr>
<tr><th>一级</th><th>二级</th><th>三级</th></tr>
<tr><td>透明度</td><td></td><td>透明</td><td>透明</td><td>—</td></tr>
<tr><td>加热实验（280℃）</td><td></td><td colspan="2">—</td><td>无析出物，允许颜色加深</td></tr>
<tr><td>烟点/℃</td><td>≥</td><td>190</td><td colspan="2">—</td></tr>
<tr><td>水分及挥发物含量/%</td><td>≤</td><td colspan="2">0.10</td><td>0.20</td></tr>
<tr><td>不溶性杂质含量/%</td><td>≤</td><td colspan="3">0.05</td></tr>
<tr><td>含皂量/%</td><td>≤</td><td colspan="2">—</td><td>0.01</td></tr>
<tr><td>酸价（以 KOH 计）/(mg/g)</td><td>≤</td><td>0.3</td><td>0.5</td><td>1.0</td></tr>
<tr><td>过氧化值/(mmol/kg)</td><td>≤</td><td colspan="2">0.12</td><td>0.16</td></tr>
<tr><td>游离棉酚/(mg/kg)</td><td>≤</td><td colspan="2">50</td><td>200</td></tr>
</table>

注：画有“—”者不做检测。

食品安全要求：按相关食品安全标准和法律法规要求执行，如 GB 2716—2018 等食品安全国家标准。

棉籽油中不得掺有其他食用油和非食用油；不得添加任何香精和香料。

10. 棕榈油

棕榈油是由油棕榈的果肉制取的油。棕榈油质量指标按 GB/T 15680—2009《棕榈油》。棕榈油分为棕榈原油和成品棕榈油两类。棕榈原油是只能作为原料，不能直接供人类食用的棕榈油。棕榈原油的分提产品有棕榈液油、棕榈超级液油、棕榈硬脂三种。成品棕榈油是经处理符合该标准成品油质量指标和卫生要求的直接供人类食用的棕榈油。成品棕榈油的分提产品有棕榈液油、棕榈超级液油、棕榈硬脂三种。棕榈液油是棕榈油经分提工序精制而成的在常温下呈液态的棕榈油。棕榈超级液油是棕榈油经分提工序精制及结晶化过程而成的碘值超过 60 的液态棕榈油。棕榈硬脂是棕榈油经分提工序精制而成的高熔点的棕榈油。

成品分提棕榈油质量指标见表 3-16。

表 3-16　　成品分提棕榈油质量指标

<table>
<tr><th rowspan="2" colspan="2">项目</th><th colspan="3">质量指标</th></tr>
<tr><th>棕榈液油</th><th>棕榈超级液油</th><th>棕榈硬脂</th></tr>
<tr><td>熔点/℃</td><td></td><td>≤24</td><td>≤19.5</td><td>≥44</td></tr>
<tr><td>透明度</td><td></td><td>40℃澄清、透明</td><td>40℃澄清、透明</td><td>80℃澄清、透明</td></tr>
<tr><td>酸值（以 KOH 计）*/(mg/g)</td><td>≤</td><td></td><td>0.20</td><td>0.40</td></tr>
</table>

续表

项目		质量指标		
		棕榈液油	棕榈超级液油	棕榈硬脂
过氧化值*/(mmol/kg)	≤	5.0		
气味、滋味		具有棕榈油固有的气味、滋味，无异味		
色泽（罗维朋比色槽 133.4mm）	≤	黄 30 红 3.0		
水分及挥发物含量/%	≤	0.05		
不溶性杂质含量/%	≤	0.05		

注：*该部分为强制指标。

卫生指标：按 GB 2716—2018、GB 2760—2014 和其他国家有关标准、规定执行。棕榈油中不得掺有其他食用油和非食用油，不得添加任何香精和香料。

三、食用动物油脂标准

动物油脂是从动物体内取得的油脂。可分为陆生温血动物和禽类的油脂，如牛油、羊油、猪油等，其主要成分是棕榈酸、硬脂酸的甘油三酸酯；组成三甘油酯的脂肪酸主要是油酸、软脂酸和硬脂酸。其中饱和酸的成分，一般比植物油脂多。动物油脂也有以乳化状态存在于哺乳动物的乳内。海生哺乳动物和鱼类的油脂，如鲸油、鱼油等，一般为液体的，主要成分除肉豆蔻酸、棕榈酸、硬脂酸、油酸外，还包含 22~24 个碳和 4~6 个双键的不饱和酸和含 10~14 个碳的不饱和酸。动物油脂主要供食用，如猪脂、牛脂、羊脂等。

食用动物油脂是指经动物卫生监督机构检疫、检验合格的生猪、牛羊、鸡、鸭的板油、肉膘、网膜或附着于内脏器官的纯脂肪组织，炼制成的食用猪油、牛油、羊油、鸡油、鸭油。

动物油中也含有对心血管有益的多烯酸、脂蛋白等，可起到改善颅内动脉营养、抗高血压和预防脑卒中的作用。比如猪油，虽然含有过多的饱和脂肪，但其含有的四烯酸能够降血脂、防止胆固醇堆积，这一作用是植物油所没有的。此外，猪油等动物油作为脂质还具有构成人体饱腹感和保护皮肤与维持体温、保护和固定脏器等功能。因此，关于某些油脂对人体健康有益而无害，或是有害而无益的说法都是片面的。

1. 食用动物油脂的质量标准

按 GB 10146—2015《食品安全国家标准　食用动物油脂》。

（1）食用动物油脂的感官要求　食用动物油脂的感官要求应符合表 3-17 的规定。

表 3-17 食用动物油脂的感官要求

项目	要求	检验方法
色泽	具有特有的色泽，呈白色或略带黄色，无霉斑	取适量试样置于白瓷盘中，在自然光下观察色泽和状态；将试样置于 50mL 烧杯中，水浴加热至 50℃，用玻璃棒迅速搅拌，嗅其气味，品其滋味
滋味、气味	具有特有的气味、滋味，无酸败及其他异味	
状态	无正常视力可见的外来异物	

（2）食用动物油脂的理化指标　食用动物油脂的理化指标应符合表 3-18 的规定。

表 3-18 食用动物油脂的理化指标

项目		指标	检验方法
酸价（KOH）/(mg/g)	≤	2.5	GB 5009.229—2016
过氧化值/(g/100g)	≤	0.20	GB 5009.229—2016
丙二醛/(mg/100g)	≤	0.25	GB 5009.229—2016

2. 举例

以食用猪油为例，参见 GB/T 8937—2006《食用猪油》，食用猪油感官特征见表 3-19，理化指标见表 3-20。

表 3-19 食用猪油感官特征

项目	等级指标	
	一级	二级
形状及色泽		
凝固态	白色，有色泽，细腻，呈软膏状	白色或带微黄，稍有色泽，细腻，呈软膏状
融化态	微黄色，澄清透明，不允许有沉淀物	微黄色，澄清透明
气味及滋味	凝固态	具有猪油固有的气味及滋味，并无外来的气味和味道

表 3-20 食用猪油理化指标

项目		指标	
		一级	二级
水分/%	≤	0.20	0.25
酸价（KOH）/(mg/g)	≤	1.0	1.3
过氧化值/%	≤	1.0	

续表

项目		指标	
		一级	二级
皂化值（KOH）/(mg/g)		190~202	
碘值/(g/100g)		45~70	
丙二醛/(mg%)	≤	0.25	
铅（以 Pb 计）/(mg/kg)	≤	1.0	
铜（以 Cu 计）/(mg/kg)	≤	0.4	
砷（以 As 计）/(mg/kg)	≤	0.1	
不溶于乙醚的物质/%	≤	0.5	

注：碘值、铜、砷指标采用 Codex Stan 28—1981 的对应指标。

项目二

食用植物油脂的感官检验

一、食用植物油脂的感官检验内容和方法

油脂的感官检验内容包括色泽、透明度、气味与滋味、水分、杂质等，可按 GB/T 5525—2008《植物油脂　透明度、气味、滋味鉴定法》和 GB/T 5009.37—2003《食用植物油卫生标准的分析方法》进行。

1. 色泽鉴定

纯净油脂是无色、透明、略带黏性的液体。但因油料本身带有各种色素，在加工过程中这些色素溶解在油脂中而使油脂具有颜色。油脂色泽的深浅，主要取决于油料所含脂溶性色素的种类和含量、油料籽品质的好坏、加工方法、精炼程度及油脂贮藏过程中的变化等。

色泽检验方法具体可见本模块“实训一　食用植物油的感官检验”。

2. 透明度鉴定

正常油脂应该是完全透明的，如果油脂中含有磷脂、固体脂肪、蜡质，或者含水量较大时，就会出现混浊，透明度降低。

透明度鉴定方法具体可见本模块“实训一　食用植物油的感官检验”。

3. 气味及滋味

每种植物油都具有其固有的气味和特殊滋味。通过气味和滋味的鉴别可以知道油脂的种类、品质的好坏、酸败的程度及能否食用等。

气味、滋味检验方法具体可见本模块“实训一　食用植物油的感官检验”。

4. 水分

植物油脂中水分鉴别，是按照感官初步判断，一般有取样判定法、烧纸验水法以及钢勺加热法，具体可见本模块“实训一　食用植物油的感官检验”。

5. 杂质

杂质测定依据 GB/T 15688—2008《动植物油脂　不溶性杂质含量的测定》，具体见本模块“实训三　油脂中杂质含量的测定”。

不溶性杂质含量是指在该标准规定的条件下，不溶于正己烷或石油醚的物质及外来杂质的量。

这些杂质包括机械杂质、矿物质、碳水化合物、含氮化合物、各种树脂、钙皂、氧化脂肪酸、脂肪酸内脂和（部分）碱皂、羟基脂肪酸及其甘油酯等。

二、各种食用植物油质量优、劣的感官鉴别

1. 大豆油

优质大豆油：油色澄清、透明，静置后无沉淀，气味、滋味正常，加热至 280℃，油色不变深，无沉淀物析出。

良质大豆油：油色橙黄至棕黄，稍有混浊，有微量沉淀物存在。气味、滋味正常。加热至 280℃油色变深，无沉淀物析出。

次质大豆油：油色橙黄至棕褐色，稍有混浊，有少量悬浮物存在，静置后有少量沉淀物。气味、滋味正常。加热至 280℃，有沉淀物析出，无苦味，产生泡沫少。

劣质大豆油：色泽、气味、滋味异常，混浊，有明显的悬浮物存在。

2. 花生油

优质花生油：油色在常温下呈淡黄色，清晰、透明，稍有沉淀，气味、滋味正常，加热至 280℃，油色不变深，无沉淀物析出。

良质花生油：油色在常温下呈橙黄色，稍有混浊，无明显悬浮物存在，气味、滋味正常，加热至 280℃，油色变深，无沉淀物析出。

次质花生油：油色在常温下呈棕黄色，稍有混浊，气味、滋味正常，加热至 280℃，有少量沉淀物析出，没有苦味，产生的泡沫少。

劣质花生油：色泽、气味、滋味异常，水分大，杂质多，酸败，有焦臭异味。

3. 芝麻油

优质芝麻油：油色呈棕红色，清晰、透明，无沉淀物，具有浓郁的芝麻油香味，口味纯正，加热至 280℃，油色无变化，无沉淀物析出。

良质芝麻油：油色呈棕红色至棕褐色，清晰、透明，有微量沉淀物，具有浓郁的香味，口味正常，加热至 280℃，油色稍变深，无沉淀物析出。

次质芝麻油：色泽较浅（掺有其他油脂）或偏深，有少量悬浮物，略有混浊，芝麻油特有的香味平淡，稍有异味，加热至280℃，油色变深，有沉淀物析出。

劣质芝麻油：呈褐色或黑褐色，油液混浊，有大量的悬浮物及沉淀物存在，芝麻油特有的香气微弱，有霉味、焦味、油脂酸败味等不良气味，加热至280℃，油色变黑且有较多沉淀物析出。

4. 菜籽油

良质菜籽油：油色呈黄色至棕色，清晰、透明，无沉淀物或有微量沉淀物，具有菜籽油特有的气味和滋味，无异味，加热至280℃，油色不变，且无沉淀物析出。

次质菜籽油：油色呈棕红色至棕褐色，微混浊，有少量沉淀物和悬浮物，菜籽油固有的气味和滋味平淡，加热至280℃，油色变深，且有沉淀析出。

劣质菜籽油：油色呈褐色，极混浊，有大量的悬浮物和沉淀物，有霉味、焦味、哈喇味、苦味等不良气味和滋味，加热至280℃，油色变黑，并有大量沉淀物析出。

5. 米糠油

良质米糠油：油色呈淡绿色，清晰、透明，无沉淀物或有微量沉淀物，具有米糠油应有的气味和滋味，无异味，加热至280℃，油色不变，且无沉淀物析出。

次质米糠油：油色呈绿色，微混浊，有少量沉淀物和悬浮物，米糠油固有的气味和滋味平淡，加热至280℃，油色变深，且有沉淀析出。

三、地沟油的感官鉴别

地沟油，泛指在生活中存在的各类劣质油，通俗地讲地沟油可分为以下几类：一是狭义的地沟油，即将下水道的油腻漂浮物或将宾馆和饭店的剩饭剩菜通过简单的加工提炼出油；二是劣质油，用猪的内脏、皮，加工后提炼出油；三是重复使用的油炸食品的油。地沟油对人体危害极大，它会破坏人们的白细胞和消化道黏膜，引起食物中毒，长期食用可能会引发癌症。由于存在较大的经济诱惑，仍有人铤而走险，销售地沟油。

2014年，台湾爆发一起地沟油事件，经查明有超过800t劣质油品流入台湾及港澳地区，200余家企业受影响，其中不乏知名品牌。

“地沟油”感官鉴别一般通过看、闻、尝、听、问五个方面进行。

一看：看透明度，纯净的植物油呈透明状，在生产过程中由于混入了碱脂、蜡质、杂质等物，透明度会下降；看色泽，纯净的油为无色，在生产过程中由于油料中的色素溶于油中，油才会带色；看沉淀物，其主要成分是杂质。

二闻：每种油都有各自独特的气味。可以在手掌上滴一两滴油，双手合拢摩擦，发热时仔细闻其气味。有异味的油，说明质量有问题，有臭味的很可能就是地沟油，若有矿物油的气味更不能买。

三尝：用筷子取一滴油，仔细品尝其味道。口感带酸味的油是不合格产品，有焦苦味的油已发生酸败，有异味的油可能是“地沟油”。

四听：取油层底部的油一两滴，涂在易燃的纸片上，点燃并听其响声。燃烧正常无响声的是合格产品；燃烧不正常且发出“吱吱”声音的，水分超标，是不合格产品；燃烧时发出“噼叭”爆炸声，表明油的含水量严重超标，而且有可能是掺假产品，绝对不能购买。

五问：问商家的进货渠道，必要时索要进货发票或查看当地食品卫生监督部门抽样检测报告。

项目三

食用油脂掺伪的鉴别检验

一、食用油脂的理化检验

食用油脂的掺伪鉴别检验除了进行感官检验外，有时还必须进行理化检验。理化检验首先要进行实验样品制备。

1. 食用油脂的试样制备

食用油脂的实验样品依据 GB/T 15687—2008《动植物油脂　试样的制备》进行。

（1）原理　将油脂样品混合，必要时在适当温度下加热。如果需要，可用过滤法分离除去不溶物，用无水硫酸钠干燥去除水分。

（2）试剂　无水硫酸钠。

（3）仪器　电热干燥箱、热过滤漏斗。

（4）操作步骤

①混合与过滤：澄清无沉积物液态样品，振摇装有实验室样品的密闭容器使其尽量均匀。

混浊或有沉积物液态样品，应测定下列项目：a. 水分和挥发物；b. 不溶性杂质；c. 相对密度；d. 任何需要使用不可过滤样品或加热影响测定的测定项目。剧烈摇动装有实验室样品的密闭容器直至沉积物从容器壁上完全分离，检查是否有沉积物依旧黏附在容器壁上，如果有要完全除掉（必要时打开容器），且并入样品中。

测定其他项目：将装有实验室样品的容器置于 50℃ 的干燥箱内直到样品达到 50℃，然后按照以上操作。如果加热混合后样品不完全澄清，可在 50℃ 恒温干燥箱内将油脂过滤，或用热过滤漏斗过滤，为避免油脂被氧化或聚合而发生任何变化，样品在干燥箱内不能放置太久，过滤后的样品应完全澄清。

固态样品：对于上述 a 和 b 两个测定项目，实验室样品要缓慢加温直到刚好可以混合，再充分混匀样品。

测定所有其他项目时，将干燥箱温度调节到高于油脂熔点 10℃以上，在干燥箱中熔化实验室样品。如果加热后样品完全澄清，则按照上述步骤进行操作。如果样品混浊或有沉积物，须在相同温度的干燥箱内进行过滤或用热过滤漏斗过滤。过滤后的样品应完全澄清。

②干燥：如果混合后的样品中含有水分（特别是酸性油脂、脂肪酸、固体脂肪），由于水分会影响某些测定项目（如碘值）的测定结果，因此应对样品进行干燥。采用的干燥方法应避免样品发生氧化。可将充分混合的样品按每 10g 样品加 1~2g 的比例加入无水硫酸钠后，置于高于其熔点（10℃）的干燥箱中，干燥时间尽可能短，最好在氮气流保护下干燥，干燥温度不得超过 50℃。

当温度超过 32.4℃时，无水硫酸钠将失去干燥能力，因此要在真空下进行干燥。对于需要在 50℃以上进行干燥的脂肪，可先将其溶于溶剂然后干燥。

将热样品与加入的无水硫酸钠充分搅拌后，过滤。如果冷却时油脂发生凝固，可在适当温度（但不得超过 50℃）的干燥箱内或用加热过滤漏斗进行过滤。

2. 食用油脂的理化检验

食用油脂的理化检验通常进行常规检测。常规检测指标主要按 GB/T 5009.37—2003《食用植物油卫生标准的分析方法》，对水分和挥发物的测定、羰基价、碘值等进行测定。

（1）水分含量测定　通常地沟油的水分含量>1%，食用油水分含量<0.2%，因此，根据水分含量的不同，可以对食用油中是否含有地沟油进行鉴别。油脂水分含量的测定按 GB 5009.236—2016《食品安全国家标准　动植物油脂水分及挥发物的测定》，具体见本模块“实训二　油脂中水分和挥发物的测定”。

（2）酸价的测定　研究发现，潲水油和煎炸老油的酸价大于 130mg/g，通常食用油的酸价≤3，两者相差较大，可作为鉴别废油脂的重要特征指标之一。

测定方法按 GB 5009.229—2016 中食品酸价的测定。该标准规定了三种各类食品中酸价的测定方法——冷溶剂指示剂滴定法（第一法）、冷溶剂自动电位滴定法（第二法）和热乙醇指示剂滴定法（第三法）。第一法适用于常温下能够被冷溶剂完全溶解成澄清溶液的食用油脂样品，第二法适用于常温下能够被冷溶剂完全溶解成澄清溶液的食用油脂样品和含油食品中提取的油脂样品，第三法适用于常温下不能被冷溶剂完全溶解成澄清溶液的食用油脂样品。

现以第一法冷溶剂指示剂滴定法为例测定酸价。

原理：用有机溶剂将油脂试样溶解成样本溶液，再用氢氧化钾或氢氧化钠标准滴定溶液中和滴定样本溶液中的游离脂肪酸，以指示剂相应的颜色变化来判定滴定终点，最终通过滴定终点消耗的标准滴定溶液计算油脂试样的酸价。

试剂：氢氧化钾或氢氧化钠标准滴定溶液 0.5mol/L；10g/L 酚酞指示剂（1g

酚酞溶于 100mL 95%乙醇）；20g/L 百里香酚酞指示剂（2g 百里香酚酞溶于 100mL 95%乙醇）；20g/L 碱性蓝 6B 指示剂（2g 碱性蓝 6B 溶于 100mL 95%乙醇）；乙醚-异丙醇（1+1）混合液。

主要仪器：分析天平和滴定管。

操作步骤：以锥形瓶精确称取试样。加入乙醚-异丙醇混合液，10g/L 酚酞指示剂，充分振摇溶解试样，并用标准滴定溶液滴定至试样溶液呈微红色。

如果试样溶液是深色的，则用百里香酚酞或者碱性蓝 6B 溶液作指示剂。

同时进行空白实验。

结果计算：

$$X=(V_1-V_0)\times c\times 56.1/m$$

式中　X——酸价，mg/g；

c——标准溶液浓度，mol/L；

V_0——空白滴定消耗标准溶液体积，mL；

V_1——样品滴定消耗标准溶液体积，mL；

m——样品的质量，g；

56.1——KOH 的摩尔质量，g/mol。

（3）羰基价　油脂酸败过程中产生小分子醛酮类物质。油脂羰基价的测定方法按 GB 5009.230—2016《食品安全国家标准　食品中羰基价的测定》，具体见本模块“实训九　油脂羰基价的测定”。

（4）油脂过氧化值的测定　油脂氧化值与油脂的新鲜度和酸败程度有关，测定过氧化值可鉴别废油脂。随着油脂的不断氧化，过氧化值逐渐上升。油脂过氧化值测定按 GB 5009.227—2016《食品安全国家标准　食品中过氧化值的测定》，具体可见本模块“实训八　油脂过氧化值的测定”。

（5）油脂碘值的测定　在煎炸过程中煎炸老油不饱和脂肪酸分解和氧化，不饱和脂肪酸含量大大减少，碘值明显降低。研究证实测定碘值可鉴别煎炸老油，但不能鉴别地沟油。测定方法按 GB/T 5532—2008《动植物油脂　碘值的测定》，具体可见本模块“实训七　油脂碘值的测定”。

（6）油脂杂质含量的定量测定　按 GB/T 15688—2008《动植物油脂　不溶性杂质含量的测定》，具体见本模块“实训三　油脂中杂质含量的测定”。

（7）油脂的折射率的测定　每一品种油脂都有其一定的折射率。测定折射率可以初步判断油脂纯净程度。如果油脂折射率异常，则油脂的质量有问题，测定方法按 GB/T 5527—2010《动植物油脂　折光指数的测定》，具体可见本模块“实训四　油脂折射率的测定”。

（8）油脂皂化价的测定　油脂的皂化价是油脂本身的特性，是完全皂化 1g 油脂所需氢氧化钾的质量，皂化价愈高，说明脂肪酸分子量愈小，亲水性较强，则失去油脂的特性；皂化价愈低，则脂肪酸分子量愈大或含有较多的不皂化物。测定方法按 GB/T 5534—2008《动植物油脂　皂化值的测定》，具体可见本模块“实训五　油脂皂化价的测定”。

（9）油脂中不皂化物的测定　不皂化物是一大类物质的总称，如游离脂肪酸、甾醇、角鲨烯、维生素 E 等。油脂的不皂化物有一定的含量范围，如色拉油中不皂化物含量超过 1.0%，便不合格。其测定方法按 GB/T 5535.1—2008《动植物油脂　不皂化物测定》，具体可见本模块“实训六　油脂中不皂化物的测定”。

二、常见食用植物油脂掺伪的鉴别检验

食用植物油脂掺伪是指不法商贩或生产经营者为牟取暴利，人为地、有目的地向食用油脂中加入一些非该产品固有的成分，如食用植物油中掺米汤，用红糖和淀粉加水混合熬制掺入香油中等，以增加其质量或体积；或掺入一些低价食用油，如芝麻油中掺棉籽油、玉米胚油等，以次充好；或掺入一些质量低劣甚至危害生命安全的非食用油，如食用植物油中掺（混）桐油、矿物油或蓖麻油等，危害消费者生命安全。这种掺伪的行为，不论是源自法治意识或安全观念淡薄，还是唯利是图，都是不应该出现的。

1. 掺入低价食用油的鉴别检验

（1）掺伪油的定性检验

①掺入棉籽油：植物油中掺入棉籽油的感官鉴别方法：油花泡沫呈绿色或棕黄色，将油加热后抹在手心上，可嗅出棉籽油味。

也可取油样 2mL，加戊醇与 1%硫黄的二硫化碳溶液等容量的混合液 2mL，在沸水浴中加热 20min。如果显红色，即表示含有棉籽油。一般油色的深浅与掺入棉籽油的多少有关。

②掺入花生油：取油样 1mL，置于 50mL 具塞试管中，加 1.5mol/L KOH 的乙醇液 5mL，在 90～95℃水浴上加热 5min，加入 70%乙醇 50mL、盐酸 0.5mL，摇匀，溶解所有沉淀物（必要时加热），再将试管置于 11～12℃水中冷却 20min，如产生大量混浊或沉淀，即表示含有花生油。

③掺入大豆油：取油样 5mL 于试管中，加入 2mL 三氯甲烷和 3mL 2%硝酸钾溶液，剧烈振摇，使之形成乳浊液。如乳浊液呈柠檬黄色，即表示含有大豆油。

④冷冻实验法：将待检油样倒入试管至其高度的 2/3 处，于冰箱 10℃放置 4h 后，取出观察，花生油凝固稍有流动；棕榈油乳黄色凝固；其他植物油澄清。

（2）芝麻油掺伪的鉴别检验　芝麻油又称香油，因为它含有多种挥发性芳香物质（如芝麻酚等），所以具有浓烈的香味。它能提高食品的口感（口味和滋味），增强人的食欲，其营养价值也优于其他食用植物油，因此芝麻油市场售价也最高。所以有些个体商贩以生产、销售掺伪芝麻油牟利。如在芝麻油中掺入棕榈油、菜油等低价食用植物油。

①芝麻油的定性检验。

硫酸反应法：取浓硫酸数滴于白瓷反应板上，加入待检油样 2 滴，观察反应后表面颜色的变化。如显棕黑色，则为芝麻油，否则为非芝麻油。（花生油显棕红色；豆油、茶籽油、菜籽油、棉籽油显棕褐色；棕榈油显橙黄色；葵花籽油显棕红色。）

蔗糖反应法：取油样 2 滴，加石油醚 3mL，加蔗糖盐酸液（取 1g 蔗糖溶解于 100mL 盐酸中，临用时配）3mL，缓缓摇动 15min，加入蒸馏水 2mL，摇匀后观察。如果水层显红色，则为芝麻油，否则为非芝麻油。

②芝麻油掺伪感官鉴别：芝麻油掺伪的感官鉴别方法，主要有以下几种。

观察法：在夏季的阳光下看纯香油，清晰、透明。掺入 1.5%的凉水，在光照下呈不透明液体状；掺入 3.5%的凉水，香油会自动分层，容易沉淀变质；掺入猪油，加热时就会发白；掺入菜籽油，则颜色发青；掺入棉籽油，加热就会粘锅；掺入米汤，就会混浊，有沉淀。

降温法：将香油试样瓶放在-10℃冰箱内冷冻观察。纯香油在此温度下仍为液体，掺伪的香油在此温度下则开始凝固。

振荡法：将香油试样少许倒入试管中，用力振荡后观察。纯正香油振荡后不起泡或只起少量泡沫，而且很快消失。掺入花生油振荡后泡沫多，消失慢，泡沫呈白色；掺入精炼棉籽油振荡后泡沫多，不易消失，用手掌蘸油摩擦，可闻到碱味；掺入大豆油振荡后出现淡黄色泡沫且不容易消失，用手掌蘸油摩擦，可闻到豆腥味；掺入菜籽油振荡后出现泡沫消失慢，用手掌蘸油摩擦，可闻到辛辣味。

观色法：纯香油呈淡红色或红中带黄，小磨香油颜色稍深为棕红色透明油状液体。如香油中掺入了其他食用植物油脂，则色泽发生变化。掺入菜籽油则呈深黄色；掺入棉籽油则呈黑红色；掺入精炼棉籽油则呈黄色。如香油中掺入米汤（上清液）类物质，则混浊不清并有沉淀物，且容易变质。

水试法：用筷子蘸 1 滴香油，轻轻滴在平静的水面上（可用碗、盘或小盆盛清水），纯香油会呈现出无色、透明的薄薄的大油花，并有浓重的香油味，而掺伪的香油会出现较厚的小油花，油花持续时间短，香油香味淡薄，并伴有其他油脂的异味。

摩擦法：将油样滴于一手手心，用另一手掌用力摩擦，由于摩擦产热，油内芳香物质分子运动加速，香味容易扩散。如为香油，则有单纯浓重的香油香味。如掺入菜籽油，则除有香油香味外还夹杂有菜籽油的异味；如掺入棉籽油，则摩擦后油的香味淡薄或不明显。此法简便易行，可靠性较强，适用于现场鉴别。

（3）菜籽油中掺入棕榈油的鉴别检验　2004 年南通市一公司在其销售的菜籽油中掺入大量棕榈油。菜籽油中掺入食用棕榈油，虽然不影响食用，对人体健康也无害，但由于棕榈油的价格较低，直接影响消费者的利益。所以有必要对其进行鉴别检验。

菜籽油中掺入棕榈油的鉴别检验，主要是根据菜籽油与棕榈油具有不同物理性质和化学性质（表 3-21）鉴别。

表 3-21　菜籽油与棕榈油的主要物理化学常数

品名	相对密度（20/4℃）	折射率	凝固点/℃	皂化价（KOH）/（mg/g）	碘值/（g/100g）
精炼菜籽油	0.9090~0.9145	1.4710~1.4755（20℃）	-10~-12	167~180	97~108
精炼棕榈油	0.917~0.944	1.456~1.459（40℃）	27~30	196~210	52~58

①折射率的测定：按本模块“实训四　油脂折射率的测定”。根据测定结果判断在一定条件下，折射率与菜籽油中掺入棕榈油的量成反比关系，即掺入量增加，折射率呈下降趋势，见表 3-22。

②皂化价的测定：按本模块“实训五　油脂皂化价的测定”。根据结果分析可知，皂化价随掺入棕榈油量的增加而上升，见表 3-22。

表 3-22　菜籽油中掺入棕榈油后的折射率与皂化价

菜籽油中掺入棕榈油的比例/%	折射率（20℃）	皂化价 KOH/（mg/g）
0	1.473	176.5
15	1.4718	180.7
20	1.4714	182.1
25	1.4710	183.6
30	1.4706	185.1
35	1.4703	186.5

③低温冷却实验：将掺有不同比例棕榈油的菜籽油置于 3℃冰箱内冷却，结果见表 3-23。

表 3-23　掺有不同比例棕榈油的菜籽油冷却的结果

菜籽油中掺入棕榈油的比例/%	观察结果	
	出现浑浊的时间/h	开始凝固的时间/h
15	3	30
20	2	23
25	1.5	5
30	1	3
35	0.5	2

④室温（14℃）实验：将掺有不同比例棕榈油的菜籽油在14℃的室温下放置100h，结果见表3-24。

表3-24　　掺有不同比例棕榈油的菜籽油在室温下放置的结果

菜籽油中掺入棕榈油比例/%	室温14℃条件下放置的时间/h	观察结果
15	40	微浑浊
	100	微浑浊
20	40	浑浊，下层有1/4白色析出物
	100	浑浊，下层有1/5白色析出物
30	40	油呈糊状，下层有9/10白色析出物
	100	油呈糊状，下层有8/10白色析出物
35	40	油凝固
	100	油凝固

由以上检测结果可以看出，用低温冷却法鉴别菜籽油中掺入棕榈油的量最简单，且效果较好。原因是菜籽油的凝固点低（-12～-10℃），而棕榈油的凝固点较高（27～30℃），特性明显。

（4）花生油中掺入棕榈油或猪油的鉴别检验　2006年广西一超市促销花生油中掺入棕榈油。花生油中掺入棕榈油或猪油的鉴别检验主要是根据它们的物理、化学性质不同。

①原理：纯花生油具有正常花生油的色、香、味，在280℃下加热后无变化；3℃下冷却，8min后成糊状。纯棕榈油具有正常棕榈油的色泽和气味，在白色容器中呈淡黄色，无黏性；用手摩擦后，有轻微香味；在280℃下加热，色素明显褪去，无香味，呈液状；在3℃下冷却，在8min后呈固体；在常温（15～20℃）下呈固体，在23～30℃下底层呈固体。猪油在150～180℃下，产生刺激性气味；在3℃下冷却，8min后呈固体。

②检验方法：将棕榈油和花生油按不同比例混合，再将各种混合油样倒入20mL试管中，编号后连同温度计一起放入盛有碎冰的容器中，8min后取出观察，结果与表3-25对照。

表3-25　　棕榈油和花生油按不同比例混合并于3℃下冷却8min的结果

掺杂比例/%		3℃下冷冻8min
棕榈油	纯花生油	
15	85	呈丝状
20	80	呈丝状

续表

掺杂比例/%		3℃下冷冻 8min
棕榈油	纯花生油	
25	75	呈网状
30	70	呈网状
35	65	呈明显网块状
40	60	呈明显块体状
100	0	呈固体
0	100	呈糊状

花生油中掺入猪油的鉴别方法及结果与掺入棕榈油基本相同，不同的是加热至 280℃后，其刺激性哈喇味的浓淡与掺入量成正比。

2. 掺入非食用油的鉴别检验

按 GB/T 5009. 37—2003《食用植物油卫生标准的分析方法》，对常见的三类非食用油进行定性鉴别。

(1) 食用植物油中掺（混）入桐油的鉴别检验　桐油是由桐子仁加工制取，正常的色泽为淡黄色，相对密度小。桐油中含有桐子酸的甘油酯，它是一种有毒有害物质，人食用后可引起中毒症状，所以，桐油绝对不能食用。但是，由于它与一般食用植物油的感官性状相似，常易误食中毒；其次用盛装过桐油的油桶装食用植物油时，被桐油污染的食用油同样也会引起中毒。例如，2006 年广州一制衣厂 218 名员工中毒。中毒原因是患者食用了混有桐油的食用油制作的食物，出现胃肠刺激症状。其散装食用油的油桶以前装过桐油，引发了这次中毒事件。

食用植物油中掺入桐油的鉴别检验方法主要有：三氯化锑-三氯甲烷界面法、亚硝酸法、硫酸法、苦味酸法等。应根据不同植物油中掺入不同量的桐油，选择相应的检验方法。

①三氯化锑-三氯甲烷界面法。

原理：三氯化锑-三氯甲烷溶液可使试样溶液分为两层，如有桐油存在，则在两层溶液界面上出现紫红色至深咖啡色的环。

仪器：恒温水浴锅。

试剂：三氯化锑-三氯甲烷溶液（称取 1g 三氯化锑于盛有 100mL 三氯甲烷的容器中，搅拌使其溶解，必要时可微热溶解，如有沉淀应过滤）。

检验方法：量取混匀试样 1mL，注入试管中，然后沿管口内壁加入 1%三氯化锑-三氯甲烷溶液 1mL，使管内溶液分为两层，在 40℃水浴中加热 8～10min 后观察，如有桐油存在，则在两层溶液界面上出现紫红色至深咖啡色环。本法适于菜籽油、花生油等植物油中混入 0. 5%的桐油。

②亚硝酸法。

原理：亚硝酸使桐油氧化，产生絮状团块析出，初呈白色，放置后变成黄色。

试剂：5mol/L H_2SO_4［取 27.5mL 浓硫酸（相对密度 1.84）缓缓倒入 72.5mL 水中，搅拌均匀］。

检验方法：取混匀试样 5～10mL 滴于试管中，加石油醚 2mL，溶解试样（必要时过滤），在溶液（或滤液）中加入 1g 亚硝酸钠，再加入 1mL 5mol/L H_2SO_4 溶液，摇匀后静置。如混有 1%桐油，则溶液呈现混浊状，如混有 2.5%桐油，则有絮状团块析出，初呈白色，放置后变成黄色。

本法适于大豆油、棉籽油或深色食用植物油中混（掺）入桐油的检验，但不适用于芝麻油中混有桐油的检验。

③硫酸法。

原理：浓硫酸与桐油反应，凝成深红色固体，同时颜色逐渐加深，最后变成炭黑色。

检验方法：在白色瓷板上加油样数滴，再加浓硫酸 1～2 滴，放置后观察现象。

本法适用于大豆油、棉籽油或深色食用植物油中混（掺）入桐油的检验，但不适用于芝麻油中混有桐油的检验。

④苦味酸法

原理：桐油与苦味酸反应，呈红色，根据表 3-26 可计算掺入桐油的含量。

表 3-26　　掺入桐油量与颜色的关系

桐油掺入量/%	颜色	桐油掺入量/%	颜色
0	极淡的黄色	30	橙色略带红色
1	黄色	40	橙红色
5	金黄色	50	红色
10	橙色	100	深红色

检验方法：取油样 1mL，加入饱和苦味酸的冰乙酸溶液 3mL，如油层呈红色，则表示掺入桐油。

（2）食用植物油中混入矿物油的鉴别检验　矿物油是工业用油，属于非食用油脂。食用植物油中混杂矿物油后，只能改作工业生产用油，绝不能再用作食用油。历史上有大量文献报道因误食被矿物油污染的食用植物油而中毒的案件，如 1981 年夏，在西班牙首都马德里发生了一起世界上最大的矿物油中毒案件，有 2.5 万人中毒，600 多人死亡。

食用植物油掺入（或混入）矿物油后，可以先进行感官鉴别，也可采用物理、化学方法加以鉴别。

①感官鉴别。

看色泽：食用油中掺入矿物油后，色泽比纯食用油深。

闻气味：用鼻子闻时，能闻到矿物油的特有气味，即使食用油中掺入矿物油较少，也可使原食用油的气味淡薄或消失。

尝味道：掺入矿物油的食用油，入嘴有苦涩味。

②荧光反应法。

原理：矿物油在荧光灯的照射下，出现天蓝色荧光。

检验方法：取油样和已知的矿物油各1滴，分别滴在滤纸上，然后放在荧光灯下照射，如有天蓝色荧光出现，说明有矿物油存在。

荧光反应法较理想，因为矿物油具有荧光反应，而其他植物油无荧光反应。

③化学检验法。

原理：矿物油不会皂化。

检验方法：取油样1mL置于125mL锥形瓶中，加入1mL 60%氢氧化钾溶液和25mL无水乙醇。再将锥形瓶接上空气冷凝管，于水浴上回流皂化5min，皂化时加以振荡使加热均匀。取下锥形瓶，加沸水25mL，摇匀。溶液如呈混浊状或有油状物析出，即表示掺（混）有不皂化的矿物油。

本法可检验出含量在0.5%以上的矿物油。如是挥发性矿物油，在皂化时即可嗅出气味。

（3）食用植物油中混入蓖麻油的鉴别检验　蓖麻油是由蓖麻子经压榨、过滤等工序制成的一种非食用级植物油脂，属于半干性油，色泽为浅绿色，相对密度大，黏度比任何油都高，在500～600℃下不变质，在-18℃下不凝固，不溶于汽油、石油，能与无水酒精以任何比例混合，为制作润滑剂、农药、锦纶、油漆等的重要原料，医药上亦用其精制泻药。因用于生产蓖麻油的原料蓖麻子中含有一种毒性很强的蓖麻毒素，儿童误食3～5粒蓖麻子即可引起中毒，以致危及生命，成人也会因误食工业用蓖麻油或榨油后的油饼而引起中毒。

蓖麻油的鉴别检验方法有以下几种。

①感官鉴别方法：将油样静置一定时间，使植物油与蓖麻油自动分离成两层，植物油在上层，蓖麻油在下层。

②无水乙醇实验法。

原理：利用蓖麻油能与无水酒精以任何比例混合这一特性，而其他常见的植物油不易溶于乙醇。

检验方法：取油样5mL，置于10mL刻度离心管中，加无水酒精5mL，加塞，振荡2min，去塞，置于离心器中，以1000r/min离心5min。取出离心管，静置30min后，读取离心管下部油层的体积。如小于5.1mL，即表示掺有蓖麻油。本实验法能检出5%的蓖麻油掺入，如果食用油中掺入的蓖麻油越多，离心管下部的油层体积就越少。

③气味与沉淀法。

原理：蓖麻油在碱性介质中熔融，产生辛醇气味，此熔融物在酸性条件下有结晶析出。

检验方法：取少量混匀油样注入镍蒸发皿中，加一小块氢氧化钾，慢慢加热使其熔融。如有辛醇气味，则表明有蓖麻油存在。

也可将上述熔融物加水溶解后加过量的氯化镁溶液，生成沉淀过滤后，用稀盐酸将滤液调成酸性。如有结晶析出，则表明有蓖麻油存在。

④呈色反应法。

原理：蓖麻油与硫酸、硝酸反应，呈褐色。

检验方法：取数滴油样于白瓷盘中，滴加数滴硫酸。如果呈淡褐色，说明掺有蓖麻油。或者取数滴被检油样于白瓷盘中，滴上数滴硝酸，如果呈现褐色，则表明掺有蓖麻油。

思考题

1. 分别简述压榨成品花生油、压榨成品菜籽油的质量指标。
2. 简述食用动物油脂理化指标。
3. 简述食用植物油脂的感官检验的内容和方法。
4. 简述芝麻油质量优劣的感官鉴别。
5. 简述地沟油感官鉴别方法。
6. 分别简述食用油脂的试样制备原理、油脂色泽的定量测定原理。
7. 举例阐述芝麻油中掺入棕榈油的鉴别检测方法。
8. 食用植物油脂中掺（混）入桐油、矿物油、蓖麻油如何鉴别检验？简述之。
9. 简述碘值、过氧化值的测定原理。

实训内容

实训一

食用植物油的感官检验

一、实训目的

使学生了解食用油脂感官检验内容；并掌握食用油脂感官检验方法。

二、实训原理

按 GB/T 5009.37—2003《食用植物油卫生标准的分析方法》，见本模块“项目二　食用植物油脂的感官检验”。

三、实训方法

1. 色泽检验方法

将一食用植物油试样混匀并过滤于烧杯中，油层高度不得小于5mm，在室温下先对着自然光观察，再置于白色背景前借其反射光线观察。

2. 透明度鉴定方法

当食用植物油脂样品在常温下为液态时，量取试样100mL注入比色皿中，在20℃温度下静置24h（蓖麻油静置48h），然后移置在乳白灯泡前（或在比色皿后衬以白纸），观察透明程度。

3. 气味、滋味检验方法

取少量食用植物油样品注入烧杯中，均匀加温至50℃后，离开热源，用玻棒边搅拌边嗅气味，同时品尝样品的滋味。

4. 水分和杂质的鉴别检验方法

（1）取样判定法　取干燥、洁净的玻璃插油管1支，用大拇指将玻璃管上口按住，斜插入装食用植物油容器内至底部，然后放开大拇指，微微摇动，稍停后再用大拇指按住管口，提起后观察管内情况。

（2）烧纸验水法　取干燥、洁净的插油管，用食指堵住油管上口，插入静置的食用植物油容器内，直至底部，放开上口，插取少许底部沉淀物，涂在易燃烧的纸片上，点燃，听其发出的声音，观察其燃烧现象。

（3）钢勺加热法　用钢勺取有代表性食用植物油样约250mL，在炉火或酒精灯上加热，温度在150~160℃，观其泡沫，听其声音，观察其沉淀情况，如出现大量泡沫，又发出“吱吱”响声，说明水分含量高；加热后拨去油沫，观察油的颜色。

四、实训要求

1. 结果表示

（1）色泽检验结果表示　按下列词句描述：白色、灰白色、柠檬色、淡黄色、黄色、橙色、棕黄色、棕色、棕红色、棕褐色等。

（2）透明度鉴定观察结果　以“透明”“微浊”“混浊”表示。

（3）气味鉴别结果表示　当样品具有油脂固有的气味时，结果用“正常”或者“具有某油品固有的气味”表示。当样品有异味时，结果用“有异常气味”表示，再具体说明异味为焦煳、酸败、苦辣、哈喇味、腐臭味等。

（4）滋味鉴别结果表示　当样品具有油品固有的滋味时，结果用“正常”或者“具有某油品固有的滋味”表示。当样品有异味时，结果用“有异常滋味”表示，再具体说明异味为焦煳、酸败、苦辣、哈喇味、腐臭味等。

（5）水分和杂质的鉴别结果表示　取样判定法：常温下，油脂清晰透明，水分和杂质含量在0.3%以下；若出现混浊，水分和杂质含量在0.4%以上；出现明显的混浊并有悬浮物，则水分和杂质含量在0.5%以上。烧纸验水法：燃烧时产生油星四溅现象，并发出“叭叭”的爆炸声，说明水分含量高。钢勺加热法：若油色变深，有沉淀，说明杂质较多。

2. 进行总结

实训二

油脂中水分和挥发物的测定

一、实训目的

使学生了解油脂中水分含量的多少直接影响着食用油脂的感官性状、胶体状态的形成及食品中营养成分的稳定性。食用油脂中挥发物主要可能有烷烃类、醛酮类、酯类和醇类化合物，挥发性成分对控制食品的感官质量有重要意义。掌握油脂中水分和挥发物含量测定方法。

按 GB 5009.236—2016《食品安全国家标准　动植物油脂水分及挥发物的测定》。

二、实训原理

在 103℃±2℃的条件下，对测试样品进行加热至水分及挥发物完全散尽，测定样品损失的质量。

三、实训方法

1. 主要仪器

砂浴或电热板和分析天平。

2. 试样制备

在预先干燥并与温度计一起称量的碟子中，称取试样约 20g，精确至 0.001g。

（1）液体试样　对于澄清无沉积物的液体样品，在密闭的容器中摇动，使其均匀。对于有混浊或有沉淀物的液体样品，在密闭的容器中摇动，直至沉淀物完全与容器壁分离，并均匀地分布在油体中。检查是否有沉淀物吸附在容器壁上，如有吸附，应完全清除（必要时打开容器），使它们完全与油混合。

（2）固体试样　将样品加热至刚变为液体，按液体试样操作，使其充分混匀。

3. 试样测定

将装有测试样品的碟子在砂浴或电热板上加热至 90℃，升温速率控制在 10℃/min 左右，边加热边用温度计搅拌。

降低加热速率观察碟子底部气泡的上升，控制温度上升至 103℃±2℃。确保不超过 105℃，继续搅拌至碟子底部无气泡放出。

为确保证水分完全散尽，重复数次加热至 103℃±2℃、冷却至 90℃的步骤。将碟子和温度计置于干燥器中，冷却至室温，称重，精确至 0.001g。重复上述操作，直至连续两次结果不超过 2mg。

四、实训要求

1. 计算结果

$$X=\frac{m_1-m_2}{m_1-m_0}\times100\%$$

式中 X——水分及挥发物的含量,%;

m_0——碟子和温度计的质量，g;

m_1——加热前温度计，碟子和试样的质量，g;

m_2——加热后温度计，碟子和试样的质量，g。

2. 进行总结

实训三

油脂中杂质含量的测定

一、实训目的

使学生了解不溶性杂质含量是指在国家标准规定条件下不溶于正己烷或石油醚的物质及外来杂质的量，用质量分数表示。

这些杂质包括机械杂质、矿物质、碳水化合物、含氮化合物、各种树脂、钙皂、氧化脂肪酸、脂肪酸内酯和部分碱皂、羟基脂肪酸及其甘油酯等。食品中杂质越多，表明食品质量越差。掌握油脂中杂质含量的测定方法。

二、实训原理

依据 GB/T 15688—2008《动植物油脂　不溶性杂质含量的测定》，用过量正己烷或石油醚溶解试样，对所得溶液进行过滤。再用同样的溶剂冲洗滤纸和残留物。使其在 103℃下干燥至恒重，计算不溶性杂质含量。

三、实训方法

1. 试剂

正己烷或石油醚。

2. 主要仪器

分析天平、电烘箱、过滤器、干燥器。

3. 试样制备

按 GB/T 15688—2008 方法制备试样。

4. 操作步骤

(1) 试样　在锥形瓶中，称取约 20g 试样，精确至 0.01g。

(2) 测定　将滤纸及带盖过滤器置于烘箱中，烘箱温度为 103℃，加热烘干。在干燥器中冷却，并称量，精确至 0.001g。

加 200mL 正己烷或石油醚于装有试样的锥形瓶中，盖上塞子并摇动。对于蓖麻油可增加溶剂量以便于操作，因此可采用较大的锥形瓶。在 20℃下放置30min。

在合适的漏斗中通过无灰滤纸过滤，必要时通过坩埚式过滤器抽滤。清洗锥形瓶时要确保所有的杂质都被洗入滤纸或坩埚中。用少量溶剂清洗滤纸或坩埚过滤器，洗至溶剂不含油脂。如有必要，适当加热溶剂，但温度不能超过60℃，用于溶解滤纸上的一些凝固的脂肪。

将滤纸从漏斗移到过滤器中，静置，使滤纸上的大部分溶剂在空气中挥发，并在103℃烘箱中使溶剂完全蒸发，然后从烘箱中取出，盖上盖子，在干燥器中冷却并称重，精确至0.001g。

如果用坩埚式过滤器，使坩埚式过滤器上的大部分溶剂在空气中挥发，并在103℃烘箱中使溶剂完全蒸发，然后在干燥器中冷却并称重，精确至0.001g。

如果要测定有机杂质含量，必要时使用预先干燥并称重的无灰滤纸，灰化含有不溶性杂质的滤纸，从不溶性杂质的质量中减去所得滤纸灰分的质量。

有机杂质含量以质量分数表示，需在计算式中乘以（$100/m_0$），其中 m_0 表示的是试样质量（g）。

四、实训要求

1. 结果计算

试样中不溶性杂质含量以质量分数表示，计算如下：

$$不溶性杂质含量（\%）=\frac{m_2-m_1}{m_0}\times 100\%$$

式中 m_0——试样的质量，g；

m_1——带盖过滤器及滤纸，或坩埚式过滤器的质量，g；

m_2——带盖过滤器及带有干残留物的滤纸，或坩埚式过滤器及干残留物的质量，g。

2. 进行总结

实训四

油脂折射率的测定

一、实训目的

折射率（介质的）定义为一定波长的光线在真空中的传播速度与在该介质中传播速度的比率。折射率是物质的一种物理性质。在正常情况下，某些液态食品的折射率有一定的范围，当这些液态食品因掺杂、浓度改变或品种改变等原因而引起食品的品质发生了变化时，其折射率常常会发生变化。所以测定折射率可以初步判断某些食品是否正常。通过测定液态食品的折射率，可以鉴别食品的组成，确定食品的浓度。酸度高的油脂折射率低，因此测定折射率可以鉴别油脂的纯度和品质。掌握油脂折射率测定方法。

二、实训原理

在规定温度下，用折光仪测定液态试样的折射率。见 GB/T 5527—2010《动植物油脂　折光指数的测定》。一般食用油脂的折射率，如芝麻油折射率（n^{20}）：1.4575~1.4792；菜籽油的折射率（n^{40}）：一般菜籽油为 1.465~1.469；低芥酸菜籽油为 1.465~1.467。

三、实训方法

1. 主要试剂

十二烷酸乙酯、已烷。

2. 主要仪器

折光仪。

3. 试样制备

按 GB/T 15687—2008《动植物油脂　试样的制备》制备试样，可见本模块“项目三　食用油脂掺伪的鉴别检验”。

所测应为经过干燥和过滤的油脂试样。对于固态样品，按 GB/T 15687—2008 制备试样，然后移入适合的容器，置于水浴中，水浴温度设定在该试样测定时的温度，放置足够时间，让试样温度达到稳定。

4. 操作步骤

（1）仪器校正　按照仪器操作说明书的操作步骤，通过测定标准玻璃板或者十二烷酸乙酯的折射率，对折光仪进行校正。

（2）测定　在下列温度条件下，测定试样的折射率。20℃，适用于该温度下完全液态的油脂；40℃，适用于 20℃ 不能完全熔化，40℃ 能完全熔化的油脂；50℃，适用于 40℃ 不能完全熔化，50℃ 能完全熔化的油脂；60℃，适用于 50℃ 不能完全熔化，60℃ 能完全熔化的油脂；80℃ 或 80℃ 以上，用于其他油脂，例如完全硬化的脂肪或蜡。

让水浴中的热水循环通过折光仪，使折光仪的棱镜保持在测定要求的恒定温度。

用精密温度计测量折光仪流出水的温度。测定前，将棱镜可移动部分下降至水平位置，先用软布，再用溶剂润湿的棉花球擦净棱镜表面，让其自然干燥。

依照折光仪操作说明书的操作步骤进行测定，读取折射率，精确至 0.0001，并记下折光仪棱镜的温度。

测定结束后，立即先用软布，再用溶剂润湿的棉花球擦净棱镜表面，让其自然干燥。

四、实训要求

1. 结果计算

测定温度 t_1 与参照温度 t 之间差异应小于 3℃，按下式计算温度 t 的折射率 n_D^t。

$$n_D^t = n_D^{t_1} + (t_1 - t)F$$

式中 t_1——测定温度，℃；

t——参照温度，℃；

F——校正系数。

2. 进行总结

实训五

油脂皂化价的测定

一、实训目的

依据 GB/T 5534—2008《动植物油脂　皂化值的测定》，使学生了解一般油脂皂化价的含量可反映油脂过氧化的程度，并掌握油脂中皂化价的定量测定方法。

二、实训原理

皂化价指在规定条件下，皂化 1g 油脂所需氢氧化钾的质量（mg）。

皂化价是测定油和脂肪酸中游离脂肪酸和甘油脂的含量。在回流条件下，将样品和氢氧化钾-乙醇溶液一起煮沸，然后用标定的盐酸液滴定过量的氢氧化钾。

三、实训方法

1. 主要试剂

（1）KOH-乙醇溶液：0.5mol 氢氧化钾溶于 1L95%乙醇中。

（2）0.5mol/L HCl 标准溶液。

（3）酚酞溶液：0.1g/100mL，溶于 95%乙醇。

（4）碱性蓝 6B 溶液：2.5g/100mL，溶于 95%乙醇。

2. 主要仪器

分析天平、滴定管、移液管、加热装置。

3. 试样制备

按 GB/T 15687—2008 执行，可见本模块“项目三　食用油脂掺伪的鉴别检验”。

4. 操作步骤

（1）称样　于锥形瓶中称取实验样品 2.0g，精确至 0.005g。

（2）测定　用移液管将 25mL KOH-乙醇溶液加到试样中，并加入一些助沸物。连接回流冷凝管与锥形瓶，将锥形瓶放置在加热装置上慢慢煮沸，不时摇动，油脂维持沸腾状态 60min，加 0.5~1mL 酚酞指示剂于热溶液中，并用 HCl 标准溶液滴定至指示剂的粉色刚消失。如果皂化液是深色的，则用 0.5~1mL 碱性蓝 6B 溶液作指示剂。

按测定要求，不加样品，用 25.0mL 的氢氧化钾-乙醇溶液在同样条件下进行空白实验。

四、实训要求

1. 结果计算

皂化价可按下式进行计算。

$$皂化价\ (mg/g) = \frac{c\ (V_0-V_1)\ \times 56.1}{m}$$

式中 c——盐酸标准溶液浓度，mol/L；

V_0——空白滴定消耗盐酸标准溶液体积，mL；

V_1——样品滴定消耗盐酸标准溶液体积，mL；

m——样品的质量，g；

56.1——KOH 的摩尔质量，g/mol。

2. 进行总结

实训六

油脂中不皂化物的测定

一、实训目的

使学生了解不皂化物是指用氢氧化钾皂化后的全部生成物用指定溶剂提取，在规定的操作条件下不挥发的所有物质。不皂化物反映油脂纯度。掌握油脂中不皂化物的定量测定方法。

二、实训原理

按 GB/T 5535.1—2008《动植物油脂　不皂化物测定　第 1 部分：乙醚提取法》，油脂与氢氧化钾乙醇溶液在煮沸回流条件下进行皂化，用乙醚从皂化液中提取不皂化物，蒸发溶剂并对残留物干燥后称重。

三、实训方法

1. 主要试剂

乙醚、丙酮、1mol/L 氢氧化钾-乙醇溶液、0.5mol/L 氢氧化钾水溶液、酚酞指示剂。

2. 主要仪器

水浴锅、电烘箱、回流冷凝管、烧瓶、分液漏斗。

3. 试样制备

按 GB/T 15687—2008 执行，可见本模块“项目三　食用油脂掺伪的鉴别检验”。

4. 操作步骤

称取约 5g 试样，精确至 0.01g，置于 250mL 烧瓶中。

加入 50mL KOH-乙醇溶液和一些沸石。烧瓶与回流冷凝管连接好后，小心煮沸回流 1h。停止加热，从回流管顶部加入 100mL 水并旋转摇动。

冷却后转移皂化液到 500mL 分液漏斗中，用 100mL 乙醚分几次洗涤烧瓶和沸石，并将洗液倒入分液漏斗。盖好塞子，倒转分液漏斗，用力摇 1min，小心打开旋塞，间歇地释放内部压力。静置分层后，将下层皂化液尽量完全放入第二只分液漏斗中，如果形成乳化液，可加少量乙醇或浓氢氧化钾或氯化钠溶液进行破乳。

采用相同的方法，每次用 100mL 乙醚，再提取皂化液 2 次，收集 3 次乙醚提取液，放入装有 40mL 水的分液漏斗中。

轻轻转动装有提取液和 40mL 水的分液漏斗。

等待完全分层后弃去下面水层。用 40mL 水再洗涤乙醚溶液 2 次，每次都要剧烈振摇，且在分层后弃去下面水层。排出洗涤液时需留 2mL，然后沿轴线旋转分液漏斗，等待几分钟让保留的水层分离。弃去水层，当乙醚溶液到达旋塞口时关闭旋塞。

用 40mL 氢氧化钾水溶液、40mL 水相继洗涤乙醚溶液后，再用 40mL 氢氧化钾水溶液进行洗涤，然后用 40mL 水洗涤 2 次以上。

继续用水洗涤，直至加入 1 滴酚酞溶液至洗涤液不再呈粉红色为止。

通过分液漏斗的上口，小心地将乙醚溶液全部转移至 250mL 烧瓶中。在沸水浴上蒸馏回收溶剂。

加入 5mL 丙酮，在沸水浴上转动时倾斜握住烧瓶，在缓缓的空气流下将挥发性溶剂完全蒸发。

将烧瓶水平放置在 103℃±2℃ 烘箱中，干燥 15min，然后放在干燥器中冷却，取出称量，准确至 0. 1mg。

按上述方法间隔 15min，重复干燥，直至 2 次称量质量相差不超过 1. 5mg。

同时做空白实验。

四、实训要求

1. 结果计算

$$\text{不皂化物含量（\%）} = \frac{m_1 - m_2}{m_0} \times 100$$

式中 m_0——样品质量，g；

m_1——残留物的质量，g；

m_2——空白实验的残留物质量，g。

2. 进行总结

实训七

油脂碘值的测定

一、实训目的

使学生了解碘值（碘价）是一定质量的样品在国家标准规定的操作条件下吸收卤素的质量，用每 100g 油脂吸收的碘的质量（g）表示，碘值的高低表示不饱和程度，掌握油脂碘价的测定方法。

二、实训原理

依照 GB/T 5532—2008《动植物油脂　碘值的测定》，在溶剂中溶解试样，加入韦氏试剂反应一定时间后，加入碘化钾和水，用硫代硫酸钠溶液滴定析出的碘。

三、实训方法

1. 主要试剂

100g/L 碘化钾溶液、0.5%淀粉溶液、0.1mol/L $Na_2S_2O_3$ 标准溶液、韦氏试剂。

2. 主要仪器

分析天平、移液管、滴定管。

3. 试样制备

按 GB/T 15687—2008 执行，可见本模块“项目三　食用油脂掺伪的鉴别检验”。

4. 操作步骤

根据样品预估的碘值，称取适量的样品于玻璃称量皿中，精确到 0.001g。

将盛有试样的称量皿放入 500mL 锥形瓶中，加入溶剂溶解试样，用移液管准确加入 25mL 韦氏试剂，盖好塞子，摇匀后将锥形瓶置于暗处 1h（碘值高于 150g/100g 者，放置 2h）。

加入 20mL 碘化钾溶液和 150mL 水。用标定过的 $Na_2S_2O_3$ 标准溶液滴至碘的黄色接近消失。加几滴淀粉溶液继续滴定，一边滴定一边用力摇动锥形瓶，直到蓝色刚好消失。

在完全相同的条件下（不加样品）做一空白实验。

四、实训要求

1. 结果计算

$$\text{碘值（g/100g）}=\frac{c(V_1-V_2)\times 12.69}{m}$$

式中　c——$Na_2S_2O_3$ 标准溶液的浓度，mol/L；

V_1——空白溶液消耗 $Na_2S_2O_3$ 标准溶液的量，mL；

V_2——样品溶液消耗 $Na_2S_2O_3$ 标准溶液的量，mL；

12.69——计算系数；

m——试样的质量，g。

2. 进行总结

实训八

油脂过氧化值的测定

一、实训目的

使学生了解过氧化值是指试样按下述规定的操作条件氧化碘化钾的物质的量，

以每千克中活性氧的物质的量（mmol）表示，过氧化值是反映食用油脂新鲜度和氧化酸败程度的重要卫生指标，如超标，则植物油发生酸败变质，产生哈喇味，影响食用；并掌握油脂过氧化值的测定方法。

二、实训原理

依据 GB 5009.227—2016《食品安全国家标准　食品中过氧化值的测定》，该标准规定了食品中过氧化值的两种测定方法：滴定法和电位滴定法。该标准第一法适用于食用动植物油脂、食用油脂制品，以小麦粉、谷物、坚果等植物性食品原料经油炸、膨化、烘烤、调制、炒制等加工工艺而制成的食品，以及以动物性食品为原料经速冻、干制、腌制等加工工艺而制成的食品；第二法适用于动植物油脂和人造奶油，测量范围是（0g/100g）~（0.38g/100g）。该标准不适用于植脂末等包埋类油脂制品的测定。

制备的油脂试样在三氯甲烷和冰乙酸中溶解，其中的过氧化物与碘化钾反应生成碘，用硫代硫酸钠标准溶液滴定析出的碘。用过氧化物相当于碘的质量分数或 1kg 样品中活性氧的物质的量（mmol）表示过氧化值的量。

三、实训方法

1. 主要试剂

三氯甲烷-冰乙酸混合液（40+60，体积比）；

碘化钾饱和溶液：称取 20g 碘化钾，加入 10mL 新煮沸冷却的水，摇匀；

10g/L 淀粉指示剂；

0.1mol/L 硫代硫酸钠标准溶液：称取 26g 硫代硫酸钠加 0.2g 无水碳酸钠，溶于 100mL 水中，缓缓煮沸 10min，冷却，放置两周后过滤、标定。

2. 主要仪器

分析天平、滴定管、干燥箱。

3. 试样制备

依据 GB/T 15687—2008 执行，可见本模块“项目三　食用油脂掺伪的鉴别检验”。

4. 操作步骤

称取样品 2~3g（精确至 0.001g）置于 250mL 锥形瓶中。加入 30mL 三氯甲烷—冰乙酸混合液，轻轻振摇使试样完全溶解。

准确加入 1.00mL 饱和碘化钾溶液，塞紧瓶盖，并轻轻振摇 0.5min，在暗处放置 3min。取出加 100mL 蒸馏水。摇匀后立即用硫代硫酸钠标准溶液滴定析出的碘，滴定至淡黄色时，加 1mL 淀粉指示剂，继续滴定并强烈振摇至溶液蓝色消失为终点。同时进行做空白实验。

四、实训要求

1. 结果计算

$$X=c\ (V-V_0)\ \times 100/m$$

式中　X——试样的过氧化值，mmol/kg；

V——用于测定的硫代硫酸钠溶液的体积，mL；

V_0——用于空白的硫代硫酸钠溶液的体积，mL；

c——硫代硫酸钠溶液的浓度，mol/L；

m——试样的质量，g。

2. 进行总结

实训九

油脂羰基价的测定

羰基价是反映油脂加热过程中产生的二聚体、三聚体、羧基、环氧基等有害物质的指标。这些有害物质会对人体产生不同程度的急慢性毒性，所以测定这一指标对了解油脂的质量，尤其是煎炸过程中的油脂质量显得更为重要。食用植物油中羰基价测定方法如下。

1. 原理

依据 GB 5009. 230—2016《食品安全国家标准　食品中羰基价的测定》，羰基化合物和 2，4-二硝基苯肼的反应产物，在碱性溶液中呈褐红色或酒红色，在 440nm 下，测定其吸光度，计算羰基价。

2. 主要试剂

精制乙醇、精制苯、2，4-二硝基苯肼溶液、三氯乙酸溶液、氢氧化钾-乙醇溶液。

3. 主要仪器

分光光度计、天平、烘箱。

4. 分析步骤

称取 0. 025~0. 5g 油样（精确至 0. 1mg），置于 25mL 具塞试管中，加 5mL 苯溶解油样，加 3mL 三氯乙酸溶液及 5mL 2，4-二硝基苯肼溶液，仔细振摇混匀。

在 60℃水浴中加热 30min，反应后取出用流水冷却至室温，沿试管壁缓慢加入 10mL 氢氧化钾-乙醇溶液，使之成为二液层，涡旋振荡混匀后，放置 10min。

以 1cm 比色皿，用空白试剂调节零点，于波长 440nm 处测吸光度。

5. 结果计算

$$X=\frac{A}{854\times m}\times 1000$$

式中　X——试样的羰基价，mmol/kg；

A——测定时样液吸光度；

m——油样质量，g；

854——各种醛摩尔吸光系数的平均值；

1000——换算系数。

模块四

畜、禽、水产及其制品掺伪鉴别检验

学习目标与要求

怀家国立大志、苦练本领担大任，具有求实的科学态度。了解肉用畜、禽、水产及其制品的质量标准。掌握其质量检验方法和掺伪鉴别，保障人们身体健康，在新时代建设的实践中绽放青春风采。

学习重点与难点

重点：肉用畜、禽、水产及其制品质量标准；掺伪畜、禽、水产及其制品常用的检验方法。

难点：常见的畜、禽、水产及其制品掺伪检验方法。

学习内容

畜、禽、水产及其制品都是富含营养的动物性食品，它几乎包含了人体需要的蛋白质、脂肪、碳水化合物、矿物质和维生素等主要营养素，是人类生活中必不可少的蛋白质供给源，对人体的生长、发育、生理机能调节以及维持正常生理活动起着重要作用。但是一些不法企业为牟取暴利，在畜、禽、水产及其制品中进行掺杂、掺假和伪造的非法经营活动，以次充好如“注水肉”“瘦肉精”等事件时有报道，严重损害消费者利益，对人们健康构成威胁。因此，了解畜、禽肉及其制品的质量标准，对畜、禽肉及其制品鉴别检验很有必要。

项目一
畜、禽肉及其制品的质量标准

一、鲜、冻畜禽肉品质量标准

1. 鲜、冻片猪肉质量标准

按GB/T 9959.1—2019《鲜、冻猪肉及猪副产品　第1部分：片猪肉》。猪白条是指将猪胴体沿脊椎中线纵向锯（劈）成两分体的猪肉，包括带皮片猪肉、去皮片猪肉。

（1）感官要求　鲜、冻片猪肉的感官指标应符合表4-1要求。

表4-1　鲜、冻片猪肉的感官要求

项目	鲜片猪肉	冻片猪肉（解冻后）
色泽	肌肉色泽鲜红或深红，有光泽；脂肪呈乳白色或粉白色	肌肉有光泽，色鲜红；脂肪呈乳白色，无霉点
弹性（组织状态）	指压后的凹陷立即恢复	肉质紧密，有坚实感
黏度	外表微干或微湿润，不黏手	外表及切面微湿润，不黏手
气味	具有鲜猪肉正常气味；煮沸后肉汤透明澄清，脂肪团聚于液面，具有香味	具有冻猪肉正常气味；煮沸后肉汤透明澄清，脂肪团聚于表面，无异味

（2）食品安全指标　污染物限量、农药残留限量、兽药残留限量和水分限量等应符合GB 2707—2016、GB 18394—2020等的要求。

（3）理化指标　依据GB 2707—2016《食品安全国家标准　鲜（冻）畜、禽产品》，理化指标应符合表4-2的规定。

表4-2　鲜、冻片猪肉理化指标

项目		指标	检验方法
挥发性盐基氮/(mg/100g)	≤	15	GB 5009.228—2016

2. 鲜、冻牛肉质量标准

依据GB/T 17238—2022《鲜、冻分割牛肉》，分割牛肉是指鲜带骨牛肉经剔骨、按部位分割成的肉块。

（1）感官要求　鲜、冻牛肉的感官要求见表4-3。

表 4-3　　鲜、冻牛肉的感官要求

项目	鲜牛肉	冻牛肉（解冻后）
色泽	肌肉有光泽，色鲜红或深红；脂肪呈乳白色或淡黄色	肌肉色鲜红，有光泽；脂肪呈乳白色或微黄色
黏度	肌肉外表微干或有风干膜，不黏手	肌肉外表微干或有风干膜，或外表湿润，不黏手
弹性（组织状态）	指压后的凹陷可恢复	肌肉结构紧密，有坚实感，肌纤维韧性强
气味	具有鲜牛肉正常的气味	具有牛肉正常的气味
煮沸后的肉汤	透明澄清，脂肪团聚于表面，具有特有香味	透明澄清，脂肪团聚于表面，具有牛肉汤固有的香味和鲜味
肉眼可见异物	不得带伤斑、血淤、血污、碎骨、病变组织、淋巴结、脓包、浮毛或其他杂质	

（2）理化指标　依据 GB 2707—2016《食品安全国家标准　鲜（冻）畜、禽产品》，理化指标同表 4-2 中的规定。

3. 鲜、冻羊肉质量标准

依据 GB/T 9961—2008《鲜、冻胴体羊肉》，胴体羊肉指活羊经屠宰放血后，去毛、皮、头、蹄、尾和内脏的躯体。

（1）感官要求　应符合表 4-4 规定。

表 4-4　　鲜、冻胴体羊肉感官要求

项目	鲜羊肉	冻羊肉（鲜冻后）
色泽	肌肉色泽浅红、鲜红或深红，有光泽；脂肪呈乳白色、淡黄色或黄色	肌肉有光泽，色泽鲜艳，脂肪呈乳白色、淡黄色或黄色
组织状态	肌纤维致密，有韧性，富有弹性	肉质紧密，有坚实感，肌纤维有韧性
黏度	外表微干或有风干膜，切面湿润，不黏手	表面微湿润，不黏手
气味	具有新鲜羊肉固有气味，无异味	具有羊肉正常气味，无异味
煮沸后的肉汤	透明澄清，脂肪团聚于液面，具有特有香味	透明澄清，脂肪团聚于液面，无异味
肉眼可见杂质	不得检出	不得检出

（2）理化指标　依据 GB 2707—2016《食品安全国家标准　鲜（冻）畜、禽产品》，理化指标同表 4-2 中的规定。

4. 鲜、冻禽产品质量标准

依据 GB 2707—2016《食品安全国家标准　鲜（冻）畜、禽产品》。

（1）感官要求　应符合表 4-5 的规定。

表 4-5　鲜、冻禽产品感官要求

项目	要求	检验方法
色泽	具有特有的色泽	取适量试样置于洁净的白色盘（瓷盘或同类容器）中，在自然光下观察色泽和状态，闻其气味
气味	具有特有的气味，无异味	
状态	具有产品应有的状态，无正常视力可见外来异物	

（2）理化指标　同表 4-2 中的规定。

5. 鲜、冻兔肉质量标准

按 GB/T 17239—2022《鲜、冻兔肉及副产品》。

（1）感官要求　应符合表 4-6 规定。

表 4-6　鲜、冻兔肉的感官要求

项目	鲜兔肉	冻兔肉（解冻后）
色泽	肌肉呈均匀的鲜红色，有光泽，脂肪呈白色或微黄色	肌肉呈均匀的鲜红色，脂肪呈乳白色或浅黄色
组织状态	有弹性，指压后的凹陷部位可很快恢复	肉质紧密，有坚实感
气味	具有鲜兔肉正常气味，无异味	具有冻兔肉正常气味，无异味
煮沸后肉汤	澄清透明，脂肪团聚于液面，有兔肉香味	基本澄清透明，脂肪团聚于液面，无异味
肉眼可见异物	不得检出	

（2）理化指标　依据 GB 2707—2016《食品安全国家标准　鲜（冻）畜、禽产品》，理化指标同表 4-2 中的规定。

二、畜、禽肉制品的质量标准

1. 熟肉制品的质量标准

熟肉制品的质量标准按 GB 2726—2016《食品安全国家标准　熟肉制品》。熟肉制品是以鲜（冻）畜、禽产品为主要原料加工制成的产品，包括酱卤肉制品类、熏肉类、烧肉类、烤肉类、油炸肉类、西式火腿类、肉灌肠类、发酵肉制品类、熟肉干制品和其他熟肉制品。

（1）感官要求　应符合表4-7的规定。

表4-7　熟肉制品感官要求

项目	要求	检验方法
色泽	具有产品应有的色泽	取适量试样置于洁净的白色盘（瓷盘或同类容器）中，在自然光下观察色泽和状态，闻其气味；用温开水漱口，品其滋味
气味	具有产品应有的滋味和气味，无异味，无异嗅	
状态	具有产品应有的状态，无正常视力可见外来异物，无焦斑和霉斑	

（2）其他标准　污染物限量应符合GB 2762—2017的规定。

微生物限量：致病菌限量应符合GB 29921—2021的规定，还应符合表4-8的规定。

表4-8　熟肉制品微生物限量

项目	采样方案①及限量				检验方法
	N	*c*	*m*	*M*	
菌落总数②/(CFU/g)	5	2	10^4	10^5	GB 4789. 2—2016
大肠菌群/(CFU/g)	5	2	10	10^2	GB 4789. 3—2016

注：①样品的采样和处理按GB 4789. 1—2016执行。
②发酵肉制品类除外。

食品添加剂的使用应符合GB 2760—2014的规定。

食品营养强化剂的使用应符合GB 14880—2012的规定。

2. 腌腊肉制品质量标准

按GB 2730—2015《食品安全国家标准　腌腊肉制品》。

腌腊肉制品是以鲜（冻）畜、禽肉或其可食副产品为原料，经腌制、烘干（或晒干、风干）等工艺加工而成的非即食肉制品，如火腿、腊肉、咸肉、香（腊）肠等。

（1）感官要求　应符合表4-9的规定。

表4-9　腌腊肉制品感官要求

项目	要求	检验方法
色泽	具有特有的色泽，无黏液，无霉点	取适量试样置于白瓷盘中，在自然光下观察色泽和状态，闻其气味
气味	具有特有的气味，无异味，无酸败味	
状态	具有产品应有的组织性状，无正常视力可见外来异物	

（2）理化指标　应符合表4-10的规定。

表 4-10　腌腊肉制品理化指标

项目		指标	检验方法
过氧化值（以脂肪计）/(g/100g)			
火腿、腊肉、咸肉、香（腊）肠	≤	05	GB 5009.227—2016
腌腊禽制品	≤	1.5	
三甲胺氮/(mg/100g)			
火腿	≤	2.5	GB 5009.179—2016

3. 肉类罐头质量标准

依据 GB 7098—2015《食品安全国家标准　罐头食品》。

（1）感官要求　应符合表 4-11 的规定。

表 4-11　肉类罐头感官要求

项目	要求	检验方法
容器	密封完好，无泄漏、无胖听；容器外表无锈蚀，内壁涂料无脱落	GB/T 10786—2006
内容物	具有该品种罐头食品应有的色泽、气味、滋味、形态	

（2）理化指标　应符合表 4-12 的规定。

表 4-12　肉类罐头理化指标

项目		指标	检验方法
组胺①/(mg/100g)	≤	1.5	GB/T 5009.208—2016
米酵菌酸②/(mg/kg)	≤	2.5	GB/T 5009.189—2016

注：①仅适用于鲐鱼、鲹鱼、沙丁鱼罐头。
②仅适用于银耳罐头。

（3）其他标准　污染物限量应符合 GB 2762—2017 的规定。

微生物限量应符合罐头食品商业无菌要求。

食品添加剂的使用应符合 GB 2760—2014 的规定。

食品营养强化剂的使用应符合 GB 14880—2012 的规定。

项目二

畜、禽肉及其制品的掺伪鉴别检验

一、畜、禽肉及其制品的感官鉴别

（一）畜、禽肉品的感官鉴别

畜、禽肉品类的伪劣可通过感官检验进行鉴别。人的感觉器官是十分有效而敏感的综合检测器，可以弥补化学分析和仪器分析方法的不足，对食品作出综合性的感觉评价，并能加以比较后准确地表达，从而对食品的可接受性作出判断，且方法简便。

1. 新鲜猪肉质量优劣的感官鉴别

（1）外观　新鲜猪肉外表面有层微干或微湿润的薄膜，呈淡红色，有光泽，切面稍潮湿而无黏性。次鲜猪肉表面有一层风干或潮湿薄膜，呈暗灰色，无光泽，切面的色泽比新鲜的肉暗，有黏性，肉汁混浊。变质猪肉表面薄膜极干燥或黏手，呈灰色、发黏并有霉变现象，切面也呈暗灰色，很黏，肉汁严重混浊。

（2）气味　新鲜猪肉具鲜猪肉正常的气味。次鲜猪肉在肉表层能嗅到轻微氨味、酸味或霉味，但肉深层没有这些气味。变质猪肉是腐败变质肉，不论在肉表层还是深层均有腐臭气味。

（3）弹性　新鲜猪肉质地紧密且富有弹性，用手指按压凹陷后会立即复原。次鲜猪肉肉质比新鲜肉弹性小，用手指按压凹陷后不能完全复原。变质猪肉由于自身被严重分解，组织失去原有弹性而出现腐烂，用指头按压后凹陷不能复原，有时手指还可以把肉刺穿。

（4）脂肪　新鲜猪肉脂肪呈白色，有光泽，柔软而富有弹性。次鲜猪肉脂肪呈灰色，无光泽，容易黏手，有时略带油脂酸败味。变质猪肉脂肪表面污秽，有黏液，常霉变，脂肪组织很软，具有油脂酸败气味。

（5）肉汤　新鲜猪肉汤透明、芳香，汤表面聚集大量油滴，油脂气味和滋味鲜美。次鲜猪肉汤混浊，汤表面浮油滴较少，没有鲜香滋味，常略有轻微油脂酸败气味及味道。变质猪肉汤极混浊，汤内漂浮着絮状烂肉片，汤表面几乎无油滴，有浓厚油脂酸败味或显著腐败臭味。

2. 冻猪肉的感官鉴别

冻猪肉的感官鉴别具体可见本模块“实训一　冻猪肉的感官鉴别”。

3. 鲜牛肉、羊肉、兔肉质量优劣的感官鉴别

（1）色泽　新鲜肉的肌肉呈均匀红色，有光泽，脂肪洁白或呈乳黄色。次鲜肉的肌肉色泽稍暗，切面尚有光泽，但脂肪无光泽。变质肉的肌肉色泽呈暗红，无光泽，脂肪发暗。

（2）气味　新鲜肉具有鲜牛肉、羊肉、兔肉特有的正常气味，如膻味或土腥味等。次鲜肉稍有氨味或酸味。变质肉有腐臭味。

（3）黏度　新鲜肉表面微干或有风干膜，触摸时不黏手。次鲜肉表面干燥或黏手，新切面湿润。变质肉表面极干燥或发黏，新切面黏手。

（4）弹性　新鲜肉指压后的凹陷能立即复原。次鲜肉指压后凹陷复原较慢，且不能完全复原。变质肉指压后的凹陷不能复原，且留有明显痕迹。

（5）肉汤　新鲜肉汤汁透明、澄清，脂肪团聚浮于表面，具特有香味。次鲜肉汤汁稍混浊，脂肪呈小滴浮于表面，香味差。变质肉汤汁混浊，有黄色或白色絮状物，浮于表面的脂肪极少，有明显腐臭气味。

4. 冻牛肉、羊肉、兔肉（解冻后）质量优劣的感官鉴别

（1）色泽　良质冻肉的肌肉呈均匀的红色，有光泽，脂肪白色或微黄色。次质冻肉的肉色稍暗，肉与脂肪均缺乏光泽，但切面有光泽。变质冻肉的肉色发暗，肌肉和脂肪无光泽或脂肪发污，切面无光泽。

（2）黏度　良质冻肉的肌肉外表微干或有风干膜，或外表湿润，但均不黏手。次质冻肉外表干燥或稍感黏手，切面湿润、黏手。变质冻肉外表极度干燥或黏手，切面也湿润、发黏。

（3）组织状态　良质冻肉的肌肉结构紧密，有坚实感，肌纤维韧性强。次质冻肉的肌肉组织松弛，肌纤维有韧性。变质冻牛肉的肌肉组织软化、松弛，肌纤维缺乏韧性。

（4）气味　良质冻肉具有牛、羊、兔肉正常的膻味和油香味。次质冻肉稍有氨味或酸味。变质冻肉有氨味、酸味或腐臭味。

（5）肉汤　良质冻肉汤澄清、透明，脂肪团聚于表面，具有鲜肉汤固有的香气或鲜味。次质冻肉汤稍有混浊，脂肪呈小滴浮于表面，香味、鲜味较差。变质冻肉汤混浊，有灰黄色或污灰色絮状物，脂肪很少浮于表面，有异味。

5. 鲜鸡肉质量优劣的感官鉴别

（1）眼球　新鲜鸡肉眼球饱满。次鲜鸡肉眼球皱缩、凹陷，晶状体稍显混浊。变质鸡肉眼球干缩、凹陷，晶状体混浊。

（2）色泽　新鲜鸡肉皮肤有光泽，因品种不同可呈淡黄、淡红和灰白等颜色，肌肉切面具有光泽。次鲜鸡肉皮肤色泽转暗，但肌肉切面有光泽。变质鸡肉体表无光泽，头、颈部常带有暗褐色。

（3）气味　新鲜鸡肉具有鲜鸡肉的正常气味。次鲜鸡肉仅在腹腔内可嗅到轻度不愉快气味，无其他异味。变质鸡肉体表和腹腔均有不愉快味甚至臭味。

（4）黏度　新鲜鸡肉外表微干或微湿润，不黏手。次鲜鸡肉外表干燥或黏手，新切面湿润。变质鸡肉外表干燥或黏手，新切面发黏。

（5）弹性　新鲜鸡肉指压后的凹陷能立即恢复。次鲜鸡肉指压后的凹陷恢复较慢，且不能完全恢复。变质鸡肉指压后的凹陷不能恢复，且留有明显的痕迹。

（6）肉汤　新鲜鸡肉汤澄清、透明，脂肪团聚于表面，具有香味。次鲜鸡肉汤稍有混浊，脂肪呈小滴浮于表面，香味差或无鲜味。变质鸡肉汤混浊，有白色或黄色絮状物，浮于表面的脂肪很少，甚至能嗅到腥臭味。

6. 冻鸡肉（解冻后）质量优劣的感官鉴别

（1）眼球　良质冻鸡肉眼球饱满或平坦。次质冻鸡肉眼球皱缩凹陷，晶状体稍呈混浊。变质冻鸡肉眼球干缩凹陷，晶状体混浊。

（2）色泽　良质冻鸡肉皮肤有光泽，因品种不同而呈黄、浅黄、淡红、灰白等色，肌肉切面有光泽。次质冻鸡肉皮肤色泽转暗，但肌肉切面有光泽。变质冻鸡肉体表无光泽，颜色暗淡，头颈部呈暗褐色。

（3）黏度　良质冻鸡肉外表微湿润，不黏手。次质冻鸡肉外表干燥或黏手，切面湿润。变质冻鸡肉外表干硬或黏手，新切面湿润、黏手。

（4）弹性　良质冻鸡肉指压后的凹陷复原慢，且不能完全恢复。次质冻鸡肉发软，指压后的凹陷几乎不能恢复。变质冻鸡肉软、散，指压后凹陷不但不能恢复，而且容易将鸡肉戳破。

（5）气味　良质冻鸡肉具有鸡肉的正常气味。次质冻鸡肉在腹腔内能嗅到轻度不愉快味，无其他异味。变质冻鸡肉体表及腹腔内均有不愉快气味。

（6）肉汤　良质冻鸡肉煮沸后的肉汤透明、澄清，脂肪团聚于表面，具特有的香味。次质冻鸡肉煮沸后的肉汤稍有混浊，油珠呈小滴浮于表面，香味差或无鲜味。变质冻鸡肉汤混浊，有白色至黄色的絮状物，表面几乎无油滴悬浮，气味不佳。

7. 健康畜肉与病死、毒死畜肉的感官区别

（1）色泽　健康畜肉的肉色泽鲜红，脂肪洁白（牛肉为黄色），具有光泽。死畜肉的肉色泽暗红或带有血迹，脂肪呈桃红色。

（2）组织状态　健康畜肉的肌肉坚实致密，不易撕开，有弹性，用手指按压后可立即复原。死畜肉的肌肉松软，肌纤维易撕开，肌肉弹性差。

（3）血管状况　健康畜肉全身血管中无凝结的血液，胸腹腔内无淤血。死畜肉全身血管充满了凝结的血液，尤其是毛细血管中更为明显；胸腹腔呈暗红色，无光泽。

注意：健康畜肉属于正常的优、良质肉品；病死、毒死的畜肉属劣质肉品，禁止食用和销售。

8. 常见的劣质猪肉的感官鉴别

（1）注水猪肉　猪肉注水过多时，水会从瘦肉上往下滴。割下一块瘦肉，放在盘子里，稍待片刻，就有水流出来。用卫生纸或吸水纸贴在肥瘦肉上，用手紧压，待纸湿后揭下来，用火柴点燃，若不能燃烧，则说明肉中注了水。

（2）病死猪肉　病死猪肉的淋巴结是肿大的，其脂肪为浅玫瑰色或红色，肌肉为墨红色，肉切面上的血管可挤出暗红色的淤血。而正常猪肉的淋巴结大小正常，肉切面呈鲜灰色或淡黄色。

（3）老母猪肉　老母猪的肉皮厚、多褶皱、毛囊粗，瘦肉色暗红、肉丝粗，用手按压无弹性，也无黏性。脂肪看上去非常松弛，呈灰白色，没有油的光亮感。

9. 常见的病死畜肉的感官鉴别

（1）瘟疫畜肉　肉皮表面布满紫红色、细小的出血点，尤其在耳根、颈和腹部更为密集且较大，说明牲畜患了瘟疫。

（2）口蹄疫畜肉　牲畜的心脏脂肪上呈现虎皮状斑纹，心脏脂肪变性，心包上有出血点，说明牲畜患了口蹄疫。

(3) 丹毒畜肉　肉皮上有红色或灰白色凸起的方形疹块，说明牲畜（猪）患了丹毒。

(4) 囊虫（米猪肉）病猪肉　取猪的腰肌，用刀子在肌肉上每隔1cm切1刀，连切4~5刀后，在切面上仔细观察，如发现肌肉中附有石榴子（或米粒）一般大小的白色、半透明水泡状物，即为囊虫包，则可断定为米猪肉。

(5) 炭疽病猪肉　局部淋巴结肿大，刀切时有硬、脆的感觉，切面无光泽，呈红色或淡红色，并有深红色或紫黑色凹陷病灶；淋巴结周围组织呈黄色胶冻状；扁桃体约80%有出血性炎症的破溃创面，上有黄色假膜或坏死。发现有炭疽病畜的肉体、内脏、皮毛和血应深埋或焚毁。与炭疽肉接触过的人，要用青霉素做预防性注射。

注意：以上病死畜肉对人体健康的危害性极大，不可食用。

10. 健康禽肉与死禽肉的感官鉴别

(1) 放血切口　健康禽肉的切口不整齐，放血良好，切口周围组织有被血液浸润现象，呈鲜红色。死禽肉的切口平整，放血不良，切口周围组织无被血液浸润现象，呈暗红色。

(2) 皮肤　健康禽肉的表皮色泽微红，具有光泽，皮肤微干而紧缩。死禽肉的表皮呈暗红色或淡青紫色，有死斑，无光泽。

(3) 脂肪　健康禽肉的脂肪呈白色或淡黄色。死禽肉的脂肪呈暗红色，血管中淤存有暗紫红色血液。

(4) 胸肌、腿肌　健康禽肉切面光洁，肌肉呈淡红色，有光泽，弹性好。死禽肉切面呈暗红或暗灰色，光泽较差或无光泽，手按在肌肉上会有少量暗红色血液渗出。

11. 健康鸡与病鸡的感官鉴别

(1) 动态　抓住健康鸡翅膀提起，如其挣扎有力，双腿收起，鸣声长而响亮，有一定质量，则表明鸡活力强；如其挣扎无力，鸣声短促而嘶哑，脚伸而不收，肉薄身轻，则是病鸡。

(2) 静态　健康鸡呼吸不张嘴，眼睛干净且灵活有神。病鸡不时张嘴，眼红或眼球混浊不清，眼睑浮肿。

(3) 体貌　健康鸡的鼻孔干净而无鼻水，冠面朱红色，头羽紧贴，脚爪的鳞片有光泽，皮肤黄净有光泽，肛门黏膜呈肉色，鸡嗉囊无积水，口腔无白膜或红点，不流口水。病鸡的鼻孔有水，鸡冠变色，肛门里有红点，流口水，嘴里有病变。

12. 灌水畜、禽的感官鉴别

检查家禽鸡、鸭腹内是否灌水，可手捏摸其腹部和两翅下，若无肥厚壮实感，而有滑动感，则多是用针筒注射了水。另外，灌水量较多的活家禽，不愿活动，多半不能站立，只能蹲着不动，灌水的家禽，表面肥实，用手摸皮肤松软，用小刀切破皮肉有水渗出，亦可作为鉴别参考。

新鲜、正常、未灌水的猪、牛、羊、家禽肉的外观色泽正常，颜色鲜红，有光泽；切割后无渗出物溢出；手摸有黏的感觉，用纸巾贴在上面，不易湿透，把纸揭下，用火柴烧纸，有明火的，说明纸上有油脂，肉没有掺水。

灌水后的猪、牛、羊、家禽的瘦肉看上去有水淋的发亮感觉，色泽变淡红，脂肪部分苍白无光，切割后切口流出淡红色血水，用手摸，不黏手，用纸巾贴在上面，很快就湿透，并且用火点燃纸巾不能燃烧或燃烧不全。

（二）畜、禽肉制品的感官鉴别

1. 酱卤制品的感官鉴别

酱卤制品是畜禽肉及可食副产品加调味料和香辛料，以水为加热介质煮制而成的一大类熟肉制品。酱卤制品主要分为白煮肉类和酱卤肉类。

（1）白煮肉类　白煮也称白烧、白切。白煮肉类是肉经（或不经）腌制，在水（盐水）中煮制而成的熟肉类制品，常见的品种有白切肉、白切猪肚、白斩鸡、盐水鸭等。白煮肉的感官特征是外观为完好的自然块，呈肉制品应具有的自然色泽，洁净无污垢，肉质新鲜，有弹性，组织致密，具有产品应有的肉香味，无异味。肠类制品外观应完好无缺，不破损，肠体丰满，有弹性，无异味、异臭，无异物附着。

（2）酱卤肉类　酱卤肉类包括酱制肉（亦称红烧肉或五香肉）、酱汁肉、糖醋肉、卤肉等。优质酱卤肉的肉质应新鲜，略带酱红色，具有光泽；肉质切面整齐平滑，结构紧密结实，有弹性，有油光；具有酱卤肉的风味，无异臭。外观为完好的自然块，洁净、新鲜润泽，呈肉制品应具有的自然色泽，无异物附着。

购买酱卤肉要警惕那些颜色格外鲜亮的酱卤肉，因为酱卤过的肉，应该是暗红色，颜色太过于鲜艳就应提防亚硝酸钠使用超标。另外要注意酱卤肉制品的外包装是否完好，有无破损。如果是真空包装的，要看其真空度是否完好，如发现胀袋现象，说明已变质不可食用。

2. 烧烤猪、鹅、鸭类及叉烧类感官鉴别

烧烤猪、鹅、鸭类肌肉切面颜色发光，呈微红色，脂肪呈乳白色（鸭、鹅呈浅黄色），压之无血水，脂肪滑而脆，无异味、异臭。

叉烧类肌肉切面微赤红色，脂肪白而透明有光泽，肌肉切面紧密，脂肪结实而脆，无异味、异臭。

二、畜、禽肉及其制品的理化检验

对掺伪畜、禽肉及其制品的检验，首先进行真伪鉴别，识别出掺伪畜、禽肉及其制品，判断掺伪物，然后以掺伪品为检验对象，以掺伪物为检验目的选择正

确的检验方法进行分析检验，根据某种（某些）物质的存在或某成分的含量对掺伪食品作出科学、正确的鉴定结论，确定畜、禽肉及其制品中掺入物的量以及其是由什么物质仿冒伪造的。

（一）畜、禽肉及其制品 pH 的测定

屠宰后的牲畜，随着血液及氧供应的停止，肌肉内的糖原因解糖酶的作用，在无氧条件下产生乳酸，致使肉的 pH 下降。经过 24h 后，肉中糖原减少 0.42%，pH 可从 7.2 下降至 5.6~6.0。但当乳酸生成到一定量时，分解糖原的酶逐渐失去活力，而无机磷酸化酶的活力大大增强，开始促使三磷酸腺苷迅速分解，形成磷酸，因而肉的 pH 可继续下降至 5.4。随着时间的延长或保存不当，肉上有大量腐败微生物生长而分解蛋白质，产生胺类、CO_2 等，致使肉的 pH 升高。因此检测肉的 pH 可判定肉的新鲜度。

1. pH 试纸快速测定法

（1）判断标准　健康牲畜肉的 pH 为 5.7~6.2；次鲜肉的 pH 为 6.3~6.6；变质肉的 pH 在 6.7 以上。

（2）检验方法　用干净的刀将精肉依肌纤维横断剖切，但不将肉块完全切断，撕下一条 pH 试纸，以其长度的 2/3 紧贴肉面，合拢剖面，夹紧纸条，5min 后取出与标准色板比较，直接读取 pH 的近似数值。

2. 酸度计法

依据 GB 5009.237—2016《食品安全国家标准　食品 pH 值的测定》，该标准规定了肉及肉制品等 pH 的测定方法。该标准适用于肉及肉制品中均质化产品的 pH 测试以及屠宰后的畜体、胴体和瘦肉的 pH 非破坏性测试和罐头食品 pH 的测定。

（1）原理　利用玻璃电极作为指示电极，甘汞电极作为参比电极，试样溶液中氢离子浓度发生变化时，指示电极和参比电极的电动势也随之发生变化而产生电位差，通过前置放大器输入 A/D 转换器，以测量 pH。

（2）主要试剂　pH = 3.57 标准缓冲液（20℃）；pH = 4.00 标准缓冲液（20℃）；pH = 5.00 标准缓冲液（20℃）；pH = 5.45 标准缓冲液（20℃）；pH = 6.88 标准缓冲液（20℃）；氢氧化钠溶液（1.0mol/L）；氯化钠溶液（1.0mol/L）。

（3）主要仪器　酸度计，均质机，磁力搅拌器。

（4）分析步骤

①试样制备：试样需通过绞肉机混匀 2 次，如试样干燥，可加等量无 CO_2 蒸馏水进行均质。然后用干滤纸过滤，所得滤液进行 pH 测定。

②仪器校正：将 pH 电极接好，通电源，调节补偿温度旋钮，将电极插入标准缓冲溶液中，按读数开关，调节电位调节旋钮，使指针调在标准缓冲溶液的 pH 上，校正 pH。

③试样 pH 的测定：调节温度补偿旋钮至试样液温度，将电极插入测样液中，开动磁力搅拌器，稳定 1min 后，酸度计的显示值即为待测样液的 pH。

用蒸馏水冲洗电极，并用滤纸小心吸干。

（二）畜、禽肉及其制品挥发性盐基氮的测定

挥发性盐基氮是指动物性食品由于酶和细菌的作用，在腐败过程中使蛋白质分解而产生的氨以及胺类等碱性物质。挥发性盐基氮的含量是肉品新鲜度的主要评价指标。挥发性盐基氮的含量的测定方法主要有半微量定氮法、微量扩散法等，按 GB 5009.228—2016《食品安全国家标准　食品中挥发性盐基氮的测定》进行。

1. 半微量定氮法

半微量定氮法的具体方法见本模块“实训二　肉制品中挥发性盐基氮的测定”。

2. 微量扩散法

（1）原理　挥发性盐基氮物质可在 37℃ 碱性溶液中释出，挥发后吸收于硼酸吸收液中，用标准酸溶液滴定，计算挥发性盐基氮含量。

（2）主要试剂　饱和碳酸钾溶液；水溶性胶；20g/L 硼酸吸收液；甲基红乙醇溶液（1g/L）；次甲基蓝乙醇溶液（1g/L）；混合指示剂（2 份甲基红乙醇溶液 1 份次甲基蓝乙醇溶液）（1g/L）；0.010mol/L HCl 或 H_2SO_4 标准溶液。

（3）主要仪器及用具　天平，搅拌机，具塞锥形瓶，玻璃扩散皿（标准型），微量滴定管。

（4）方法　取可食部分绞碎搅匀，称样 10~20g，精确至 0.001g，置于具塞锥形瓶中，准确加入 100.0mL 水，不时振摇，匀样 30min 后过滤。

将水溶性胶涂于扩散皿的边缘，在皿中央内室加入 1mL 硼酸吸收液及 1 滴混合指示剂。在皿外室准确加入滤液 1.00mL，盖上磨砂玻璃盖。然后从磨砂玻璃盖凹口处与扩散皿边缘小缝隙处快速加入 1mL 饱和碳酸钾溶液。立即将扩散皿盖严密。将皿于桌面上轻轻转动，使样液与液饱和碳酸钾充分混合，然后于 37℃ 温箱内放置 2h，至室温，揭去盖，用 0.010mol/L HCl 或 H_2SO_4 标准溶液滴定，终点呈蓝紫色。同时做试剂空白实验。

（5）计算

$$x=\frac{(V_1-V_2)\times c\times 14}{m\times 1/100}\times 100$$

式中　x——试样中挥发性盐基氮的含量，mg/100g；

V_1——测定用样液消耗盐酸或硫酸标准溶液的体积，mL；

V_2——试剂空白消耗盐酸或硫酸标准溶液的体积，mL；

c——盐酸与硫酸标准溶液的浓度，mol/L；

14——与 1.00mL 盐酸标准滴定溶液［c（HCl）= 1.000mol/L］或硫酸标准滴定溶液相当的氮的质量，mg；

m——试样质量。

（三）畜、禽肉及其制品水分的测定

将鲜猪肉、牛肉和家禽灌水后进行出售，是不法商贩使用的手法之一，消费者稍不注意就容易上当受骗。畜、禽肉及其制品水分的测定可以采用直接干燥法或蒸馏法。

依据 GB 5009.3—2016《食品安全国家标准　食品中水分的测定》，直接干燥法如下。

（1）原理　利用食品中的水分的物理性质，在 101.3kPa（1atm），温度 101～105℃下采用挥发方法测定样品中干燥减失的质量，包括吸湿水、部分结晶水和该条件下能挥发的物质，再通过干燥前后的称量数值计算出水分的含量。

（2）主要仪器　干燥箱，天平，绞肉机，称量瓶。

（3）分析步骤　取称量瓶置于 101～105℃干燥箱中，瓶盖斜支于瓶边，加热 1.0h，取出盖好，置于干燥器内冷却 0.5h，称重，并重复干燥至前后两次质量差不超过 2mg，即为恒重。

称取试样 5～10g（精确至 0.0001g）置于称量瓶中，用小玻棒搅匀放在沸水浴上蒸干，并随时搅拌，擦去瓶底的水滴，置于 101～105℃干燥箱中干燥 1h 左右，取出，放入干燥器内冷却 0.5h 后再称量，并重复以上操作至前后两次质量差不超过 2mg，即为恒重。

（4）分析结果

$$\text{水分含量（\%）}=\frac{m_2-m_3}{m_2-m_1}\times 100$$

式中　m_1——称量瓶和沙的总质量，g；

m_2——干燥前试样、称量瓶和沙的总质量，g；

m_3——干燥后试样、称量瓶和沙的总质量，g。

（四）畜、禽肉及其制品中淀粉的测定

淀粉是生产火腿肠等肉制品的主要配料之一。但是有些厂家过多地添加淀粉，对消费者的利益产生一定的侵害。

畜、禽肉及其制品中淀粉含量的测定按 GB 5009.9—2016《食品安全国家标准　食品中淀粉的测定》第三法操作，具体可见本模块“实训三　火腿肠中淀粉含量的测定”。

（五）畜、禽肉及其制品蛋白质含量的测定

畜、禽肉及其制品蛋白质含量的测定方法有凯氏定氮法、分光光度法等。按 GB 5009.5—2016《食品安全国家标准　食品中蛋白质的测定》进行操作。然后将

待检肉品与正品进行比较。如果待检肉品比正品中的蛋白质含量低得多，差别较大，应怀疑为掺伪品。

下面介绍 GB/T 5009.5—2016 中第二法分光光度法。

1. 原理

食品中的蛋白质在催化加热条件下被分解，分解产生的氨与硫酸结合生成硫酸铵，在 pH4.8 的乙酸钠-乙酸缓冲溶液中与乙酰丙酮和甲醛反应生成黄色的 3，5-二乙酰-2，6-二甲基-1，4-二氢化吡啶化合物。在波长 400nm 下测定吸光度值，与标准系列比较定量，结果乘以换算系数，即为蛋白质含量。

2. 主要试剂

硫酸铜；硫酸钾；硫酸（密度为 1.84g/L）；对硝基苯酚指示剂溶液（1g/L）；无水乙酸钠；乙酸；37%甲醛；乙酰丙酮；氢氧化钠溶液（300g/L）；乙酸溶液（1mol/L）；乙酸钠溶液（1mol/L）；乙酸钠-乙酸缓冲溶液（量取 60mL 乙酸钠液与 40mL 乙酸液混合，该溶液 pH4.8）；显色剂（15mL 甲醛与 7.8mL 乙酰丙酮混合，加水稀释至 100mL，剧烈振摇混匀，室温下放置稳定 3d）；氨氮标准储备溶液（以氮计）（1.0g/L：称取 105℃ 干燥 2h 的硫酸铵 0.4720g 加水溶解后移于 100mL 容量瓶中，并稀释至刻度，混匀，此溶液每毫升相当于 1.0mg 氮）；氨氮标准使用溶液（0.1g/L）。

3. 主要仪器和设备

分光光度计、电热恒温水浴锅、10mL 具塞玻璃比色管、天平（感量为 1mg）。

4. 分析步骤

（1）试样消解　称取经粉碎混匀过 40 目筛的固体试样 0.1～0.5g（精确至 0.001g）、半固体试样 0.2～1g（精确至 0.001g）或液体试样 1～5g（精确至 0.001g），移入干燥的 100mL 或 250mL 定氮瓶中，加入 0.1g 硫酸铜、1g 硫酸钾及 5mL 硫酸，摇匀后于瓶口放一小漏斗，将定氮瓶以 45°角斜支于有小孔的石棉网上。缓慢加热，待内容物全部炭化，泡沫完全停止后，加强火力，并保持瓶内液体微沸，至液体呈蓝绿色澄清透明后，再继续加热 0.5h。取下放冷，慢慢加入 20mL 水，放冷后移入 50mL 或 100mL 容量瓶中，并用少量水洗定氮瓶，洗液并入容量瓶中，再加水至刻度，混匀备用。按同一方法做试剂空白实验。

（2）试样溶液的制备　吸取 2.00～5.00mL 试样或试剂空白消化液于 50mL 或 100mL 容量瓶内，加 1～2 滴对硝基苯酚指示剂溶液，摇匀后滴加氢氧化钠溶液中和至黄色，再滴加乙酸溶液至溶液无色，用水稀释至刻度，混匀。

（3）标准曲线的绘制　吸取 0.00，0.05，0.10，0.20，0.40，0.60，0.80，1.00mL 氨氮标准使用溶液（相当于 0.00，5.00，10.0，20.0，40.0，60.0，80.0，100.0μg 氮），分别置于 10mL 比色管中。加 4mL 乙酸钠-乙酸缓冲溶液及 4mL 显色剂，加水稀释至刻度，混匀。置于 100℃ 水浴中加热 15min。取出用水冷却至室温后，移入 1cm 比色杯内，以零管为参比，于波长 400nm 处测量吸光度值，根据标准各点吸光度值绘制标准曲线或计算线性回归方程。

（4）试样测定　吸取0.50~2.00mL（约相当于氮<100μg）试样溶液和同量的试剂空白溶液，分别于10mL比色管中，加4.0mL乙酸钠-乙酸缓冲溶液及4.0mL显色剂，加水稀释至刻度，混匀，置于100℃水浴中加热15min，取出用水冷却至室温后，移入1cm比色皿内，以零管为参比，于波长400nm处测量吸光度值，试样吸光度值与标准曲线比较定量或代入线性回归方程求出含量。

5. 计算

$$X=\frac{\mu-\mu_0}{m\times\frac{V_2}{V_1}\times\frac{V_4}{V_3}\times1000\times1000}\times100\times F$$

式中　X——样品中蛋白质的含量，g/100g或g/100mL；

μ——试样测定液中氮的含量，μg；

μ_0——试样空白测定液中氮的含量，μg；

V_1——试样消化液定容的体积，mL；

V_2——制备试样溶液的消化液体积，mL；

V_3——试样溶液总体积，mL；

V_4——测定用试样溶液体积，mL；

m——试样质量，g；

F——氮换算为蛋白质的系数（一般食物为6.25；纯乳与纯乳制品为6.38；面粉为5.70；玉米、高粱为6.24；花生为5.46；大米为5.95；大豆及其粗加工制品为5.71；大豆蛋白制品为6.25；肉与肉制品为6.25；大麦、小米、燕麦、裸麦为5.83；芝麻、向日葵为5.30；复合配方食品为6.25）。

（六）畜、禽肉及其制品亚硝酸盐的测定

亚硝酸盐是肉制品生产中最常使用的发色剂。但是过多地使用亚硝酸盐，人体中会生成致癌的亚硝胺，产生毒害作用。亚硝酸盐的测定是防止伪劣肉制品的一项重要检测举措。

畜、禽肉及其制品亚硝酸盐的测定有离子色谱法、分光光度法等。按GB 5009.33—2016《食品安全国家标准　食品中亚硝酸盐与硝酸盐的测定》操作。亚硝酸盐的测定可采用分光光度法—盐酸萘乙二胺法。

（1）原理　试样经沉淀蛋白质、除去脂肪后，在弱酸性条件下，亚硝酸盐与对氨基苯磺酸重氮化后，再与盐酸萘乙二胺偶合形成紫红色染料，外标法测得亚硝酸盐含量。

（2）主要试剂　饱和硼砂溶液，亚铁氰化钾溶液，乙酸锌溶液，盐酸萘乙二胺溶液。

乙酸锌溶液：220g/L，加冰乙酸 30mL，溶于水并定容至 1000mL。

4g/L 对氨基苯磺酸溶液：称取对氨基苯磺酸 0.4g 溶于 20%盐酸 100mL 中，置棕色瓶中避光保存。

亚硝酸钠标准溶液（200μg/mL）：亚硝酸钠标准使用液（5.0μg/mL）临用时配制。

（3）主要仪器　天平、分光光度计。

（4）操作

①试样中亚硝酸盐的提取：称取经绞碎混匀的试样 5g（精确至 0.001g）于 250mL 具塞锥形瓶中，加入饱和硼砂溶液 12.5mL，加入 70℃左右的水约 150mL，混匀，于沸水浴中加热 15min，取出置于冷水浴中冷却，并放置至室温。定量转移上述提取液至 200mL 容量瓶中，加入 5mL 亚铁氰化钾溶液，摇匀，再加入 5mL 乙酸锌溶液，以沉淀蛋白质。加水至刻度，摇匀，放置 0.5h，除去上层脂肪，上清液用滤纸过滤，弃去初滤液 30mL，滤液备用。

②亚硝酸盐的测定：吸取 40.0mL 上述滤液于 50mL 带塞比色皿中，另吸取 0.00，0.20，0.40，0.60，0.80，1.00，1.50，2.00，2.50mL 亚硝酸钠标准溶液（相当于 0.0，1.0，2.0，3.0，4.0，5.0，7.5，10，12.5μg 亚硝酸钠），分别置于 50mL 带塞比色皿中。于标准管与试样管中分别加入 2mL 4g/L 对氨基苯磺酸溶液，混匀，静置 3~5min 后各加入 1mL0.2%盐酸萘乙二胺溶液，加水至刻度，混匀，静置 15min，用 1cm 比色皿，以零管调节零点，于波长 538nm 处测吸光度，绘制标准曲线比较。同时做试剂空白。

5. 分析计算结果

$$X=\frac{X_A\times1000}{m\times\frac{V_2}{V_1}\times1000}$$

式中　X——试样中亚硝酸盐的含量，mg/kg；

m——样品质量，g；

X_A——测定用样品中亚硝酸盐的质量，μg；

V_1——试样处理液总体积，mL；

V_2——测定用样液体积，mL。

6. 说明

（1）亚铁氰化钾溶液和乙酸锌溶液作为蛋白质沉淀剂，使产生的亚铁氰化锌与蛋白质产生共沉淀。

（2）蛋白质沉淀剂也可用硫酸锌（30%）溶液。

（3）饱和硼砂溶液作为亚硝酸盐提取剂，同时可做蛋白质沉淀剂。

（七）畜、禽肉及其制品克伦特罗（“瘦肉精”）残留的检测

克伦特罗（Clenbuterol）俗称“瘦肉精”，是一种平喘药。此类化合物有促进

生长的作用，添加于饲料中能提高畜、禽的胴体瘦肉率，但克伦特罗对人体有害，会引起肌肉震颤、心动过速、神经过敏、头痛、肌肉痛等症状，甚至导致死亡。2001 年 1 月，浙江省杭州市 60 多人到医院就诊，症状为心慌、心跳加快、手颤、头晕、头痛等，原因是食用了含有“瘦肉精”的猪肉。“瘦肉精”能提高猪肉瘦肉率，给饲养者带来可观的经济收入。中国早在 1997 年就禁止使用克伦特罗作畜禽饲料添加剂。GB/T 5009. 192—2003《动物性食品中克伦特罗残留量的测定》中第一法为气相色谱—质谱法；第二法为高效液相色谱法；第三法为酶联免疫法。

1. 原理

将固体试样剪碎，用高氯酸溶液匀浆。液体试样加入高氯酸溶液，进行超声加热提取，用异丙醇+乙酸乙酯（40+60）萃取，有机相浓缩，经弱阳离子交换柱进行分离，用乙醇+浓氨水（98+2）溶液洗脱，洗脱液浓缩，经 *N*,*O*-双三甲基硅烷三氟乙酰胺（BSTFA）衍生后于气-质联用仪上进行测定；以美托洛尔为内标，定量。

2. 主要试剂

克伦特罗、甲醇、甲苯、乙醇、衍生剂（*N*,*O*-双三甲基硅烷三氟乙酰胺，BSTFA）、0. 1mol/L $HClO_4$ 溶液、1mol/L NaOH 溶液、磷酸二氢钠缓冲液（0. 1mol/L，pH=6. 0）、异丙醇+乙酸乙酯（40+60）、乙醇+浓氨水（98+2）、2. 4mg/L 美托洛尔标准溶液、0. 5mg/L 的克伦特罗标准使用液。

3. 主要仪器

气相色谱-质谱联用仪（GC-MS）、超声波清洗器、酸度计、离心机、振荡器、旋转蒸发器、涡旋式混合器、恒温加热器、N_2-蒸发器、匀浆器、弱阳离子交换柱（LC-WCX）（3mL）、针筒式微孔过滤膜（0. 45μm，水相）。

4. 分析步骤

（1）提取　称取肌肉、肝脏或肾脏试样 10g（精确到 0. 01g），用 20mL 0. 1mol/L $HClO_4$ 溶液匀浆，置于磨口玻璃离心管中，然后置于超声波清洗器中超声 20min，取出置于 80℃水浴中加热 30min。取出冷却后离心（4500r/min）15min。倾出上清液，沉淀用 0. 1mol/L $HClO_4$ 溶液 5mL 洗涤，再离心，将两次的上清液合并。用 1mol/L NaOH 溶液调 pH 至 9. 5±0. 1，若有沉淀产生，再离心（4500r/min）10min，将上清液转移至磨口玻璃离心管中，加入氯化钠 8g，混匀，加入异丙醇+乙酸乙酯（40+60）25mL，置于振荡器上振荡提取 20min。提取完毕，放置 5min（若有乳化层稍离心一下）。用吸管小心将上层有机相移至旋转蒸发瓶中，用异丙醇+乙酸乙酯（40+60）25mL 再重复萃取一次，合并有机相，于 60℃在旋转蒸发器上浓缩至近干。用 1mol/L NaH_2PO_4 缓冲液（pH6. 0）1mL 充分溶解残留物，经针筒式微孔过滤膜过滤，洗涤 3 次后完全转移至 5mL 玻璃离心管中，并用 0. 1mol/L NaH_2PO_4 缓冲液（pH6. 0）定容至刻度。

（2）净化　依次用乙醇 10mL、水 3mL、0. 1mol/L NaH_2PO_4 缓冲液（pH6. 0）

3mL、水 3mL 冲洗弱阳离子交换柱，取适量提取液至弱阳离子交换柱上，弃去流出液，分别用水 4mL 和乙醇 4mL 冲洗柱子，弃去流出液，用乙醇+浓氨水（98+2）6mL 冲洗柱子，收集流出液。将流出液在 N_2-蒸发器上浓缩至干。

（3）衍生化　于净化、吹干的试样残渣中加入 100~500μL 甲醇，50μL2.4mg/L 内标使用液，在 N_2-蒸发器上浓缩至干，迅速加入衍生剂（BSTFA）40μL，盖紧塞子，在涡旋式混合器上混匀 1min，置于 75℃的恒温加热器中衍生 90min。衍生反应完成后取出冷却至室温，在涡旋式混合器上混匀 30s，置于 N_2-蒸发器上浓缩至干。加入甲苯 200μL，在涡旋式混合器上充分混匀，气质联用仪进样。同时用克伦特罗标准使用液做系列同步衍生。

（4）气相色谱-质谱测定参数设定　气相色谱柱：DB-5MS 柱，30m×0.25mm×0.25μm。

载气：He；柱前压：55.2kPa。

进样口温度：240℃。

进样量：1μL，不分流。

柱温程序：70℃保持 1min，以 18℃/min 速度升至 200℃，以 5℃/min 的速度再升至 245℃，再以 25℃/min 升至 280℃并保持 2min。

EI 源。

电子轰击能：70eV。

离子源温度：200℃。

接口温度：285℃。

溶剂延迟：12min。

EI 源检测特征质谱峰：克伦特罗 m/z 为 86、187、243、262；美托洛尔 m/z 为 72、223。

（5）测定　吸取 1μL 衍生的试样液或标准液注入气质联用仪中，以试样峰（m/z 为 86，187，243，262，264，277，333）与内标峰（m/z 为 72，223）的相对保留时间定性，要求试样峰中至少有 3 对选择离子相对强度（与基峰的比例）不超过标准相应选择离子相对强度平均值的±20%或 3 倍标准差。以试样峰（m/z 为 86）与内标峰（m/z 为 72）的峰面积比单点或多点校准定量。

5. 计算

结果按内标法单点或多点校准计算试样中克伦特罗的含量。

$$X=\frac{mF}{m'}$$

式中　X——试样中克伦特罗的含量，μg/kg；

m——试样色谱峰与内标色谱峰的峰面积比值对应的克伦特罗质量，ng；

F——试样稀释倍数；

m'——试样的取样量，g。

（八）熏烤食品中苯并（a）芘的测定

煎炸、烧烤类食物，其脂肪、蛋白质和糖经高温烧烤或油炸的热解过程都会产生苯并（a）芘，特别是焦煳食物，苯并芘含量更高，苯并（a）芘可诱发食管癌、胃癌、乳腺癌、皮肤癌、肺癌和白血病，并可通过母体使胎儿致畸。据国外流行病学调查分析，拉脱维亚一个沿海地区人群胃癌发病率很高，便是因吃很多熏鱼所致。

熏烤食品中苯并（a）芘的测定依据 GB/T 5009. 27—2016《食品安全国家标准　食品中苯并（a）芘的测定》。

1. 原理

试样经过有机溶剂提取，中性氧化铝或分子印迹小柱净化，浓缩至干，乙腈溶解，反相液相色谱分离，荧光检测器检测，根据色谱峰的保留时间定性，外标法定量。

2. 主要试剂

苯并（a）芘标准储备液（100μg/mL）：准确称取苯并（a）芘 1. 0mg（精确到 0. 01mg），于 10mL 容量瓶中，用甲苯溶解，定容，避光保存在 0~5℃冰箱中。

苯并（a）芘标准中间液（1. 0μg/mL）：吸取 0. 1mL 苯并（a）芘标准储备液，用乙腈定容到 10mL，避光保存在 0~5℃冰箱中。

苯并（a）芘标准工作液（1. 0μg/mL）：把苯并（a）芘标准中间液，用乙腈稀释得到 0. 5，1. 0，5. 0，10. 0，20. 0ng/mL 的校准曲线溶液。

3. 材料

中性氧化铝柱，苯并（a）芘分子印迹柱。

4. 主要仪器

液相色谱仪，分析天平，粉碎机，组织匀浆机，离心机，涡旋振荡器，超声波振荡器，旋转蒸发器，固相萃取装置。

5. 操作方法

（1）试样制备　预处理：肉去骨，把可食部分绞碎均匀，贮于洁净的样品瓶中，并标明标记，于-16~-18℃冰箱中保存备用。

净化方法 1：采用中性氧化铝柱，用 30mL 正己烷活化柱子，待液面降至柱床时，关闭底部旋塞。将待净化液转移进柱子，打开旋塞，以 1mL/min 的速度收集净化液到茄形瓶，再转入 50mL 正己烷洗脱，继续收集净化液。将净化液在 40℃下旋转蒸至约 1mL，转移至色谱仪进样小瓶，在 40℃氮气流下浓缩至近干。用 1mL 正己烷清洗茄形瓶，将洗涤液再次转移至色谱仪进样小瓶并浓缩至干。准确吸取 1mL 乙腈到色谱仪进样小瓶，涡旋复溶 0. 5min，过微孔滤膜后供液相色谱测定。

净化方法 2：采用苯并（a）芘分子印迹柱，依次用 5mL 二氯甲烷及 5mL 正己烷活化柱子。将待净化液转移进柱子，待液面降至柱床时，用 6mL 正己烷淋洗柱子，弃去流出液。用 6mL 二氯甲烷洗脱并收集净化液到试管中。将净化液在 40℃下氮气吹干，准确吸取 1mL 乙腈涡旋复溶 0.5min，过微孔滤膜后供液相色谱测定。

（2）仪器参考条件　色谱柱：C18，柱长 250mm，内径 4.6mm，粒径 5μm，或性能相当者。

流动相：乙腈+水（88+12）。

流速：1.0mL/min。

荧光检测器：激发波长 384nm，发射波长 406nm。

柱温：35℃。

进样量：20μL。

（3）标准曲线的制作　将标准系列工作液分别注入液相色谱中，测定相应的色谱峰，以标准系列工作液的浓度为横坐标，以峰面积为纵坐标，得到标准曲线回归方程。

（4）试样溶液的测定　将待测液进样测定，得到苯并（a）芘色谱峰面积。根据标准曲线回归方程计算试样溶液中苯并（a）芘的浓度。

6. 分析结果

试样中苯并（a）芘的含量计算如下。

$$X=\frac{\rho \times V}{m}\times\frac{1000}{1000}$$

式中　X——试样中苯并（a）芘含量，μg/kg；

ρ——由标准曲线得到的样品净化溶液浓度，ng/mL；

V——试样最终定容体积，mL；

m——试样质量，g；

1000——由 ng/g 换算成 μg/kg 的换算因子。

结果保留到小数点后一位。

项目三

水产品的质量标准

水产品一般系指鱼类、甲壳类、贝壳类、海藻类等鲜品及其加工制品，可按其生长的水域不同，分为海产品和淡水产品两大类。水产品是营养价值较高的一种动物性食品，并且其肉质细嫩，味道鲜美，易为人体消化吸收，深受人们的喜爱。

健康活鱼由于生活在有菌环境中，加上水产品本身含有较高的蛋白质和水分，一旦条件适宜，细菌就会大量生长繁殖，分解鱼体肌肉组织中的蛋白质、脂肪、碳水化合物，致使水产品腐败变质，而且还有水产品掺伪事件发生。

进行水产品掺伪鉴别检验，必须首先了解水产品质量标准。

一、鲜、冻动物性水产品质量标准

按 GB 2733—2015《食品安全国家标准　鲜、冻动物性水产品》。

1. 鲜、冻动物性水产品感官要求

鲜、冻动物性水产品感官要求应符合表 4-13 的规定。

表 4-13　　鲜、冻动物性水产品感官要求

项目	要求	检验方法
色泽	具有水产品应有色泽	取适量样品置于白色瓷盘上，在自然光下观察色泽和状态，嗅其气味
气味	具有水产品应有气味，无异味	
状态	具有水产品正常的组织状态，肌肉紧密，有弹性	

2. 鲜、冻动物性水产品理化指标

鲜、冻动物性水产品理化指标应符合表 4-14 的规定。

表 4-14　　鲜、冻动物性水产品理化指标

项目		指标	检验方法
挥发性盐基氮/(mg/100g)			GB 5009.228—2016
海水鱼、虾	≤	30	
海蟹	≤	25	
淡水鱼、虾	≤	20	
冷冻贝类	≤	15	
组胺①/(mg/100g)			GB/T 5009.208—2016
高组胺鱼类②	≤	100	
其他海水鱼类	≤	30	

注：①不适用于活体水产品。

②高组胺鱼类指鲐鱼、鲹鱼、竹筴鱼、鲭鱼、鲣鱼、金枪鱼、秋刀鱼、马鲛鱼、青古鱼、沙丁鱼等青皮红肉的海水鱼。

二、腌制生食动物性水产品和动物性水产干制品的标准

依据 GB 10136—2015《食品安全国家标准　动物性水产制品》，动物性水产制品是指以鲜、冻动物性水产品为主要原料，添加或不添加辅料，经相应工艺加工制成的水产制品，包括即食动物性水产制品、预制动物性水产制品及其他动物性水产制品，不包括动物性水产罐头制品。

腌制生食动物性水产品是以活的泥螺、贝类、淡水蟹和新鲜或冷冻海蟹、鱼子等动物性水产品为原料，采用盐渍或糟、醉加工制成的可直接食用的腌制品。

预制水产干制品：以鲜、冻动物性水产品为原料，添加或不添加辅料，经干燥工艺加工而制成的不可直接食用的水产干制品。

1. 腌制生食动物性水产品和动物性干制品感官要求

腌制生食动物性水产品和动物性干制品应符合表 4-15 的规定。

表 4-15　腌制生食动物性水产品和动物性干制品感官要求

项目	要求	检验方法
色泽	具有该产品应有的色泽	取适量样品置于白色瓷盘上，在自然光下观察色泽和状态，嗅其气味；用温开水漱口，品其滋味
气味	具有该产品正常滋味、气味，无异味，无酸败味	
状态	具有该产品正常的形状和组织状态，无正常视力可见的外来杂质，无霉变、无虫蛀	

2. 腌制生食动物性水产品和动物性干制品理化指标

腌制生食动物性水产品和动物性干制品应符合表 4-16 的规定。

表 4-16　腌制生食动物性水产品和动物性干制品理化指标

项目		指标	检验方法
过氧化值（以脂肪计）/(g/100g)			
盐渍鱼（鳓鱼、鲅鱼、鲑鱼）	≤	4.0	
盐渍鱼（不含鳓鱼、鲅鱼、鲑鱼）	≤	2.5	
预制水产干制品	≤	0.6	GB 5009.227—2016
组胺 * /(mg/100g)			
盐渍鱼（高组胺鱼类 * ）	≤	40	
盐渍鱼（不含高组胺鱼类）	≤	20	GB/T 5009.208—2016
挥发性盐基氮/(mg/100g)			
腌制生食动物性水产品	≤	25	
预制动物性水产制品（不含干制品和盐渍制品）	≤	30	GB 5009.228—2016

注：＊高组胺鱼类指鲐鱼、鲹鱼、竹筴鱼、鲭鱼、鲣鱼、金枪鱼、秋刀鱼、马鲛鱼、青古鱼、沙丁鱼等青皮红肉的海水鱼。

3. 腌制生食动物性水产品和动物性干制品的微生物限量

腌制生食动物性水产品和动物性干制品的微生物限量应符合表 4-17 的规定。

表 4-17　　腌制生食动物性水产品和动物性干制品的微生物限量

项目	采样方案*及限量				检验方法
	N	c	m	M	
菌落总数*/(CFU/g)	5	2	5×10^4	10^5	GB 4789.2—2022
大肠菌群/(CFU/g)	5	2	10	10^2	GB 4789.3—2016 平板计数法

注：*样品的采样及处理按 GB 4789.1—2016 执行。

三、虾皮的质量标准

依据 SC/T 3205—2016《虾皮》，该标准适用以中国毛虾等小型虾为原料，经干燥等工序制成的产品。熟干虾皮：原料经加盐煮熟、干燥制得的虾皮。生干虾皮：原料直接干燥制得的虾皮。水产夹杂物指因原料不纯混杂于虾皮中的小鱼、小蟹、杂虾等水产动物。

1. 感官要求

虾皮的感官要求见表 4-18。

表 4-18　　虾皮的感官要求

项目	生虾皮	熟虾皮
色泽	有光泽，半透明，呈肉白色或淡黄色等虾皮自然色泽，无色变及霉变现象	有光泽，呈肉白色，淡红色或淡黄色等虾皮自然色泽，无色变及霉变现象
组织及形态	体型稍弯曲且基本完整，大小均匀，肉薄，稍硬，允许有少量碎末，干瘪而不发黏	体型弯曲且基本完整，大小均匀，肉质厚实，有柔韧性，允许有少量碎末，略有湿感而不发黏
滋味及气味	具有生虾皮固有的淡鲜味，无氨臭等异味	具有熟虾皮固有的咸鲜味，无氨臭等异味
其他	无虾糠，无杂质	—

2. 理化指标

虾皮的理化指标见表 4-19。

表 4-19　　虾皮的理化指标

项目	生干虾皮			熟干虾皮			熟半干虾皮		
	一级品	二级品	三级品	一级品	二级品	三级品	一级品	二级品	三级品
水分/(g/100g)		≤28			25~35			35~50	
盐分（以 NaCl 计）/%		≤5		≤5	≤8	≤10	≤5	≤8	≤10
水产夹杂物/(g/100g)	0	≤2	≤3	0	≤2	≤3	0	≤2	≤3

项目四

水产品掺伪鉴别检验

水产品一般系指鱼类、甲壳类、贝壳类、海藻类等鲜品及其加工制品，可按其生长的水域不同，分为海产品和淡水产品两大类。水产品是营养价值较高的一种动物性食品，并且其肉质细嫩，味道鲜美，易为人体消化吸收，深受人们的喜爱。

健康活鱼由于生活在有菌环境中，加上水产品本身含有较高的蛋白质和水分，一旦条件适宜，细菌就会大量生长繁殖，分解鱼体肌肉组织中的蛋白质、脂肪、碳水化合物，致使水产品腐败变质。并且有水产品掺伪事件发生。2012 年 12 月底，一个名为“Oceana”的海洋保护组织发布的报告披露，从抽样调查的 81 家纽约商场和餐馆发现，其出售的海鲜有约 39%都涉嫌假冒。

进行水产品掺伪鉴别检验必须先了解水产品质量标准。

一、水产品的感官鉴别

感官鉴别水产品及其制品的质量优劣时，主要是通过体表形态、鲜活程度、色泽、气味、肉质的弹性和洁净程度等感官指标进行综合评价的。对于水产品来讲，首先是观察其鲜活程度如何，是否具备一定的生命活力；其次是看外观形体的完整性，注意有无伤痕、鳞爪脱落、骨肉分离等现象；再次是观察其体表卫生洁净程度，即有无污秽物和杂质等；然后才是看其色泽，嗅其气味，有必要的话还要品尝其滋味。综上所述再进行感官评价。如在进行鱼的感官鉴别时，先观察其眼睛和鳃，然后检查其全身和鳞片，并同时用一块洁净的吸水纸浸吸鳞片上的黏液，然后观察和嗅闻，检查黏液的质量。必要时用竹签刺入鱼肉中，拔出后立即嗅其气味，或者切割小块鱼肉，煮沸后检验鱼汤的气味与滋味。

1. 鲜鱼质量优劣的感官鉴别

鲜鱼的感官鉴别见表 4-20。

表 4-20　　鲜鱼的感官鉴别

项目	新鲜鱼	次鲜鱼	变质鱼
体表	黏液透明，有光泽，气味正常	黏液浑浊，色泽暗淡，有酸味	黏液污秽，色泽暗晦，有腐败味
口鳃	口鳃紧闭，鳃呈鲜红色，揭开鳃盖可嗅到固有的腥味	口鳃微启，鳃呈淡玫瑰红色，有不快气味	口鳃完全张开，鳃呈污秽色，有臭味

续表

项目	新鲜鱼	次鲜鱼	变质鱼
眼	眼角膜光亮透明，眼球凸出	眼角膜暗淡，眼球略下陷	眼角膜浑浊，眼球四角发红，眼球完全下陷
腹部	发白、正常，不膨胀	淡黄色	腹部污秽，有破裂
鱼鳞	光亮、整洁，紧贴鱼体	色暗淡，不发松	浑浊无光，鳞片易脱落
鱼体弹性	手持鱼体往下垂，不弯曲，鱼体肌肉有弹性，不易压出凹陷或凹陷能迅速恢复	头尾下垂稍弯曲，鱼体紧密，压出凹陷后消失得很慢	鱼体易弯，肌肉松软，压出凹陷后不易消失
肛门	肛门内缩，清洁，呈苍白色或淡玫瑰红色	肛门膨胀，呈红色	肛门凸出，呈污红色
肌肉色泽	肌肉呈正常颜色	肌肉稍暗淡，在脊骨处的肌肉变为玫瑰红色	肌肉完全暗淡，在脊骨处的肌肉变为红色
在水中状态	沉在水中	浮在水中	腹部朝上浮起

2. 咸鱼质量优劣的感官鉴别

良质咸鱼：色泽新鲜，有光泽，体表完整、清洁，鳞片整齐无缺，肉质坚韧有弹性，具咸鱼特有风味，不发黏，无腐败异味，含盐量适度。

次质咸鱼：色泽暗淡，不新鲜，体表不洁，部分发红霉变，有轻度臭味，有小部分骨肉分离现象，肉质稍弱，弹性差。

劣质咸鱼：体表发黄或变红，不完整，骨肉分离，残鳞及污物较多，有霉变现象，肉质疏松，有明显腐败臭味。

3. 鱼干质量优劣的感官鉴别

鱼干质量优劣的感官鉴别见本模块“实训四　鱼干质量的感官鉴别”。

4. 对虾质量优劣的感官鉴别

新鲜对虾：色泽鲜艳，外壳呈半透明状，有光泽，虾黄呈自然色；虾体完整，甲壳与虾体连接紧密，头胸部与腹部连接膜不破裂；虾体清洁，允许渗出清水和局部渗血水；虾体肉质紧密，有弹性，具鲜虾固有气味，无异味。

次鲜对虾：虾体呈暗灰色，缺乏光泽，但虾体尚未变红，虾黄色泽稍暗，虾体基本完整，允许甲壳断节，但不能脱落，头胸部与腹部的连接膜可有不完全的破裂，虾体清洁，虾体肉质稍软，弹性稍差，无异常臭味。

腐败对虾：虾体色泽变红，无光泽，甲壳与虾体分离，头胸部与腹部脱开，虾体污秽不洁；肉质松软，有明显腥臭或氨臭味。

5. 虾油质量优劣的感官鉴别

良质虾油：色泽清而不混，油质浓稠，气味鲜浓而清香，咸味轻，洁净卫生。

次质虾油：色泽清而不混，但油质较稀，气味鲜，但无浓郁清香味，咸味轻重不一，清洁卫生。

劣质虾油：色泽暗淡混浊，油质稀薄如水，鲜味不浓，无清香味，口感苦涩。

6. 虾酱质量优劣的感官鉴别

良质虾酱：色泽粉红，有光泽，味清香，酱体呈黏稠的糊状，无杂质，清洁卫生。

劣质虾酱：呈土红色，无光泽，味腥臭，酱体稀薄，混有杂质。

7. 章鱼等头足类质量优劣的感官鉴别

新鲜头足类：具有本类固有的新鲜色泽，色素斑点清晰，体表有光泽，黏液多而清亮，体肉柔软光滑，有弹性，眼球饱满凸出，无异味。

变质头足类：色素斑点模糊并连成片，呈现红色，体表黏液混浊，体肉僵硬、发涩或过度松软，无弹性，眼球塌陷无光泽，有腥臭味。

8. 海蟹质量优劣的感官鉴别

新鲜海蟹：体表色泽鲜艳，背壳纹理清晰有光泽，腹部甲壳和中央沟部位的色泽洁白且有光泽，脐上部无胃印，鳃丝清晰，呈白色或微褐色，肢体连接紧密，提起蟹体时，不松弛也不下垂；活蟹反应机敏，动作快而有力。

次鲜海蟹：体表色泽微暗，光泽度差，腹脐部出现轻微“印迹”，腹面中央沟色泽暗淡，鳃丝尚清晰，但色浑暗，无异味，肢体连接程度较差，提起蟹体时，蟹足轻度下垂或挠动，活蟹反应迟钝，动作缓慢而软弱无力。

腐败海蟹：体表及腹部甲壳色暗，无光泽；腹部中沟出现灰褐色斑纹或斑块；鳃丝污秽模糊，呈暗灰色；属无生命的死蟹；肢体连接程度差，提起蟹体时，蟹足与蟹背呈垂直状态，足残缺不全。

9. 河蟹质量优劣的感官鉴别

新鲜河蟹：指活动能力很强的活蟹，动作灵敏，能爬行；放手上掂量，感觉厚实沉重。

次鲜河蟹：撑腿蟹，仰放时不能翻身，但蟹足能稍微活动；放手上掂量，感觉分量尚可。

劣质河蟹：指死蟹，蟹足全部伸展下垂；放手上掂量，给人以空虚轻飘的感觉。

10. 贝肉质量优劣的感官鉴别

新鲜贝肉：色泽正常且有光泽，无异味，手摸有爽滑感，弹性好。

不新鲜贝肉：色泽减退或无光泽，有酸味，手感发黏，弹性差。

新鲜赤贝：呈深黄褐或浅黄褐色，有光泽，弹性好。

不新鲜赤贝：呈灰黄色或浅绿色，无光泽，无弹性。

新鲜海螺肉：呈乳黄色或浅黄色，有光泽，有弹性，局部有玫瑰紫色斑点。

不新鲜海螺肉：呈白色或灰白色，无光泽，无弹性。

11. 海参质量优劣的感官鉴别

良质海参：参体大，个头整齐、均匀，有新鲜光泽，干度足（水分在22%以下），水发量大，形体完整，肉肥厚，肉刺齐全无缺损，开口端正，膛内无余肠和泥沙。

次质海参：个头均匀、整齐，干度足（水分在22%以下），肉稍薄，个别的有化皮现象，肉刺稍有损伤，膛内存留较少余肠、泥沙。

劣质海参：个头不整齐，肉薄，有化皮现象。

12. 海蜇头质量优劣的感官鉴别

良质海蜇头：呈黄色或棕黄色，有光泽，边缘无杂质，肉质坚实而具有韧性，无汤心，食之口感脆嫩。

次质海蜇头：呈茶褐色，光泽差，边缘有杂质，肉质松软，不具韧性，食之脆嫩感差。

劣质海蜇头：呈紫黑色，无光泽，肉厚似“肥肉”，有沙粒类杂质，手捏韧性差，手拿起时易碎裂，食之软烂，甚至有异味。

13. 海蜇皮质量优劣的感官鉴别

良质海蜇皮：呈白色、乳白色或淡黄色，表面湿润而有光泽，无明显的红点，肉质松脆而有韧性，口嚼时发响声；整张厚薄均匀，呈自然圆形，中间无破洞，边缘不破裂。

次质海蜇皮：呈灰白色或茶褐色，表面光泽度差，松脆程度差，无韧性，整张厚薄不均匀，形状不完整，有破碎现象。

劣质海蜇皮：表面呈现暗灰色或发黑，质地酥松，易撕开，无脆性和韧性，形状不完整，易破裂。

14. 海带质量优劣的感官鉴别

良质海带：呈深褐色或褐绿色，叶片长而宽阔，肉厚且不带根，表面有呈白色粉状的甘露醇，含砂和杂质量均较少。

次质海带：呈黄绿色，叶片短狭而肉薄，一般含砂量较高。

劣质海带：颜色暗红，甚至发白，或者颜色过于鲜艳；有腥味，甚至有霉变。

15. 紫菜质量优劣的感官鉴别

良质紫菜：表面有光泽，片薄，呈紫褐色或紫红色，口感柔软，有芳香味，清洁，无杂质。

次质紫菜：表面光泽差，片张厚薄不均匀，呈红色并夹杂有绿色，口感及芳香味较差，含杂藻多。

劣质紫菜：色泽发黑，厚薄不均匀甚至散条，味淡且没有鲜香味而海腥味重，有夹杂物，甚至有霉变。

16. 鱿鱼干质量优劣的感官鉴别

良质鱿鱼干：呈黄白色或粉红色，半透明，体表略有白霜，形体完整、均匀，呈扁平薄块状，肉腕无残缺，肉体洁净，无损伤，肉质结实、肥厚。

次质鱿鱼干：呈肉红色或粉红色，半透明，白霜略厚，体形基本完整、均匀，呈扁平薄块状，肉腕有残缺，肉体洁净，但有损伤，肉质稍松软，较薄。

劣质鱿鱼干：色泽深暗，白霜过厚，不透明，背部呈黑红色或暗灰色，形体不完整，有断头，肉腕残缺，肉质损伤甚至掉头、断腕，肉体松软而瘦薄，表面干枯。

17. 鱿鱼与乌贼鱼的鉴别

（1）形态　鱿鱼一般体形细长，末端呈长菱形，肉质鳍分列于胴体的两侧，倒过来观察时，很像一只“标枪头”。干品为扁平块状，稍显细长。乌贼鱼外形稍显扁宽，在其他特征上与鱿鱼也有区别，且干品为椭圆形。

（2）按压鉴别　将手指用力按一下鱼胴体中部，手感会有不同：如果较软，就是鱿鱼，因为鱿鱼仅有 1 条叶状的透明薄膜亘于体内；如果有坚硬感，就是乌贼鱼，因为乌贼鱼有 1 条船型的硬乌贼骨。

18. 污染鱼的感官鉴别

含有各种化学毒物的工业废水大量排入江、河、湖、海，使生活在这些水域里的鱼类发生中毒或变成畸形，人吃了这些带毒的鱼，就有可能中毒甚至癌变。

（1）鱼形的鉴别　受污染严重的鱼形体不整齐，头大、尾小，脊椎弯曲，甚至畸形，还有的皮膜发黄，尾部发青。

（2）鱼眼的鉴别　带毒的鱼眼球混浊，失去正常光泽，有的甚至向外鼓出。

（3）鱼鳃的鉴别　鳃是鱼的呼吸器官，大量毒物可能积蓄在这里。有毒的鱼鳃不光滑，较粗糙，呈暗红色。

（4）气味的鉴别　正常鱼有鱼腥味，被污染的鱼则气味异常，根据毒物的不同而呈大蒜味、氨味、煤油味、火药味等，含酚量高的鱼鳃还可能被点燃。

经感官鉴别后确定了品级的水产品及其制品，应按如下原则进行处理。

①新鲜水产品或良质水产制品不受限制，可自由出售以供食用。但上市的黄鳝、甲鱼、乌龟、河蟹及各种贝壳类均应鲜活出售，凡已死亡的均不得出售和加工食用。

②次鲜水产品或次质水产制品应立即出售以供食用。但应严格限定销售时间，不得贮藏，其间如发现进一步变质，即应按腐败食品处理。

③变质水产品及其制品禁止食用，也禁止作为食品加工原料。应根据其腐败变质程度，分别加工成饲料、肥料，或在严格的监督下予以毁弃。

二、水产品鲜度的快速检验

1. pH 的测定

变质水产品会产生氨，使 pH 升高。

（1）原理　判断标准：新鲜鱼的 pH 为 6.5~6.8；次鲜鱼的 pH 为 6.9~7.0；

变质鱼的 pH 为 7.1 以上。

（2）检验方法　用干净的刀将鱼肉依肌纤维横断剖切，但不将肉块完全切断，撕下 1 条 pH 试纸，以其长度的 2/3 紧贴肉面，合拢剖面，夹紧纸条，5min 后取出与标准色板比较，直接读取 pH 的近似数值。

2. 硫化氢的测定

变质水产品会产生硫化氢。

（1）原理　在硫酸介质中，次鲜鱼、变质鱼产生的硫化氢与醋酸铅反应生成硫化铅，呈褐色。新鲜鱼在滴醋酸铅碱性液处其色泽无变化；次鲜鱼在接近滴液边缘处呈现微褐色或褐色痕迹；变质鱼的滴液处全是褐色，边缘处色较深，或全部呈深褐色。

（2）检验方法　称取检样鱼肉 20g，装入小广口瓶内，加入 10%硫酸溶液 40mL，取大于瓶口的方形或圆形滤纸 1 张，在滤纸中央滴 10%醋酸铅碱性液 1~2 滴，然后将有液滴的一面向下盖在瓶口上，并用橡皮圈扎好。15min 后取下滤纸，观察其颜色有无变化。

3. 氨的测定

腐败鱼含氨。

（1）原理　腐败鱼含氨，会与爱贝尔试液反应生成 NH_4Cl，呈现白色雾状；新鲜鱼无白色雾出现；次鲜鱼在取出检样离开试管的瞬间，有少许白色雾出现，但立即消散，或检样放入试管后，经数秒钟后才出现明显的雾状；变质鱼样放入试管后，立即出现雾状。

（2）试剂　爱贝尔试液（盐酸-乙醚-酒精混合）。

（3）检验方法　取一块蚕豆大鱼肉，挂在一端附有胶塞而另一端带钩的玻璃棒上，用吸管吸取爱贝尔试液 2mL，注入试管内，稍加振摇后，把带胶塞的玻璃棒放入试管内（注意：勿碰管壁），直到检样距液面 1~2cm 处，迅速拧紧胶塞，立即在黑色背景下观察，看试管中样品周围的变化。

三、河豚毒素的快速检验

河豚毒素系小分子质量非蛋白质类神经毒素，其毒性比剧毒药物氰化钾还要大 1000 倍，对体重为 70kg 的人致死量仅为 0.5mg。人一般在食用河豚后 0.5~1h 出现中毒症状，首先感觉手指、唇和舌有刺痛，随后是恶心、呕吐、腹泻，最后出现口唇、指尖和四肢麻木。中毒严重者最终死于呼吸肌麻痹。

检验方法具体见本模块“实训五　鱼样中河豚毒素的快速检验”。准确测定按 GB 5009.206—2016《食品安全国家标准　水产品中河豚毒素的测定》，采用小鼠生物法、液相色谱-串联质谱法、液相色谱-荧光检测法、酶联免疫吸附法。

四、水产品中甲醛含量的测定

甲醛是一种原生质毒，具有防腐、定型、漂白的作用，但对人体危害较大，摄取少量即能阻止胃酶和胰酶的消化作用，影响代谢机能。因其毒性大，国家已明确规定禁止在食品中加入甲醛等非食品用化学物质。但一些不法商贩为了达到水产品防腐、保鲜、外观好看的目的，仍用甲醛水溶液浸泡水产品销售，以牟取暴利。为了维护消费者的利益，保障人民的身体健康，加强对食品尤其是水产食品中甲醛含量的检测具有重要意义。

SC/T 3025—2006《水产品中甲醛的测定》规定了水产品中甲醛含量的测定方法：定性方法、分光光度法、高效液相色谱法。这里介绍水产品中甲醛的定性方法和分光光度法。

1. 定性筛选方法

（1）原理　利用水溶液中游离的甲醛与某些化学试剂的特异性反应，形成特定的颜色进行鉴别。

（2）仪器　组织捣碎机，10mL 纳氏比色皿。

（3）试剂　10g/L 间苯三酚溶液，40g/L 盐酸苯肼溶液，10%盐酸溶液，50g/L 亚硝基亚铁氰化钠溶液，100g/L 氢氧化钾溶液。

（4）操作步骤

①取样：鲜活水产品取肌肉可食部位测定，鱼类去头、去鳞，取背部和腹部肌肉；虾去头、去壳、去肠腺后取肉；贝类去壳后取肉；蟹类去壳、去性腺和肝脏后取肉。冷冻水产品经半解冻直接取样，不可用水清洗。水发水产品可取其水发溶液直接测定，或将样品沥水后，取可食部分测定。干制水产品取肌肉等可食部分测定。

②试样的制备：可直接取用水发水产品的水发溶液，进行定性筛选实验。将取得的样品用组织捣碎机捣碎，称取 10g 于三角瓶中，加入 20mL 蒸馏水，振荡 30min，离心后取上清液作为制备液进行定性测定。

③测定。

间苯三酚法：取样品制备液 5mL 于 10mL 纳氏比色管中，然后加入 1mL 10g/L 间苯三酚溶液，2min 内观察其颜色变化。溶液若呈橙红色，则有甲醛存在，且甲醛含量较高；溶液若呈浅红色，则含有甲醛，且含量较低；溶液若无颜色变化，甲醛未检出。此法操作时显色时间短，应在 2min 内观察颜色变化。水发鱿鱼、水发虾仁等样品的制备液因带浅红色，不适合此法。

亚硝基亚铁氰化钠法：取样品制备溶液 5mL 于 10mL 纳氏比色管中，然后加入 1mL 40g/L 盐酸苯肼溶液，3~5 滴新配的 50g/L 亚硝基亚铁氰化钠溶液，再加入 3~5 滴 100g/L 氢氧化钾溶液，5min 内观察颜色变化。溶液若呈蓝色或灰蓝色，说明有甲醛，且甲醛含量高；溶液若呈浅蓝色，说明有甲醛，且甲醛含量低；溶液若呈浅黄色，甲醛未检出。此方法呈色时间短，应在5min内观察颜色变化。

以上两种方法中任何一种都可以作为甲醛的定性测定方法，必要时两种方法同时使用。

2. 分光光度法

分光光度法具体见本模块“实训六　水产品中甲醛含量的测定——分光光度法”。

五、水产品中孔雀石绿残留量的测定

孔雀石绿是一种带有金属光泽的绿色结晶体，又名碱性绿、盐基块绿、孔雀绿。它既是杀真菌剂，又是染料。渔民用它来预防鱼的水霉病、鳃霉病、小瓜虫病等。为使鳞受损的鱼延长生命，在运输过程中也常使用孔雀石绿。研究结果表明，孔雀石绿在鱼体内残留时间长，且具有高毒素、高残留和致癌、致畸、致突变等不良反应。我国于2002年5月将孔雀石绿列入《食品动物禁用的兽药及其它化合物清单》中。但是，因为其价格便宜，而且其治疗水霉病等的功效是其他药物所不能替代的，使得孔雀石绿并没有彻底退出渔业市场。因此，加强对水产品中使用违禁药物孔雀石绿的监管和检测刻不容缓。

依据GB/T 20361—2006《水产品中孔雀石绿和结晶紫残留量的测定　高效液相色谱荧光检测法》。

1. 原理

样品中残留的孔雀石绿用硼氢化钾还原为其代谢产物，乙腈-乙酸铵缓冲混合液提取，二氯甲烷液萃取，固相萃取柱净化，反相色谱柱分离，荧光检测器检测，外标法定量。

2. 主要试剂

硼氢化钾溶液（0.03mol/L）；硼氢化钾溶液（0.2mol/L）；20%盐酸羟胺溶液；对-甲苯磺酸溶液（0.05mol/L）；乙酸铵缓冲溶液（0.1mol/L）；乙酸铵缓冲溶液（0.125mol/L）。

孔雀石绿标准储备溶液100μg/mL（用乙腈配制）；孔雀石绿标准中间溶液1μg/mL。

孔雀石绿标准工作溶液：临用时准确吸取一定量标准中间溶液，加入硼氢化钾溶液0.40mL，用乙腈准确稀释至2.00mL。

3. 主要仪器与装置

高效液相色谱仪（配荧光检测器）；电子天平；匀浆机；离心机；涡旋振荡器；旋转蒸发器；固相萃取装置。

酸性氧化铝固相萃取柱；Varian PRS柱；丙基磺酸阳离子树脂（PRS）。

4. 样品制备

（1）取样　鱼类去鳞、去皮，沿背脊取肌肉部分；虾去头、壳、肠腺，取肌肉部分；蟹、甲鱼取可食部分。样品切为不大于0.5cm×0.5cm×0.5cm的小块后混合。

（2）提取　称取5.00g样品于50mL离心管内，加入10mL乙腈，10000r/min匀浆提取30s，加入5g酸性氧化铝，振荡2min，4000r/min离心10min，上清液转移至125mL分液漏斗中，在分液漏斗中加入2mL二甘醇，3mL硼氢化钾溶液，振摇2min。

另取50mL离心管加入10mL乙腈，洗涤匀浆机刀头10s，洗涤液移入前一离心管中，加入3mL硼氢化钾溶液，用玻棒捣散离心管中的沉淀并搅匀，在涡旋振荡器上振荡1min，静置20min，4000r/min离心10min，上清液并入125mL分液漏斗中。

在50mL离心管中继续加入1.5mL盐酸羟胺溶液、2.5mL对甲苯磺酸溶液和5mL乙酸铵缓冲溶液，振荡2min，再加入10mL乙腈，继续振荡2min，4000r/min离心10min，上清液并入125mL分液漏斗中，重复上述操作一次。

在分液漏斗中加入20mL二氯甲烷，具塞，剧烈振摇2min。静置分层，将下层溶液转移至250mL茄形瓶中，继续在分液漏斗中加入5mL乙腈，10mL二氯甲烷，振摇2min，把全部溶液转移至50mL离心管，4000r/min离心10min，下层溶液合并至250mL茄形瓶，45℃旋转蒸发至近干，用2.5mL乙腈溶解残渣。

（3）净化　将PRS柱安装在固相萃取装置上，上端连接酸性氧化铝固相萃取柱，用5mL乙腈活化，转移提取液到柱上，再用乙腈洗茄形瓶二次，每次2.5mL，依次过柱，弃去酸性氧化铝柱，吹PRS柱近干，在不抽真空的情况下，加入3mL等体积的乙腈和乙酸铵溶液，收集洗脱液，乙腈定容至3mL，过0.45μm滤膜，供液相色谱测定。

5. 测定

（1）色谱条件　色谱柱：ODS-C_{18}柱，250mm×4.6mm（内径），粒度5μm。

流动相：乙腈+乙酸铵缓冲溶液（0.125mol/L，pH4.5，80+20）。

流速：1.3mL/min。

柱温：35℃。

激发波长：265nm。

发射波长：360nm。

进样量：20μL。

（2）色谱分析　分别注入20μL孔雀石绿标准工作溶液及样品提取液于液相色谱仪中，按上述条件进行色谱分析，记录峰面积，响应值均应在仪器检测的线性范围内。根据标准样品的保留时间定性，外标法定量。

6. 结果计算

样品中孔雀石绿、无色孔雀石绿含量按下式计算。

$$X=\frac{A\times c_s\times V}{A_s\times m\times 1000}$$

式中 X——样品中孔雀石绿残留量，mg/kg；

c_s——标准工作溶液浓度，μg/kg；

A——试样液中孔雀石绿的峰面积；

V——样品最终定容体积，mL；

A_s——标准工作溶液中孔雀石绿的峰面积；

m——样品质量，g。

六、水产品中组胺含量的测定

水产鱼中含有较高含量的组胺酸，在存放过程中，由于受某些微生物的作用，鱼体中组胺酸脱羧而形成组胺。组胺可作为水产品中微生物腐败的指标。目前在国内由组胺引起的食物中毒也时有发生，因此应对水产品中的组胺开展检测。

水产品中组胺含量的测定依据 GB/T 5009. 208—2016《食品安全国家标准　食品中生物胺的测定》。

1. 原理

组胺属于生物碱，溶于水及乙醇。组胺是由鱼体内的游离组氨酸在鱼的存放过程中经脱羧而形成的，温度升高时则组胺形成的更多。鱼体中的组胺被水或极性有机溶剂提取后，在弱碱条件下，能与偶氮试剂反应生成橙色物质，利用这一点，可以对组胺进行定性或定量检测。

2. 主要仪器

可见分光光度计。

3. 主要试剂

（1）偶氮试剂　甲液 5mL、乙液 40mL 混合后立即使用。

①甲液：称取对硝基苯胺 0. 5g，加盐酸 5mL 溶解后，再加水至 200mL，置于冰箱中。

②乙液：0. 1mol/L 亚硝酸溶液，临用现配。

（2）组胺标准液（1. 0mg/mL）　准确称取磷酸组胺 0. 276g，溶于水，移入 100 mL 容量瓶中，加水至刻度。

（3）组胺标准使用液（20μg/mL）　准确吸取 1. 0mL 组胺标准溶液，置于 50mL 容量瓶中，加水至刻度。

4. 操作方法

（1）样品处理　称取切碎的鱼制品样品 5~10g，置于具塞三角瓶中，加入 100g/L 三氯乙酸溶液 15~20mL，浸泡 2~3h，过滤。吸取滤液 2. 0 mL，置于分液漏斗中，加 250g/L 氢氧化钠溶液使其呈碱性，每次加入正戊醇，振摇 5min，提取

3次，合并正戊醇并稀释至10.0mL。吸取正戊醇提取液2.0mL于分液漏斗中，每次加盐酸（1+11）3mL振摇提取3次，合并盐酸提取液并稀释至10.0mL，备用。

（2）测定　吸取盐酸提取液2mL及组胺标准使用液0.0，0.2，0.4，0.6，0.8，1.0mL（相当于0，4，8，12，16，20μg组胺），分别置于10mL比色管中，加水至1mL，再各加入盐酸（1+11）1mL，各加50g/L碳酸钠溶液3mL，偶氮试剂3mL，加水至刻度，混匀。放置10min后，用1cm比色皿480nm波长处测吸光度。

5. 计算

$$\text{组胺含量（mg/100g）}=\frac{m_1}{m_2\times\frac{2}{V_1}\times\frac{2}{10}\times\frac{2}{10}\times1000}\times100$$

式中　V_1——三氯乙酸溶液的体积，mL；

m_1——所取样液中组胺的测得值，μg；

m_2——样品中质量，g。

GB 5009.208—2016《食品安全国家标准　食品中生物胺的测定》，该标准规定了食品中色胺、β-苯乙胺、腐胺、尸胺、组胺、酪胺、亚精胺和精胺含量的测定方法。该标准适用于水产品（鱼类及其制品、虾类及其制品）等中生物胺的测定，可采用高效液相色谱法测定。

七、水发产品中过氧化氢含量的测定

水发产品是广大消费者较喜爱的食品，但一些不法商贩在水发液中添加某些禁用化学物质如双氧水（过氧化氢）等，使水发产品韧性好，还可达到防腐、漂白的目的，但会给消费者的健康带来危害。

水发产品中过氧化氢含量的测定可按GB 5009.226—2016《食品安全国家标准　食品中过氧化氢残留量的测定》中第一法碘量法。

1. 原理

食品中的强氧化物在稀硫酸中使碘化钾氧化，产生定量的碘，生成的碘以淀粉作指示剂，用硫代硫酸钠标准溶液滴定得到强氧化物总量。加入过氧化氢酶分解去除试样中的过氧化氢，用硫代硫酸钠标准溶液滴定去除过氧化氢后的其他氧化物含量。用二次滴定结果之差可计算得到样品中的过氧化氢的含量。

2. 主要试剂

淀粉指示剂（10g/L）；0.1%过氧化氢酶溶液；10%硫酸溶液；3%钼酸铵溶液；碘化钾溶液（100g/L）；0.1mol/L硫代硫酸钠标准储备液；0.002mol/L硫代硫酸钠标准使用液。

3. 主要仪器

电子天平，高速捣碎机。

4. 试样制备

称取粉碎均匀的试样可食部分 10g（精确到 0.01g），加适量水溶解，转移入 100mL 容量瓶中，加水定容至刻度，摇匀，浸泡 30min，用滤纸过滤，滤液作为试样液备用。

5. 测定

分别吸取滤液 25.0mL，置于 A、B 二个 250mL 碘量瓶中，A 瓶中加入 0.1%过氧化氢酶溶液 0.5mL，加盖混匀，放置 10min，于 A、B 二瓶中各加 10%硫酸溶液 5.0mL，10%碘化钾溶液 5.0mL，3%钼酸铵溶液 3 滴，混匀，于暗处放置 10min，各加水 50mL，分别用硫代硫酸钠标准溶液滴定，待滴至微黄色时，加淀粉指示剂 0.5mL，继续滴至蓝色消失，分别记录 A、B 二瓶消耗硫代硫酸钠标准溶液的体积数。

6. 分析结果表述

试样中过氧化氢含量计算如下。

$$X=\frac{(V_B-V_A)\times c\times B\times V_1\times 17.01}{m\times V_2}\times 1000$$

式中 X——试样中过氧化氢含量，mg/kg；

V_B——B 瓶中消耗硫代硫酸钠标准滴定溶液体积，mL；

V_A——A 瓶中消耗硫代硫酸钠标准滴定溶液体积，mL；

c——硫代硫酸钠标准溶液浓度，mol/L；

V_1——试样处理总体积，mL；

V_2——测定用样液体积，mL；

m——试样质量，g；

B——样品稀释倍数；

17.01——与 1.00mL 硫代硫酸钠标准溶液（1.000mol/L）相当的过氧化氢的质量，mg；

1000——换算系数。

思考题

1. 鲜、冻畜禽肉品的质量标准主要有哪两项？

2. 鲜、冻片猪肉的感官要求有哪几项？

3. 中式香肠的感官要求有哪些？

4. 新鲜猪肉、次鲜猪肉、变质猪肉的外观检查与鉴别、气味鉴别、弹性检查与鉴别、脂肪鉴别、肉汤检验与鉴别各有何不同？

5. 如何进行灌水畜、禽的感官鉴别？

6. 酱卤畜、禽肉制品怎样进行感官鉴别？
7. 如何采用 pH 试纸快速测定法判断健康牲畜肉、次鲜肉、变质肉？
8. 简述肉制品中挥发性盐基氮的测定原理。
9. 简述畜、禽肉及其制品中淀粉的测定方法原理。
10. 一级品、二级品、三级品虾皮的感官指标有什么不同？
11. 鉴别新鲜鱼、次鲜鱼、变质鱼的感官有什么不同？
12. 举例说明水产品鲜度的快速检验方法。
13. 简述分光光度法水产品中甲醛含量的测定原理。
14. 简述水发产品中过氧化氢含量的测定方法。

实训内容

实训一

冻猪肉的感官鉴别

一、实训目的

使学生了解冻猪肉的感官特征，并掌握冻猪肉的感官鉴别方法。

二、实训原理

（1）色泽　良质冻猪肉的肌肉呈均匀的红色，有光泽，脂肪洁白，无霉点。次质冻猪肉的肌肉红色稍暗，缺乏光泽，脂肪微黄，可有少量霉点。变质冻猪肉的肌肉色泽暗红，无光泽，脂肪呈灰黄或灰绿色，有霉斑或霉点。

（2）组织状态　良质冻猪肉肉质紧密，有坚实感；次质冻猪肉肉质软化或松弛；变质冻猪肉肉质松弛。

（3）黏度　良质冻猪肉外表及切面微湿润，不黏手；次质冻猪肉外表湿润，微黏手，切面有渗出液，但不黏手；变质冻猪肉外表湿润，黏手，切面有渗出液亦黏手。

（4）气味　良质冻猪肉无臭味、异味；次质冻猪肉稍有氨味或酸味；变质冻猪肉具有严重的氨味、酸味或臭味。

三、实训方法

1. 冻猪肉的鉴别

可取样品在自然光线下用触觉鉴别法鉴别组织状态，视角鉴别法鉴别色泽，嗅觉鉴别法鉴别气味。

凭借触觉来鉴别食品的膨、松、软、硬、弹性（稠度），以评价食品品质的优劣。在感官测定食品的硬度（稠度）时，要求温度应在 15~20℃，因为温度的升降会影响到食品状态的改变。

视觉鉴别应在白昼的散射光线下进行，以免灯光隐色发生错觉。鉴别时应注意整体外观、大小、形态、块形的完整程度、清洁程度，表面有无光泽、颜色的深浅色调等。

在进行嗅觉鉴别时常需稍稍加热，但最好是在15~25℃的常温下进行，因为食品中的气味挥发性物质常随温度的高低而增减。在鉴别食品的异味时，液态食品可滴在清洁的手掌上摩擦，以增加气味的挥发；食品气味鉴别的顺序应当是先识别气味淡的，后鉴别气味浓的，以免影响嗅觉的灵敏度。

2. 加热后肉汤的鉴别

可将试样切碎，称取20g，置于200mL烧杯中，加水100mL，盖上表面皿，加热至50~60℃，取下表面皿，用嗅觉鉴别法鉴别气味。煮沸后鉴别肉汤性状、脂肪凝聚状况。降至室温后品尝肉汤滋味。

在进行食品的滋味鉴别时，最好使食品处在20~45℃，以免温度的变化会增强或减低对味觉器官的刺激。几种不同味道的食品在进行感官评价时，应当按照刺激性由弱到强的顺序，最后鉴别味道强烈的食品，每鉴别一种食品之后必须用温水漱口。

四、实训要求

叙述冻猪肉的感官特征，进行总结，给出结论：样品是良质？次质？还是变质冻猪肉？

实训二

肉制品中挥发性盐基氮的测定

一、实训目的

使学生了解肉制品中挥发性盐基氮含量的测定方法，并掌握半微量定氮法的操作。

二、实训原理

依据GB 5009.228—2016《食品安全国家标准　食品中挥发性盐基氮的测定》，挥发性盐基氮是动物性食品由于酶和细菌的作用，在腐败过程中，使蛋白质分解而产生氨以及胺类等碱性含氮物质，挥发性盐基氮具有挥发性，在碱性溶液中蒸出，利用硼酸溶液吸收后，用标准酸溶液滴定计算挥发性盐基氮含量。

三、实训方法

1. 试剂

10g/L氧化镁悬浮液；20g/L硼酸溶液；三氯乙酸溶液（20g/L）；混合指示剂（2份甲基红+1份次甲基蓝指示剂混合）；0.010mol/L盐酸或硫酸标准溶液。

2. 主要仪器

天平，搅拌机，具塞锥形瓶，半微量定氮器，微量滴定管。

3. 分析步骤

（1）试样处理　将试样除去脂肪、骨及腱后，取可食部分绞碎搅匀。称样10~20g，精确至0.001g，置于具塞锥形瓶中，准确加入100.0mL水，不时振摇，样匀，浸渍30min后过滤，滤液置冰箱（0~4℃）备用。

（2）测定　向接收瓶内加入10mL硼酸溶液，5滴混合指示剂，并使冷凝管下端插入液面下，准确吸取10.0mL滤液，注入反应室。再注入5mL氧化镁混悬液，立即将玻塞盖紧，并加水以防漏气，通入蒸汽，进行蒸馏，蒸馏5min后，取下蒸馏液接受瓶。用盐酸标准溶液或硫酸标准溶液滴定，终点至蓝紫色。同时做空白实验。

四、实训要求

1. 结果计算

$$x=\frac{(V_1-V_2)\times c\times 14}{m\times(10/100)}\times 100$$

式中　x——试样中挥发性盐基氮的含量，mg/100g；

V_1——测定用样液消耗盐酸或硫酸标准溶液的体积，mL；

V_2——试剂空白消耗盐酸或硫酸标准溶液的体积，mL；

c——盐酸或硫酸标准溶液的浓度，mol/L；

14——与1.00mL盐酸标准滴定溶液［c（HCl）=1.000mol/L］或硫酸标准滴定溶液相当的氮的质量，mg；

m——试样质量，g。

2. 进行总结

实训三

火腿肠中淀粉含量的测定

一、实训目的

使学生了解火腿肠中淀粉含量的测定方法，并掌握碘量法的操作。

二、实训原理

按GB 5009.9—2016《食品安全国家标准　食品中淀粉的测定》第三法操作。

试样中加入氢氧化钾-乙醇溶液，在沸水浴上加热后，滤去上清液，用热乙醇洗涤沉淀除去脂肪和可溶性糖，沉淀经盐酸水解后，用碘量法测定形成的葡萄糖并计算淀粉含量。

三、实训方法

1. 主要试剂

氢氧化钾-乙醇溶液（50g/L）；80%乙醇溶液；1.0mol/L盐酸溶液；10g/L溴百里酚蓝的乙醇溶液；300g/L氢氧化钠溶液；蛋白沉淀剂（溶液A：铁氰化

钾；溶液 B：乙酸锌-冰乙酸）碱性铜试剂（硫酸铜-碳酸钠-柠檬酸）；淀粉指示剂（10g/L）；0.1mol/L 硫代硫酸钠标准溶液；100g/L 碘化钾溶液；盐酸溶液（10+6）。

2. 主要仪器

天平，绞肉机，水浴锅。

3. 分析步骤

（1）试样制备　试样不少于200g，用绞肉机绞二次并混匀。

（2）淀粉分离　称取试样25g（精确到0.01g）放入500mL烧杯中，加入热氢氧化钾-乙醇溶液300mL，用玻璃棒搅匀，盖上表面皿，在沸水浴上加热1h，不时搅拌。然后，将沉淀完全转移到漏斗上过滤，用80%热乙醇洗涤沉淀数次。

（3）水解　将滤纸钻孔，用1.0mol/L 盐酸溶液 100mL，将沉淀完全洗入250mL烧杯中，盖上表面皿，在沸水浴中水解2.5h，不时搅拌。

溶液冷却到室温，用氢氧化钠溶液中和至 pH 约为 6，（不要超过 6.5）。将溶液移入200mL容量瓶中，加入蛋白质沉淀剂溶液 A 3mL，混合后再加入蛋白质沉淀剂溶液 B 3mL，用水定容到刻度，摇匀，经不含淀粉的滤纸过滤。滤液中加入氢氧化钠溶液 1~2 滴，使之对溴百里酚蓝指示剂呈碱性。

（4）测定　准确取一定量滤液（V_2）稀释到一定体积（V_3），然后取25.0mL（最好含葡萄糖 40~50mg）移入碘量瓶中，加入 25.0mL 碱性铜试剂，装上冷凝管，在电炉上 2min 内煮沸。随后改用小火继续煮沸 10min，迅速冷却至室温，取下冷凝管，加入碘化钾溶液 30mL，小心加入盐酸溶液 25.0mL，盖好盖待滴定。

用硫代硫酸钠标准溶液滴定上述溶液中释放出来的碘。当溶液变成浅黄色时，加入淀粉指示剂 1mL，继续滴定直至蓝色消失，记下消耗的硫代硫酸钠标准溶液体积。

同一试样进行 2 次测定并做空白实验。

四、实训要求

1. 葡萄糖量的计算

按下式计算消耗硫代硫酸钠的量（x_1）。

$$x_1 = 10\times c\times (V_0-V_1)$$

式中　x_1——消耗硫代硫酸钠的量，mmol；

c——硫代硫酸钠溶液的浓度，mol/L；

V_0——空白实验消耗硫代硫酸钠溶液的体积，mL；

V_1——试样消耗硫代硫酸钠的体积，mL；

10——换算系数。

根据 x_1 从表 4-21 中查出相应的葡萄糖量（m_1，mg）。

表 4-21　　硫代硫酸钠的量（x_1）同葡萄糖量（m_1）的换算

x_1/mmol	相应的葡萄糖量		x_1/mmol	相应的葡萄糖量	
	m_1/mg	Δm_1/mg		m_1/mg	Δm_1/mg
1	2.4		13	33.0	2.7
2	4.8	2.4	14	35.7	2.7
3	7.2	2.4	15	38.5	2.8
4	9.7	2.5	16	41.3	2.8
5	12.2	2.5	17	44.2	2.9
6	14.7	2.5	18	47.1	2.9
7	17.2	2.5	19	50.0	2.9
8	19.8	2.6	20	53.0	3.0
9	22.4	2.6	21	56.0	3.0
10	25.0	2.6	22	59.1	3.1
11	27.6	2.6	23	62.2	3.1
12	30.3	2.7			

2. 淀粉含量的计算

按下式计算淀粉含量。

$$x_2=\frac{m_1}{1000}\times 0.9\times\frac{V_3}{25}\times\frac{200}{V_2}\times\frac{100}{m_0}$$
$$=0.72\times\frac{V_3}{V_2}\times\frac{m_1}{m_0}$$

式中　x_2——淀粉的含量，%；

m_1——葡萄糖的含量，mg；

V_2——取原液的体积，mL；

V_3——稀释后的体积，mL；

m_0——试样的质量，g；

0.9——葡萄糖折算成淀粉的换算系数。

3. 进行总结，给出结论

实训四

鱼干质量的感官鉴别

一、实训目的

使学生了解鱼干质量的感官鉴别方法，并掌握鱼干感官鉴定的操作。

二、实训原理

实训原理可见本模块“项目四　水产品掺伪鉴别检验”的“一、水产品的感官鉴别”。

良质鱼干：外表洁净，有光泽，表面无盐霜，鱼体呈白色或淡黄色，完整，干度足，肉质韧性好，切割刀口处平滑，无裂纹、破碎和残缺现象，具有干鱼的正常气味。

次质鱼干：外表光泽度差，色泽稍暗，鱼体基本完整，但肉质韧性较差，有轻微的异味。

劣质鱼干：体表暗淡色污，无光泽，发红或呈灰白、黄褐、浑黄色，肉质疏松，有裂纹、破碎或残缺现象，水分含量高，有酸味、脂肪酸败或腐败臭味。

三、实训方法

实训方法参见本模块“实训一　冻猪肉的感官鉴别”中“三、实训方法”。

四、实训要求

叙述鱼干的感官特征，进行总结，给出结论：样品是良质？次质？还是变质鱼干？

实训五

鱼样中河豚毒素的快速检验

一、实训目的

使学生了解河豚毒素的快速检验的方法，并掌握其操作。

二、实训原理

河豚毒素溶于硫酸中，加入少量重铬酸钾，如有河豚毒素，则显示出鲜艳的绿色。

三、实训方法

1. 样品的处理

将适量鱼体样品捣碎，用水浸渍 10min 并充分搅拌，静置后过滤，在所得滤液中加入适量乙酸铅，滤去沉淀，向滤液中通入硫化氢，反应后过滤，除去剩余的铅。向滤液中滴加碘化钾或氧化汞溶液，使胆碱等物质沉淀后滤去。将滤液置于真空干燥器中，蒸发干燥后所得的残渣用无水乙醇多次浸渍，不能溶于无水乙醇的那部分物质略呈黄色，即为初制河豚毒素。

2. 检验操作

将残渣溶于硫酸中，加入少量重铬酸钾。如有河豚毒素，则呈现出鲜艳的绿色。

也可将残渣加水溶解，煮沸 2min 灭菌，放冷后，注射于青蛙腹腔内。如为河豚毒素，则数分钟后可见青蛙呈麻痹状态，最后呼吸麻痹而死亡。

四、实训要求

进行总结，给出结论。

实训六

水产品中甲醛含量的测定——分光光度法

一、实训目的

使学生了解水产品中甲醛含量的测定方法——分光光度法，并掌握水产品中甲醛含量的测定——分光光度法的操作。

二、实训原理

按 SC/T 3025—2006《水产品中甲醛的测定》，水产品中的甲醛在磷酸介质中经水蒸气加热蒸馏，冷凝后经水溶液吸收，蒸馏液与乙酰丙酮反应，生成黄色的二乙酰基二氢二甲基吡啶，用分光光度计在波长 413nm 处比色定量。

三、实训方法

1. 主要仪器

分光光度计（波长范围为 360~800nm），组织捣碎机，蒸馏装置。

2. 主要试剂

磷酸溶液（1+9），乙酰丙酮溶液，0.1mol/L 碘溶液，1mol/L NaOH 溶液，硫酸溶液（1+9），0.1mol/L 硫代硫酸钠标准溶液，5g/L 淀粉溶液，甲醛标准储备溶液（0.3mL 含量为 36%~38%甲醛溶液于 100mL 容量瓶中，加水至刻度），甲醛标准溶液（5μg/mL）。

3. 样品处理

将取得的样品，用组织捣碎机捣碎，混合均匀后称取 10.00g 于 250mL 圆底烧瓶中，加入 20mL 蒸馏水，用玻璃棒搅拌混匀，浸泡 30min 后加 10mL 磷酸（1+9）溶液后立即通入水蒸气蒸馏。接收管下口事先插入盛有 20mL 蒸馏水且置于冰浴的蒸馏液接收装置中。收集蒸馏液至 200mL，同时做空白对照实验。

4. 操作方法

（1）甲醛标准贮备溶液的标定　精密吸取甲醛标准贮备溶液 10.00mL，置于 250mL 碘量瓶中，加入 25.00mL 0.1mol/L 硫代硫酸钠溶液，7.5mL 1mol/L NaOH 溶液，放置 15min；再加入 10.00mL（1+9）硫酸溶液，放置 15min；用浓度为 0.1mol/L 硫代硫酸钠标准溶液滴定，当滴至淡黄色时，加入 1.00mL 5g/L 淀粉指示剂，继续滴定至蓝色消失，记录所用硫代硫酸钠体积（V_1，mL）。同时用水做试剂空白滴定，记录空白滴定所用硫代硫酸钠体积（V_0，mL）。

甲醛标准贮备液的浓度用下式计算。

$$X_1=(V_0-V_1)\ c\times15\times1000/10$$

式中　X_1——甲醛标准贮备液中甲醛的浓度，mg/L；

V_0——空白滴定消耗硫代硫酸钠标准溶液的体积，mL；

V_1——滴定甲醛消耗硫代硫酸钠标准溶液的体积，mL；

c——硫代硫酸钠标准溶液浓度，mol/L；

15——0.1mol/L 碘溶液相当甲醛的量，mg；

10——所用甲醛标准贮备液的体积，mL。

（2）标准曲线的绘制　精密吸取 5μg/mL 甲醛标准溶液 0，2.0，4.0，6.0，8.0，10.0mL 于 20mL 纳氏比色管中，加水至 10mL；加入 1mL 乙酰丙酮溶液，混合均匀，置于沸水浴中加热 10min，取出用水冷却至室温，以空白液为参比，于波长 413nm 处，以 1cm 比色皿进行比色，测定吸光度，绘制标准曲线。

（3）样品测定　根据样品蒸馏液中甲醛浓度的高低，吸取蒸馏液 1~10mL，补充蒸馏水至 10mL，测定过程同标准曲线绘制，记录吸光度。

四、实训要求

1. 结果计算

样中甲醛的含量按下式计算。

$$X_2=\frac{\rho_2\times10}{m_2\times V_2}\times200$$

式中　X_2——水产品中甲醛含量，mg/kg；

ρ_2——从标准曲线查得甲醛标准溶液的浓度，μg/mL；

10——显色溶液的总体积，mL；

m_2——样品质量，g；

V_2——样品测定取蒸馏液的体积，mL；

200——蒸馏液总体积，mL。

2. 进行总结

模块五

蛋类、乳类及其制品掺伪鉴别检验

学习目标与要求

了解蛋类、乳类及其制品的质量标准。掌握其质量检验方法和掺伪鉴别。严格遵守实践现场管理规范，具有严谨的工作作风，为保障食品安全出力。在新征程建设的实践中放飞青春梦想。

学习重点与难点

重点：蛋类、乳类及其制品质量标准；蛋类、乳类及其制品常用的检验方法。

难点：常见蛋类、乳类及其制品掺假检验方法。

学习内容

常见的食物中，乳类和蛋类是比较特别的品种。说特别，主要是因为两者分别承担了哺育生命以及孕育生命的重任。对于人体，乳类和蛋类同样营养丰富，都含有与人体极为接近的氨基酸，给我们身体提供的优质蛋白质和维生素很全面，吸收、消化率高。对人体的生长发育、维持正常生理活动起着极其重要的作用。但是有时市场上会出现劣质蛋，如裂纹蛋、流清蛋、血筋蛋、孵化蛋、贴壳蛋、散黄蛋等。甚至2006年个别市场和经销企业售卖添加苏丹红的饲料喂鸭所生产的“红心鸭蛋”。

我国乳与乳制品行业的发展相当迅速，尤其是近年来，产品质量有明显提高，但仍然存在掺假现象，如乳粉中掺水、米汁、豆浆、盐类等。这些掺假会降低牛乳的营养价值，严重损害消费者利益，甚至危及人们的身体健康。因此了解蛋类、乳类及其制品的质量标准，掌握其鉴别检验方法非常重要。

项目一 蛋类及其制品的质量标准

蛋类及其制品的质量标准依据GB 2749—2015《食品安全国家标准　蛋与蛋制品》。

一、蛋与蛋制品

1. 鲜蛋

鲜蛋系指各种家禽生产的、未经加工或仅用冷藏法、液浸法、涂膜法、消毒法、气调法、干藏法等贮藏方法处理的带壳蛋，如鸡蛋、鸭蛋、鹌鹑蛋、鹅蛋等。

2. 蛋制品

蛋制品有液蛋制品、干蛋制品、冰蛋制品、再制蛋。

液蛋制品是以鲜蛋为原料，经去壳、加工处理后制成的蛋制品，如全蛋液、蛋黄液、蛋白液等。

干蛋制品是以鲜蛋为原料，经去壳、加工处理、脱糖、干燥等工艺制成的蛋制品，如全蛋粉、蛋黄粉、蛋白粉等。

冰蛋制品是以鲜蛋为原料，经去壳、加工处理、冷冻等工艺制成的蛋制品，如冰全蛋、冰蛋黄、冰蛋白等。

再制蛋是以鲜蛋为原料，添加或不添加辅料，经盐、碱、糟、卤等不同工艺而成的蛋制品，如皮蛋、咸蛋、糟蛋、卤蛋等。

二、技术要求

1. 鲜蛋的感官要求

鲜蛋的感官要求应符合表5-1的规定。蛋制品的感官要求应符合表5-2的规定。

表5-1　鲜蛋的感官要求

项目	要求	检验方法
色泽	灯光透视时整个蛋呈微红色，去壳后蛋黄呈橘黄色至橙色，蛋白澄清、透明无其他异常颜色	取带壳鲜蛋在灯光下透视观察；去壳后置于白色瓷盘中，在自然光下观察色泽和状态，闻其气味
气味	蛋液具有固有蛋腥味，无异味	
状态	蛋壳清洁完整，无裂缝，无霉斑，灯光透视时蛋内无黑点及异物；去壳后蛋黄凸起完整并带有韧性，蛋白稀稠分明，无正常视力可见外来异物	

表 5-2　　蛋制品感官要求

项目	要求	检验方法
色泽	具有产品正常的色泽	取适量试样置于白色瓷盘中，在自然光下观察色泽和状态，尝其滋味，闻其气味
滋味、气味	具有产品正常的滋味、气味，无异味	
状态	具有产品正常的形状、形态，无酸败、霉变、生虫及其他危害食品安全的异物	

2. 蛋制品的其他要求

污染物限量应符合 GB 2762—2017 的规定。

微生物限量：致病菌限量应符合 GB 29921—2021 的规定，微生物限量还应符合表 5-3 的规定。

表 5-3　　微生物限量

项目	采样方案①及限量				检验方法
	N	c	m	M	
菌落总数②/(CFU/g)					
液蛋制品、干蛋制品、冰蛋制品	5	2	5×10^4	10^5	GB 4789. 2—2022
再制蛋（不含糟蛋）	5	2	10^4	10^5	
大肠菌群②（CFU/g）	5	2	10	10^2	GB 4789. 3—2016 平板计数法

注：①样品的采样和处理按 GB/T 4789. 19—2003 执行。
②不适用于鲜蛋和非即食的再制蛋制品。

食品添加剂的使用应符合 GB 2760—2014 的规定。

食品营养强化剂的使用应符合 GB 14880—2012 的规定。

项目二

蛋类及其制品的掺伪鉴别检验

一、蛋品的感官检查

按 GB/T 5009. 47—2003《蛋与蛋制品卫生标准的分析方法》中的分析方法规定进行感官检查。

1. 鲜蛋

鲜蛋蛋壳应清洁、完整，灯光透视时整个蛋呈微红色，蛋黄不见或略见阴影。打开后蛋黄凸起完整，并带有韧性，蛋白澄清透明、稀稠分明。

2. 冰全蛋

冰全蛋应坚洁、均匀，呈黄色或淡黄色，具有冰全蛋的正常气味，无异味、无杂质。必要时进行鉴定，具体可见本模块“实训二　冰全蛋的感官检查”。

3. 巴氏消毒冰全蛋

巴氏消毒冰全蛋应坚洁、均匀，呈黄色或淡黄色，具有冰全蛋的正常气味，无异味或杂质，应符合 GB 2749—2015《食品安全国家标准　蛋与蛋制品》的规定（见本模块“项目一　蛋类及其制品的质量标准”，以下均同）。

4. 冰蛋黄

冰蛋黄应坚洁、均匀，呈黄色，具有冰蛋黄的正常气味，无异味和杂质，应符合 GB 2749—2015 的规定。

5. 冰蛋白

冰蛋白应坚洁、均匀，呈白色或乳白色，具有冰蛋白的正常气味，无异味和杂质，应符合 GB 2749—2015 的规定。

6. 巴氏消毒鸡全蛋粉

巴氏消毒鸡全蛋粉为粉末状或极易松散的块状，呈均匀淡黄色，具有全蛋粉的正常气味，无异味和杂质，应符合 GB 2749—2015 的规定。

7. 鸡全蛋粉、鸡蛋黄粉

鸡全蛋粉、鸡蛋黄粉应为粉末状或极易松散的块状，呈均匀淡黄色（蛋黄粉为均匀黄色），具有鸡蛋粉或鸡蛋黄粉的正常气味，无异味和杂质，应符合 GB 2749—2015 的规定。

8. 蛋白片

蛋白片应为晶片状及碎屑状，呈均匀浅黄色，具有蛋白片的正常气味，无异味和杂质，应符合 GB 2749—2015 的规定，必要时用下列方法鉴定。

（1）杂质　用二倍放大镜检查。

（2）碎屑　将全部样品称量，置于直径 300mm、筛孔 1.5mm 的铜筛中，均匀用力筛 30 转，称量筛下碎屑质量。按下式进行计算。

$$X = m_2/m_1 \times 1000$$

式中　X——试样中碎屑，g/100g；

m_1——试样质量，g；

m_2——筛下碎屑质量，g。

9. 皮蛋（松花蛋）

先仔细观察皮蛋外观（包泥、形态）有无发霉，敲摇检验时注意颤动及响水声，皮蛋刮泥后，观察蛋壳的完整性（注意裂纹），然后剥开蛋壳，要注意蛋体的完整性，检查有无铅斑、霉斑异物（小组块）、松花花纹。剖开后，检查蛋白的透明度、色泽、弹性、气味、滋味，检查蛋黄的形态、色泽、气味、滋味。

二、蛋品质量优、劣的感官鉴别

1. 鲜蛋质量优、劣的感官鉴别

鲜蛋质量优、劣的感官鉴别参见表 5-4。可分为壳蛋检验和打开检验。壳蛋检验主要靠眼看、手摸、耳听、鼻嗅等方法。也可以用灯光透视进行检验。打开检验是将鲜蛋打开观察内容物颜色、度、性状，有无血液，胚盘是否发育，有无异物和臭味等。

表 5-4 鲜蛋的鉴别

方式	良质蛋	次质蛋	劣质蛋
眼看	蛋壳清洁、完整，无光泽，壳上有一层霜状粉末，色泽鲜明	蛋壳有裂纹或破损，有蛋清外溢，外壳有轻度霉斑，色泽光亮	蛋壳表面的粉霜状粉末脱落，呈乌灰色，有油样浸出或有较大霉斑
手摸	蛋壳粗糙，拿在手量发沉，质量适中，有压手的感觉	手摸有光滑感，手掂质量轻	手摸有光滑感，质量轻
耳听	相互轻碰时声音清脆，手握蛋摇动无声	蛋与蛋互相碰击时发出哑声，手握蛋摇动时有内容物、流动感	手握蛋摇动时有晃动声，相互碰击时有敲瓦碴子声
光照	透亮，蛋黄轮廓清晰	不透亮，蛋黄呈红色血环或网状血丝，周围有阴影	呈均匀灰黄色，蛋壳及内部有黑色或粉红色斑点
鼻嗅	无异味，向壳表面哈一口热气，嗅有轻微的生石灰味	有轻度霉味	有霉味或臭气味
水浸	沉入水底	半沉半浮	浮于水面
打开	蛋黄、蛋清色泽分明，无异常颜色与气味，蛋黄呈圆形，凸起而完整，有韧性	蛋黄扩散呈扁平状，色淡不均匀，蛋清稀薄，蛋壳内壁有蛋黄粘连痕，蛋白、蛋黄混杂，无异味	蛋液呈灰黄色、灰绿色，蛋液内有黑色霉斑或蛋白呈胶冻样霉变，有臭味、霉味或其他不良气味等

2. 常见次质、劣质鲜蛋的鉴别

常见的次质、劣质蛋有裂纹蛋、流清蛋、血筋蛋、孵化蛋、贴壳蛋、散黄蛋等。

（1）裂纹蛋　蛋壳裂缝或凹陷，但壳内膜未破，蛋液不外流，碰击蛋壳时发出哑声，可食用，不宜久藏。

（2）流清蛋　鲜蛋的蛋壳受外界震动、挤压而破碎，壳内膜破裂而造成蛋液外溢，可食用，不宜久藏。

（3）血筋蛋　受精蛋因受高温影响而引起胚胎发育。在灯光透视时，蛋黄呈网状血丝，打开后，可见胚胎周围有网状血丝，蛋白变稀，无异味，可食用，不宜久藏。

（4）孵化蛋　精蛋经孵化后胚胎发育，壳的颜色呈暗黑色。在灯光下透视时，胚胎胎盘处有大块黑色，打开后，鸡胚形成增大，无臭味。

（5）异物蛋　有寄生虫、鸡吸虫、血斑蛋、血块蛋等。这些蛋在灯光下透视时，能发现大小不同的阴影浮现在蛋白内。

(6) 贴壳蛋　蛋因长期贮藏，或因剧烈震动系带折断，蛋白变稀，蛋黄上浮贴于蛋壳。在灯光下透视时，在贴壳处可清晰看到蛋黄呈红褐色或黑色。

(7) 散黄蛋　鲜蛋因贮藏日久或受热、受潮，蛋白变稀，水分渗入蛋黄而使蛋黄膨胀，蛋黄膜破裂，与蛋白相混。也可能是蛋在收购、调运中受到振动，蛋黄膜破裂，与蛋白相杂，或是蛋黄膜受细菌分泌酶的作用引起破裂所致。在灯光下透视时，呈不规则的云雾状或呈均匀一致的暗红色。

(8) 霉蛋　鲜蛋因受潮或雨淋，受霉菌入侵而生霉。轻度霉蛋在灯光下透视时，壳膜内壁有黑色斑点和斑块。打开后，蛋液无霉点和霉变气味，黄白界限分明。重度霉蛋透视时，蛋壳和蛋内部均有黑点或粉红色斑点；打开后，蛋膜及蛋液内均有霉斑，或蛋白呈胶冻样霉变，并带有严重霉味。

(9) 泄黄蛋　由于贮藏条件不良，受蛋内微生物的作用而形成泄黄。在灯光下透视时黄白混杂不清，呈均匀的灰黄色。打开后，蛋液稀薄，呈灰黄色，混浊，有异臭。

(10) 黑腐蛋（臭蛋、坏蛋）　黑腐蛋是严重变质的蛋，蛋壳为乌黑色。在灯光下透视时，大部分或全部蛋不透光，呈灰黑色；打开后，蛋液呈灰绿色或暗黄色，可闻到硫化氢的恶臭味。

3. 皮蛋质量优、劣的感官鉴别

(1) 外观鉴别　观察其外观是否完整，有无破损、霉斑等。质量好的皮蛋，外表泥状包料形状完整，包料剥掉后蛋壳亦完整无破损、无霉斑，蛋壳呈茶青色、棕褐色半透明体。用刀切蛋黄，不沾刀或少许沾在刀刃上，蛋黄的剖面光洁。质量好的皮蛋，外壳上的涂料泥身完整、有扑鼻的碱味。如果泥身严重脱落或有异味，则为次品；如果剥去包料后，蛋壳有斑点或破、漏现象，有的内容物已被污染，硬如一块石头，则为次品。

(2) 敲　用一手执蛋，另一手用食指和中指的背面敲击，有弹性为好蛋，还可抓住蛋上下摇动，摇晃时无响声为质量好的蛋；次质皮蛋包料破损不全，摇晃后有咕噜的水荡声或感觉轻飘；劣质皮蛋或发霉。

(3) 灯光透照　将皮蛋去掉包料后按照鲜蛋的灯光透照法进行鉴别，观察蛋内颜色、凝固状态、气室大小等。良质皮蛋整个蛋凝固、不粘壳、清洁而有弹性，呈半透明的棕黄色，有松花样纹理，用刀切蛋黄，不沾刀或少许沾在刀刃上，蛋黄的剖面光洁。次质皮蛋的内容物不凝固，蛋黄呈浅黄色，呈水样，气室很大。

(4) 品尝其滋味　质量好的皮蛋，鲜滑清凉爽口，香味扑鼻，味道鲜美；劣质皮蛋有刺鼻恶臭味或有霉味。

三、蛋品的掺伪检验

1. 密度测定法快速检验蛋的新鲜度

密度测定法快速检验蛋的新鲜度具体可见本模块“实训一　鲜蛋的感官检验

和快速检验新鲜度”。

2. 蛋粉溶解指数的测定

溶解指数是蛋粉冲调性能关键评价指标之一。溶解指数高，有助于蛋粉颗粒向溶液内部扩散，避免蛋粉颗粒出现结块、堆积现象，同时蛋粉颗粒在水中的分散性较好，可溶性固形物含量较高。

蛋粉溶解指数的测定按 GB/T 5009.47—2003《蛋与蛋制品卫生标准的分析方法》的规定进行检验，具体可见本模块“实训三　蛋粉溶解指数的测定”。

3. 蛋品中苏丹红染料的测定（高效液相色谱法）

苏丹红是一种人工合成的红色染料，主要包括Ⅰ、Ⅱ、Ⅲ和Ⅳ四种类型。苏丹红Ⅰ的化学名称为1-苯基偶氮-2-萘酚，苏丹红Ⅱ的化学名称为1-［（2,4-二甲基苯）偶氮］-2-萘酚；苏丹红Ⅲ的化学名称为1-［4-（苯基偶氮）苯基］偶氮-2-萘酚；苏丹红Ⅳ的化学名称1-2-甲基-4-［（2-甲基苯）偶氮］苯基偶氮-2-萘酚。苏丹红是一种工业染料，在食品中非天然存在。国际癌症研究机构将苏丹红Ⅰ、Ⅱ、Ⅲ和Ⅳ列为动物致癌物，苏丹红Ⅲ的代谢产物4-氨基偶氮苯和苏丹红Ⅳ的代谢产物邻-甲苯胺和邻-氨基偶氮甲苯列为人类可能致癌物。我国禁止将苏丹红作为食品添加剂使用，但近年来蛋类等食品中检出苏丹红的情况时有发生，因此加强对食品中苏丹红染料的检测具有重要意义。下面依据 GB/T 19681—2005《食品中苏丹红染料的检测方法　高效液相色谱法》介绍蛋及其制品中苏丹红的高效液相色谱测定方法。

（1）原理　样品经溶剂提取、固相萃取净化后，用反相高效液相色谱-紫外可见光检测器进行色谱分析，采用外标法定量。

（2）主要试剂　乙腈、丙酮、5%丙酮的正己烷液、氧化铝层析柱、层析用氧化铝、苏丹红标准储备液（分别称取苏丹红Ⅰ、苏丹红Ⅱ、苏丹红Ⅲ及苏丹红Ⅳ各10.0mg，用乙醚溶解后用正己烷定容至250mL）。

（3）主要仪器　高效液相色谱仪，分析天平，旋转蒸发仪，均质机，离心机，0.45μm有机滤膜，层析柱管。

（4）样品制备　将液体、浆状样品混合均匀，固体样品需磨细。

（5）操作方法

①样品处理：将液体、浆状样品混合均匀，固体样品需磨细，称取1~5g（准确至0.001g）样品于三角瓶中，加入10~30mL正己烷，超声5min，过滤，用10mL正己烷洗涤残渣数次，至洗出液无色，合并正己烷液，用旋转蒸发仪浓缩至5mL以下，慢慢加入氧化铝层析柱中，为保证层析效果，在柱中保持正己烷液面为2mm左右时上样，在全程的层析过程中不应使柱干涸，用正己烷少量多次淋洗浓缩瓶，一并注入层析柱。控制氧化铝表层吸附的色素带宽宜小于0.5cm，待样液完全流出后，视样品中含油类杂质的多少用10~30mL正己烷洗柱，直至流出液无色，弃去全部正己烷淋洗液，用含5%丙酮的正己烷液60mL洗脱，收集、浓缩后，

用丙酮转移并定容至5mL，经0.45μm有机滤膜过滤后待测。

②推荐的色谱条件。

色谱柱：ZorbaxSB-C18150mm×4.6mm×3.5μm（或相当型号色谱柱）。

流动相：溶剂A（0.1%甲酸的水溶液：乙腈=85：15）。

溶剂B（0.1%甲酸的乙腈溶液：丙酮=80：20）。

梯度洗脱条件如下。

流速：1mL/min；柱温：30℃；检测波长：苏丹红Ⅰ478nm；苏丹红Ⅱ、苏丹红Ⅲ、苏丹红Ⅳ520nm；于苏丹红Ⅰ出峰后切换；进样量10μL；梯度条件见表5-5。

表5-5　苏丹红检测梯度条件

时间/min	流动相/%		曲线
	溶剂A	溶剂B	
0.0	25	75	线性
10.0	25	75	线性
25.0	0	100	线性
32.0	0	100	线性
35.0	25	75	线性
40.0	25	75	线性

③标准曲线：吸取标准储备液0，0.1，0.2，0.4，0.8，1.6mL，用正己烷定容至25mL，此标准系列浓度为0，0.16，0.32，0.64，1.28，2.56μg/mL，绘制标准曲线。

（6）计算　按下式计算苏丹红含量。

$$R=cV/m$$

式中　R——样品中苏丹红含量，mg/kg；

c——由标准曲线得出的样液中苏丹红的浓度，μg/mL；

V——样液定容体积，mL；

m——样品质量，g。

项目三

鲜乳及乳制品的质量标准

常见的乳类有牛乳、羊乳、马乳等鲜乳。鲜乳中含有细菌，不易保存。为了延长乳的保质期，通常对乳进行灭菌制成消毒乳或加工成乳制品。乳制品一般是指由牛乳、羊乳等经过一定工艺配制成的食品，常见的乳制品有乳粉、奶油、乳酪、酸乳、炼乳等。

一、鲜乳的质量标准

1. 生乳

生乳是从符合国家有关要求的健康奶畜乳房中挤出的无任何成分改变的常乳。产犊后7天的初乳、应用抗生素期间和休药期间的乳汁、变质乳不应用作生乳。GB 19301—2010《食品安全国家标准　生乳》标准适用于生乳，不适用于即食生乳。

（1）生乳的感官要求　应符合表5-6的规定。

表5-6　　生乳的感官要求

项目	要求	检验方法
色泽	呈乳白色或微黄色	取适量试样置于50mL烧杯中，在自然光下观察色泽和组织状态，闻其气味，用温开水漱口后，品尝滋味
滋味、气味	具有乳固有的香味，无异味	
组织状态	呈均匀一致液体，无凝块、无沉淀、无正常视力可见异物	

（2）理化指标　应符合表5-7的规定。

表5-7　　生乳的理化指标

项目		指标	检验方法
冰点①②/℃		-0.500～-0.560	GB 5413.38—2016
相对密度/(20℃/4℃)	≥	1.027	GB 5009.2—2016
蛋白质/(g/100g)	≥	2.8	GB 5009.5—2016
脂肪/(g/100g)	≥	3.1	GB 5009.6—2016
杂质度/(mg/kg)	≤	4.0	GB 5413.30—2016
非脂乳固体/(g/100g)	≥	8.1	GB 5413.39—2010
酸度/°T			GB 5009.239—2016
牛乳②		12～18	
羊乳		6～13	

注：①挤出3h后检测。
②仅适用于荷斯坦奶牛。

（3）生乳的其他要求　污染物限量应符合GB 2762—2017的规定。

微生物限量应符合表5-8的规定。

表 5-8　　生乳的微生物限量

项目		限量/[CFU/g(mL)]	检验方法
菌落总数	≤	2×10^6	GB 4789.2—2022

2. 巴氏杀菌乳

巴氏杀菌乳是仅以生牛（羊）乳为原料，经巴氏杀菌等工序制得的液体产品，可参照 GB 19645—2010《食品安全国家标准　巴氏杀菌乳》。

（1）巴氏杀菌乳的感官要求　同生乳的感官要求，应符合表 5-6 的规定。

（2）巴氏杀菌乳的理化指标　应符合表 5-9 的规定。

表 5-9　　巴氏杀菌乳的理化指标

项目		指标	检验方法
脂肪*/(g/100g)	≥	3.1	GB 5009.6—2016
蛋白质/(g/100g)	≥	2.9	GB 5009.5—2016
牛乳	≥	2.8	
羊乳	≥		
非脂乳固体/(g/100g)	≥	8.1	GB 5413.39—2010
酸度/°T			GB 5009.239—2016
牛乳		12~18	
羊乳		6~13	

注：* 仅适用于全脂巴氏杀菌乳。

（3）巴氏杀菌乳的微生物限量　应符合表 5-10 的规定。

表 5-10　　巴氏杀菌乳的微生物限量

项目	采样方案*及限量				检验方法
	N	*c*	*m*	*M*	
菌落总数/(CFU/g)	5	2	10^4	10^5	GB 4789.2—2022
大肠菌群/(CFU/g)	5	2	10	10^2	GB 4789.3—2016 平板计数法
金黄色葡萄球菌	5	0	0/25g（mL）	—	GB 4789.10—2016 定性检验
沙门氏菌	5	0	0/25g（mL）	—	GB 4789.4—2016

注：* 样品的分析及处理按 GB 4789.1—2016 和 GB 4789.18—2010 执行。

二、乳制品质量标准

1. 乳粉

依据 GB 19644—2010《食品安全国家标准　乳粉》，乳粉是以生牛（羊）乳为原料，经加工制成的粉状产品。调制乳粉是以生牛（羊）乳或及其加工制品为主要原料，添加其他原料，添加或不添加食品添加剂和营养强化剂，经加工制成的乳固体含量不低于70%的粉状产品。乳粉还有全脂乳粉、全脂加糖乳粉和脱脂乳粉等。

（1）乳粉的感官要求　应符合表5-11规定。

表5-11　　乳粉的感官要求

项目	要求		检验方法
	乳粉	调制乳粉	
色泽	呈均匀一致的乳黄色	具有应有的色泽	取适量试样置于50mL烧杯中，在自然光下观察色泽和组织状态；闻其气味，用温开水漱口后，品尝滋味
滋味、气味	具有纯正的乳香味	具有应有的滋味、气味	
组织状态		干燥均匀的粉末	

（2）乳粉的理化指标　应符合表5-12的规定。

表5-12　　乳粉的理化指标

项目		指标		检验方法
		乳粉	调制乳粉	
蛋白质/%	≥	非脂乳固体[①]的34%	16.5	GB 5009.5—2016
脂肪[②]/%	≥	26.0	—	GB 5009.6—2016
复原乳酸度/°T				GB 5009.239—2016
牛乳	≤	18	—	
羊乳		7~14	—	
杂质度/(mg/kg)	≤	16	—	GB 5413.30—2016
水分/%	≤	5.0		GB 5009.3—2016

注：①非脂乳固体（%）= 100%-脂肪（%）-水分（%）。

②仅适用于全脂乳粉。

（3）乳粉的其他要求　微生物限量应符合表5-13的规定。

表5-13　　乳粉的微生物限量

项目	采样方案[①]及限量（若非指定，均以CFU/g表示）				检验方法
	N	*c*	*m*	*M*	
菌落总数[②]	5	2	10^4	10^5	GB 4789.2—2022
大肠菌群	5	2	10	10^2	GB 4789.3—2016 平板计数法

续表

项目	采样方案①及限量（若非指定，均以 CFU/g 表示）				检验方法
	N	*c*	*m*	*M*	
金黄色葡萄球菌	5	0	0/25g（mL）	—	GB 4789.10—2016 定性检验
沙门氏菌	5	0	0/25g（mL）	—	GB 4789.4—2016

注：①样品的分析及处理按 GB 4789.1—2016 和 GB 4789.18—2010 执行。
②不适用于添加活性菌种（好氧和兼性厌氧益生菌）的产品。

食品添加剂的使用应符合 GB 2760—2014 的规定。

食品营养强化剂的使用应符合 GB 14880—2012 的规定。

2. 奶油

奶油包括稀奶油、奶油和无水奶油，可参照 GB 19646—2010《食品安全国家标准　稀奶油、奶油和无水奶油》。

稀奶油是以乳为原料，分离出的含脂肪的部分，添加或不添加其他原料、食品添加剂和营养强化剂，经加工制成的脂肪含量 10.0%~80.0%的产品。

奶油（黄油）是以乳和（或）稀奶油（经发酵或不发酵）为原料，添加或不添加其他原料、食品添加剂和营养强化剂，经加工制成的脂肪含量不小于 80.0%的产品。

无水奶油（无水黄油）是以乳和（或）奶油或稀奶油（经发酵或不发酵）为原料，添加或不添加食品添加剂和营养强化剂，经加工制成的脂肪含量不小于 99.8%的产品。

（1）奶油的感官要求　符合表 5-14 的规定。

表 5-14　　奶油的感官要求

项目	要求	检验方法
色泽	呈均匀一致的乳白色、乳黄色或相应辅料应有的色泽	取适量试样置于 50mL 烧杯中，在自然光下观察色泽和组织状态；闻其气味，用温开水漱口后，品尝滋味
滋味、气味	具有稀奶油、奶油、无水奶油或相应辅料应有的滋味和气味，无异味	
组织状态	均匀一致，允许有相应辅料的沉淀物，无正常视力可见异物	

（2）奶油的理化指标　符合表 5-15 的规定。

表 5-15　　奶油的理化指标

项目		指标			检验方法
		稀奶油	奶油	无水奶油	
水分/(%)	≤	—	16.0	0.1	奶油按 GB 5009.3—2016 的方法测定 无水奶油按 GB 5009.3—2016 中的卡尔费休法测定
脂肪/(%)	≥	10.0	80.0	99.0	GB 5009.6—2016
酸度②/(°T)	≤	30.0	20.0	—	GB 5009.239—2016
非脂乳固体③/(%)	≤	—	2.0	—	—

注：①无水奶油的脂肪（%）= 100%-水分（%）。
②不适用于以发酵稀奶油为原料的产品。
③非脂乳固体（%）= 100%-脂肪（%）-水分（%）（含盐奶油还应减去食盐含量）。

（3）奶油的其他要求　微生物限量还应符合表 5-16 的规定。

表 5-16　　奶油的微生物限量

项目	采样方案①及限量（若非指定，均以 CFU/g 表示）				检验方法
	N	c	m	M	
菌落总数②	5	2	10000	10000	GB 4789.2—2022
大肠菌群	5	2	10	100	GB 4789.3—2016 平板计数法
金黄色葡萄球菌	5	0	10	100	GB 4789.10—2016 定性检验
沙门氏菌	5	0	0/25g（mL）	—	GB 4789.4—2016

注：①样品的分析及处理按 GB 4789.1—2016 和 GB 4789.18—2010 执行。
②不适用于添加活性菌种（好氧和兼性厌氧益生菌）的产品。

食品添加剂的使用应符合 GB 2760—2014 的规定。

食品营养强化剂的使用应符合 GB 14880—2012 的规定。

3. 发酵乳

发酵乳是以生牛（羊）乳或乳粉为原料，经杀菌、发酵后制成的 pH 降低的产品。酸乳是以生牛（羊）乳或乳粉为原料，经杀菌、接种嗜热链球菌和保加利亚乳杆菌（德氏乳杆菌保加利亚亚种）发酵制成的产品，可参照 GB 19302—2010《食品安全国家标准　发酵乳》。

（1）发酵乳的感官要求　应符合表 5-17 的规定。

表 5-17　　发酵乳的感官要求

项目	要求	检验方法
色泽	色泽均匀一致，呈乳白色或微黄色	取适量试样置于 50mL 烧杯中，在自然光下观察色泽和组织状态；闻其气味，用温开水漱口，品尝滋味
滋味、气味	具有发酵乳特有的滋味、气味	
组织状态	组织细腻、均匀，允许有少量乳清析出	

（2）发酵乳的理化指标　应符合表 5-18 的规定。

表 5-18　　发酵乳的理化指标

项目		指标	检验方法
脂肪*/(g/100g)	≥	3.1	GB 5009.6—2016
非脂乳固体/(g/100g)	≥	8.1	GB 5413.39—2010
蛋白质/(g/100g)	≥	2.9	GB 5009.5—2016
酸度/(°T)	≥	70.0	GB 5009.239—2016

注：* 仅适用于全脂产品。

（3）发酵乳的其他要求　微生物限量还应符合表 5-19 的规定。

表 5-19　　发酵乳的微生物限量

项目		采样方案*及限量（若非指定，均以 CFU/g 表示）				检验方法
		N	*c*	*m*	*M*	
大肠菌群		5	2	1	5	GB 4789.3—2016 平板计数法
金黄色葡萄球菌		5	0	0/25g（mL）	—	GB 4789.10—2016 定性检验
沙门氏菌		5	0	0/25g（mL）	—	GB 4789.4—2016
酵母	≤			100		GB 4789.15—2016
霉菌	≤			30		GB 4789.15—2016

注：* 样品的分析及处理按 GB 4789.1—2016 和 GB 4789.18—2010 执行。

食品添加剂的使用应符合 GB 2760—2014 的规定。
食品营养强化剂的使用应符合 GB 14880—2012 的规定。

项目四

鲜乳及乳制品的掺伪鉴别检验

一、感官鉴别检验

鲜乳及乳制品的掺伪鉴别检验首先要进行鲜乳及乳制品的感官鉴别检验。

1. 生乳的感官鉴别检验

按 GB 19301—2010《食品安全国家标准　生乳》，具体可见表 5-6。

2. 乳制品的感官鉴别检验

（1）乳粉　按 GB 19644—2010《食品安全国家标准　乳粉》，具体可见表 5-11。

（2）奶油　按 GB 19646—2010《食品安全国家标准　稀奶油、奶油和无水奶油》，具体可见表 5-14。

（3）发酵乳　按 GB 19302—2010《食品安全国家标准　发酵乳》，具体可见表 5-17。

二、掺伪鉴别检验

人为向乳中添加廉价或没有营养价值的物质，如淀粉、米汁、食盐、铵盐等，或从乳中抽出营养物质，或为了掩盖乳的真正质量而加入化学防腐剂、中和剂、三聚氰胺等，均为掺伪。掺入的物质对天然乳来说都是异物，它们不但破坏了乳的质量，而且对消费者的健康有害。

如果在鲜乳及乳制品的感官检验中，发现异常，则初步判断有掺伪现象，可进一步进行相对密度、酸度、脂肪含量和乳糖含量等项目的测定。有时无论感官结果如何，都必须进行理化检验，以确定乳品是否掺伪。

1. 乳品相对密度的测定

牛乳相对密度应在 20℃ 下测定。正常牛乳的相对密度在 20℃ 时应为 1.028～1.032。掺水会降低牛乳的相对密度，抽出脂肪会提高牛乳的相对密度。如果同时抽出脂肪又掺水，则不能发现牛乳相对密度的显著变化，必须结合乳脂肪的测定进行检验。

可依据 GB 5009.2—2016《食品安全国家标准　食品相对密度的测定》的密度瓶法进行测定。

（1）原理　在 20℃ 时分别测定充满同一密度瓶的水及试样的质量，由水的质量可确定密度瓶的容积即试样的体积，根据试样的质量和体积可计算试样的密度，试样密度与水密度比值为试样相对密度。

（2）主要仪器　分析天平；恒温水浴锅；精密密度瓶（图 4-1）。

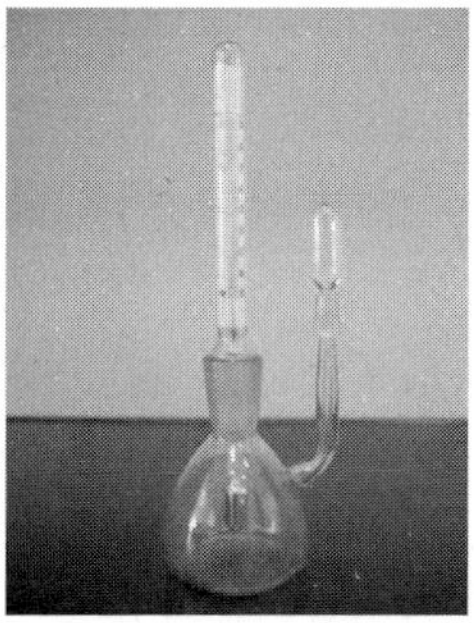

图 4-1　精密密度瓶

（3）分析步骤　取洁净、干燥、恒重、准确称量的密度瓶，装满试样后，置于 20℃水浴中浸 0.5h，使内容物的温度达到 20℃，盖上瓶盖，并用细滤纸条吸去支管标线上的试样，盖好小帽后取出。用滤纸把瓶外擦干，置于天平室内 30min 后称重。将样液倾出，洗净密度瓶，装入煮沸 30min 并冷却到 20℃以下除去 CO_2 的蒸馏水，按上法操作，测出同体积 20℃蒸馏水的质量。

（4）分析结果的计算

$$d=\frac{m_2-m_0}{m_1-m_0}$$

式中　d——试样在 20℃时的相对密度；

m_0——密度瓶的质量，g；

m_1——密度瓶加水的质量，g；

m_2——密度瓶加液体试样的质量，g。

2. 乳品中脂肪含量的测定

牛乳中脂肪的含量不得低于 3%。如低于此数值，则说明可能进行了脱脂（密度变大）、掺水（密度降低）或同时进行脱脂和掺水（密度无明显变化）。

可按 GB 5009.6—2016《食品安全国家标准　食品中脂肪的测定》，代替 GB 5413.3—2010《食品安全国家标准　婴幼儿食品和乳品中脂肪的测定》等。

（1）原理　用无水乙醚和石油醚抽提样品的碱（氨水）水解液，通过蒸馏或蒸发去除溶剂，测定溶于溶剂中的抽提物的质量。

（2）试剂和材料　淀粉酶；氨水；乙醇；无水乙醚；石油醚；混合溶剂（等体积混合乙醚和石油醚）；0.1mol/L 碘溶液；1%刚果红溶液；盐酸（6mol/L）。

（3）仪器和设备　分析天平；离心机；电热鼓风干燥箱；恒温水浴锅；抽脂瓶。

（4）分析步骤

①试样碱水解。如巴氏杀菌乳、生乳、发酵乳等，称取充分混匀试样 10g（精确至 0.0001g）于抽脂瓶中。加入 2.0mL 氨水，充分混合后立即将抽脂瓶放入 65℃±5℃的水浴中，加热 15~20min，不时取出振荡。取出后，冷却至室温，静止 30s。

②抽提。加入 10mL 乙醇，缓和但彻底地进行混合，避免液体太接近瓶颈。如果需要，可加入两滴刚果红溶液。

加入 25mL 乙醚，塞上瓶塞，将抽脂瓶保持在水平位置，小球的延伸部分朝上夹到摇混器上，按约 100 次/min 振荡 1min，也可采用手动振摇方式。但均应注意避免形成持久乳化液。抽脂瓶冷却后小心地打开塞子，用少量的混合溶剂冲洗塞子和瓶颈，使冲洗液流入抽脂瓶。

加入 25mL 石油醚，塞上重新润湿的塞子，按上述步骤，轻轻振荡 30s。

小心地打开瓶塞，用少量的混合溶剂冲洗塞子和瓶颈内壁，使冲洗液流入抽脂瓶。如果两相界面低于小球与瓶身相接处，则沿瓶壁边缘慢慢地加入水，使液面高于小球和瓶身相接处，以便于倾倒。

将上层液尽可能地倒入已准备好的加入沸石的脂肪收集瓶中，避免倒出水层。

用少量混合溶剂冲洗瓶颈外部，冲洗液收集在脂肪收集瓶中，要防止溶剂溅到抽脂瓶的外面。

向抽脂瓶中加入 5mL 乙醇，用乙醇冲洗瓶颈内壁，进行混合。用 15mL 无水乙醚和 15mL 石油醚。进行第二次抽提。

用 15mL 乙醚和 15mL 石油醚再进行第三次抽提。

空白实验与样品检验同时进行，采用 10mL 水代替试样，使用相同步骤和相同试剂。

③称重。合并所有提取液，既可采用蒸馏的方法除去脂肪收集瓶中的溶剂，也可于沸水浴上蒸发至干来除掉溶剂。蒸馏前用少量混合溶剂冲洗瓶颈内部。将脂肪收集瓶放入 100℃±5℃的烘箱中干燥 1h，取出后置于干燥器内冷却 0.5h 后称量。重复操作，直至恒重（两次称量的差不超过 2mg）。

（5）分析结果表述　试样中脂肪含量按下式计算。

$$X=\frac{(m_1-m_2)-(m_3-m_4)}{m}\times 100$$

式中　X——试样中脂肪含量，g/100g；

m——样品的质量，g；

m_1——恒重后脂肪收集瓶和脂肪的质量，g；

m_2——脂肪收集瓶的质量，g；

m_3——空白实验中，恒重后脂肪收集瓶和抽提物的质量，g；

m_4——空白实验中脂肪收集瓶的质量，g；

100——换算系数。

3. 乳和乳制品酸度的测定

乳和乳制品的酸度是乳品质量的重要指标之一，乳和乳制品放置时间过长，由于乳酸的发酵作用，令乳和乳制品的酸度明显提高。但是如果奶牛患有急、慢性乳腺炎，将使牛乳的酸度降低。

依据 GB 5009.239—2016《食品安全国家标准　食品酸度的测定》，代替 GB 5413.34—2010《食品安全国家标准　乳和乳制品酸度的测定》，如乳粉中酸度的测定第二法：pH 计法。

（1）原理　中和试样溶液至 pH 为 8.3 所消耗的 0.1000mol/L 氢氧化钠体积，经计算确定其酸度。

（2）试剂　0.1000mol/L 氢氧化钠标准溶液（NaOH）；氮气。

（3）仪器和设备　分析天平；碱式滴定管；pH 计；磁力搅拌器；均质机；恒温水浴锅。

（4）分析步骤

①试样的制备：将样品全部移入约两倍于样品体积的洁净干燥容器中（带密封盖），立即盖紧容器，反复旋转振荡，使样品彻底混合。在此操作过程中，应尽量避免样品暴露在空气中。

②测定：称取 4g 样品（精确到 0.01g）于 250mL 锥形瓶中。用量筒量取 96mL 约 20℃的水，使样品复溶，搅拌，然后静置 20min。

用滴定管向锥形瓶中滴加氢氧化钠溶液，直到 pH 稳定在 8.3±0.01 处 4～5s。滴定过程中，始终用磁力搅拌器进行搅拌，同时向锥形瓶中吹氮气，防止溶液吸收空气中的二氧化碳。整个滴定过程应在 1min 内完成。记录所用氢氧化钠溶液的体积，精确至 0.05mL，代入下式计算。

用 100mL 蒸馏水做空白实验，读取所消耗氢氧化钠标准溶液的体积。

（5）分析结果的表述　试样中的酸度数值（°T），按下式计算。

$$X=\frac{c_1\times(V_1-V_0)\times 12}{m_1\times(1-w)\times 0.1}$$

式中　X——试样的酸度，°T；

c_1——氢氧化钠标准溶液的浓度，mol/L；

V_1——滴定时所用氢氧化钠溶液的体积，mL；

m_1——称取样品的质量，g；

w——试样中水分的质量分数，g/100g；

$(1-w)$——试样中乳粉的质量分数，g/100g；

12——12g 乳粉相当于 100mL 复原乳（脱脂乳粉应为 9，脱脂乳清粉应为 7）；

0.1——酸度理论定义氢氧化钠的摩尔浓度，mol/L。

注：若以乳酸含量表示样品的酸度，那么样品的乳酸含量（g/100g）= $T\times$ 0.009，T 为样品的滴定酸度（0.009 为乳酸的换算系数，即 1mL 0.1mol/L 的氢氧化钠标准溶液相当于 0.009g 乳酸）。

4. 乳品中乳糖、蔗糖的测定

如牛乳中乳糖含量约为 4.7%。牛乳存放时间过长，微生物将会发酵乳糖产生乳酸，而使乳糖含量下降。所以通过测定乳糖含量可以判断牛乳是否腐败变质。

乳粉有全脂乳粉、全脂加糖乳粉和脱脂乳粉三种。除全脂加糖乳粉可以加入20%的蔗糖外，其他乳粉均不得加入蔗糖。

根据 GB 5413.5—2010《食品安全国家标准　婴幼儿食品和乳品中乳糖、蔗糖的测定》及 GB 5009.8—2016《食品安全国家标准　食品中果糖、葡萄糖、麦芽糖、乳糖的测定》，测定乳糖、蔗糖的方法有高效液相色谱法、莱因-埃农氏法。莱因-埃农氏法测定乳品中乳糖、蔗糖，具体可见“实训四　乳品中乳糖、蔗糖的测定”。

5. 乳品中非脂乳固体的测定

按照乳品的质量要求，例如发酵乳的非脂乳固体≥8.1g/100g，而乳粉的非脂乳固体（%）=100%-脂肪（%）-水分（%）。如果非脂乳固体含量低，则乳品有可能掺伪。

根据 GB 5413.39—2010《食品安全国家标准　乳和乳制品中非脂乳固体的测定》进行检验。

（1）原理　先分别测定出乳及乳制品中的总固体含量、脂肪含量（如添加了蔗糖等非乳成分含量，也应扣除），再用总固体减去脂肪和蔗糖等非乳成分含量，即为非脂乳固体。

（2）试剂　平底皿盒（带盖不锈钢或铝皿盒，或玻璃称量皿）、石英砂或海砂。

（3）仪器　天平、干燥箱、水浴锅。

（4）分析步骤　在平底皿盒中加入20g石英砂或海砂，在100℃±2℃的干燥箱中干燥2h，于干燥器冷却0.5h，称量，并反复干燥至恒重。称取5.0g（精确至0.0001g）试样于恒重的皿内，置于水浴上蒸干，擦去皿外的水渍，于100℃±2℃干燥箱中干燥3h，取出放入干燥器中冷却0.5h，称量，再于100℃±2℃干燥箱中干燥1h，取出冷却后称量，至前后两次质量相差不超过1.0mg。

（5）计算

①试样中总固体的含量按下式计算。

$$X=\frac{m_1-m_2}{m}\times 100$$

式中　X——试样中总固体的含量，g/100g；

m_1——皿盒、海砂加试样干燥后质量，g；

m_2——皿盒、海砂的质量，g；

m——试样的质量，g。

②试样中非脂乳固体的含量按下式计算。

$$X_{\mathrm{NFT}}=X-X_1-X_2$$

式中　X_{NFT}——试样中非脂乳固体的含量，g/100g；

X——试样中总固体的含量，g/100g；

X_1——试样中脂肪的含量，g/100g；

X_2——试样中蔗糖的含量，g/100g。

6. 生乳冰点的测定

牛乳有比较稳定的冰点，一般为-0.59～-0.53℃，平均值为-0.56～-0.55℃。例如荷斯坦牛乳冰点为-0.500～-0.560℃，牛乳掺伪后，冰点会发生明显的变化，如果牛乳样品的冰点低于-0.59℃，说明牛乳中可能掺有电解质、蔗糖等。因此，冰点的测定对生乳掺伪的检验是很重要的。

生乳冰点按 GB 5413.38—2016《食品安全国家标准　生乳冰点的测定》，具体可见本模块“实训五　牛乳冰点的测定”。

7. 牛乳掺水的简易检验

（1）计算法　通过对牛乳相对密度、乳清相对密度的测定，均可判断出牛乳是否掺水。并可根据下述公式，计算出掺水量（%）：

掺水量=[正常牛乳相对密度（1.03）-被检牛乳相对密度]/(1.03-1)×100（%）

（2）化学检查法

①原理：各种天然水（井水、河水等）一般均含有硝酸盐，而正常牛乳则完全不含有硝酸盐。牛乳中是否掺水，可借微量硝酸根（NO_3^-）的鉴定确认。在浓硫酸介质中，硝酸根可把二苯胺氧化成蓝色物质。

如果实验显示阳性结果（显蓝色），可判断为牛乳中掺水；如实验为阴性（不显蓝色），由于某些水源不含硝酸盐（蒸馏水），也不能说明牛乳中没掺水。

亚硝酸根（NO_2^-）、铁离子（Fe^{3+}）和过氧化氢（H_2O_2）等，也可使二苯胺氧化，对反应有干扰。碘离子（I^-）存在时，可被浓硫酸氧化为碘（I_2），掩蔽了硝酸根（NO_3^-）与二苯胺所产生的蓝色，也干扰测定。

②试剂：200g/L 氯化钙溶液、二苯胺硫酸溶液。

③检验方法：将约 20mL 待检乳样加入 100mL 锥形瓶中，再加入 0.5mL 200g/L 的氯化钙溶液，于酒精灯上加热煮沸至蛋白质凝固。冷却后过滤，取滤液备用。

在白瓷皿（如无白瓷皿，也可用表面皿代替）中加入 2mL 二苯胺硫酸溶液，此时二苯胺硫酸溶液应为无色透明，如显蓝色，说明容器不干净，应重新洗净再用。用洁净的滴管加 2~3 滴乳样的滤液于二苯胺硫酸溶液中，如果在液体的界面处有蓝色出现，说明牛乳中掺水。

8. 牛乳掺电解质的检验

（1）牛乳电导率的测定

①原理：电导率是电解质溶液中离子的种类及浓度的反映。由于牛乳中电解质的种类及浓度基本上是稳定的，所以它的电导率也比较稳定。正常牛乳的电导率在 25℃时为（33~47）$\times10^{-4}$S/cm，如果测得牛乳电导率过高，则说明牛乳中掺有电解质。一般，如掺有 1%电解质，电导率将增大 1 倍。

②仪器：电导率仪、恒温水浴。

③检验方法：将待检乳样置于25℃的恒温水浴中保温，然后按下面所述步骤测定待检牛乳的电导率。

在未接通电源前，首先观察表针是否指“0”。如不指“0”，通过调整表头上的螺丝调到指“0”，然后将校正开关拨到“校正”挡。

接通电源（指示灯亮），预热5min（此时指针应完全稳定），调节校正调节器使表头指针指示满度。

将高周、低周开关拨到“高周”挡，将量程选择开关放在最大电导率的测量挡。

将铂黑电极浸入在25℃下恒温的待检牛乳中。调节电极常数调节器，使之与所使用的电极（电极常数值在电极上已标明）配套。

将电极插头插入电极插口内，旋紧插口上的固定螺丝。

将校正、测量开关拨向“测量”挡，然后将量程选择开关逐挡下降到合适挡，读出表头读数，并乘以量程选择开关的倍率，即为测得的电导率值。

（2）牛乳中掺食盐（氯化钠）的检验　牛乳中掺入食盐，可通过鉴定氯离子的方法鉴定。

①原理：牛乳中加入一定量的铬酸钾溶液和硝酸银溶液，由于正常、新鲜的牛乳中氯离子含量很低（0.09%～0.12%），硝酸银主要与铬酸钾反应，生成红色铬酸银沉淀。如果牛乳中掺有氯化钠，由于氯离子的浓度很大，硝酸银则主要与氯离子反应，生成氯化银沉淀，并且被铬酸钾染成黄色。

②试剂：10%铬酸钾溶液；0.01mol/L $AgNO_3$ 溶液。

③检验方法：在一支洁净试管中加入5mL 0.01mol/L $AgNO_3$ 溶液和2滴100g/L铬酸钾溶液，摇匀，此时可出现红色铬酸银沉淀。再加入待检乳1mL，充分混匀。如牛乳呈现黄色，则说明待检乳中氯离子含量超过0.14%，可能掺有食盐；如仍为红色，则说明没有掺入氯化钠。

9. 牛乳掺淀粉、米汁的检验

（1）原理　米汁中含有淀粉，淀粉遇碘变蓝色。

（2）主要试剂　10g/L碘溶液。

（3）检验方法　在试管中加入待检乳样2～3mL，煮沸，冷却后向其中滴入2～3滴碘溶液。如出现蓝色，说明乳样中掺有淀粉或米汁。

10. 牛乳中掺豆浆的检验

（1）加碱检验法

①原理：豆浆中含有皂角素，与浓氢氧化钠（或氢氧化钾）溶液反应呈黄色，可借此反应检出牛乳中是否掺有豆浆。此方法也适用于掺豆浆水的检验。乳粉中掺有豆粉时，也可借此方法进行检验。

②主要试剂：乙醇-乙醚混合溶剂（1+1）；250g/L氢氧化钠溶液。

③检验方法：取2个50mL锥形瓶，一个加入20mL待检乳，另一个加入20mL

新鲜、正常的牛乳作为参比。向2个锥形瓶中各加入乙醇-乙醚混合溶剂3mL，250g/L氢氧化钠溶液5mL，混合均匀后放置5~10min。

参比的新鲜牛乳应呈暗白色。待检乳如果呈微黄色，则说明掺有豆浆。此法灵敏度不高，在豆浆掺入量超过10%时才能检测出。

（2）脲酶检验法　脲酶是催化尿素水解的酶，广泛地存在于植物中，在大豆和刀豆的种子中含量尤多。动物不含脲酶，可借检验脲酶来检验牛乳中是否掺有豆浆。此法也可用于乳粉中掺豆粉的检验。

①原理：豆浆中含有脲酶，脲酶催化水解碱-镍缩二脲试剂后，与二甲基乙二肟的酒精溶液反应，生成红色沉淀。

②主要试剂：碱-镍缩二脲试剂，1%二甲基乙二肟的酒精溶液。

③检验方法：在白瓷点滴板上的2个凹槽处各加入2滴碱-镍缩二脲试剂澄清液，再向一个凹槽滴加1滴调成中性或弱碱性的待检乳样，另一个中滴加1滴水。在室温下放置10~15min，然后往每个凹槽中再各加1滴二甲基乙二肟的酒精溶液。如果有二甲基乙二肟络镍的红色沉淀生成，则说明牛乳中掺有豆浆。作为对照的空白试剂，应仍维持黄色或仅有趋于变成橙色的微弱变化。

11. 牛乳掺中和剂的检验

在牛乳中掺入中和剂的目的是降低牛乳酸度以掩盖牛乳的酸败，防止牛乳煮沸时发生凝固结块现象。常见的掺伪中和剂有碳酸钠、氢氧化钠（烧碱）、石灰乳（水）等碱性物质。

（1）玫瑰红酸法

①原理：玫瑰红酸遇碱性物质呈现玫瑰红色。

②主要试剂：0.05%玫瑰红酸的酒精溶液。

③检验方法：取5mL被检乳于试管中，加入0.05%玫瑰红酸的酒精溶液5mL，振摇均匀。出现玫瑰红色，表示牛乳中加有过量的中和剂。

（2）溴甲酚紫法

①原理：溴甲酚紫遇碱性物质呈天蓝色。

②主要试剂：0.04%溴甲酚紫的酒精溶液。

③检验方法：在试管中加入被检乳5mL和3滴0.04%溴甲酚紫的酒精溶液，摇匀后放在沸水浴中加热2min，出现天蓝色表示牛乳中加有过量的中和剂。

（3）灰分的碱度测定法　牛乳中加入中和剂后，其灰分的碱度将升高。因此，可以通过测定牛乳灰分的碱度（以碳酸钠计）检验是否掺入中和剂。正常牛乳灰分的碱度以碳酸钠计时，应为0.025%（平均值）。如所测碱度远远超过此值，则说明牛乳中掺有中和剂。此方法适用于掺入任何量的中和剂，但操作复杂。

①原理：以高温灼烧试样成灰分后，用蒸馏水进行浸提，浸提液中加入甲基橙指示剂，用硫酸标准溶液滴定至溶液由黄色变为橙色为止。

②主要仪器：滴定管（酸式），马弗炉。

③主要试剂：0.1mol/mL H_2SO_4 标准溶液，0.1%甲基橙指示剂。

④检验方法。

牛乳灰分的灼烧和浸提：用移液管精确吸取乳样 25mL 于瓷蒸发皿中，置于沸水浴上蒸干。擦干蒸发皿上的水迹，用酒精灯的小火焰小心地将残渣炭化，然后将蒸发皿放入马弗炉中灰化，灰化温度控制在 550℃。

灰化完毕后，将蒸发皿取出，冷却后，用热蒸馏水浸提灰分，共需浸提 3 次，每次用水约 30mL。每浸提 1 次后都将浸提液过滤，3 次浸提的滤液都收集在同一个 500mL 的锥形瓶中。

再用 50mL 热蒸馏水洗涤滤渣和滤纸，洗涤液一并收集在锥形瓶中。

在牛乳灰分的浸提液中加入 2 滴甲基橙指示剂，用硫酸标准溶液滴定至溶液由黄色变为橙色为止。

⑤计算：牛乳灰分的碱度以碳酸钠计，可按下式计算。

$$牛乳灰分的碱度（Na_2CO_3\%）=\frac{V\times c\times 0.053}{25\times 1.03}\times 100\%$$

式中　V——消耗硫酸标准溶液的体积，mL；

c——硫酸标准溶液的浓度，mol/L；

0.053——$1/2Na_2CO_3$ 的摩尔质量，g/mmol；

1.03——正常牛乳的相对密度。

12. 鲜、陈乳的检验

（1）原理　微生物在牛乳中繁殖时将产生还原酶，此酶能将蓝色的亚甲蓝还原为无色的亚甲白，从而使染料褪色。牛乳越陈旧，细菌量越多，褪色就越快。因此，在一定条件下亚甲蓝的褪色时间，可作为牛乳被细菌污染的指标。

（2）主要仪器　保温箱或恒温水浴。

（3）主要试剂　0.003%亚甲蓝溶液。

（4）检验方法　用灭菌的吸管吸取 10mL 待检乳和 1mL 亚甲蓝溶液，一并加入灭菌的试管中，用灭菌的橡皮塞塞紧管口，摇匀。将试管置于保温箱或恒温水浴中，于 37℃保温。经 20min、2h 和 5.5h，各取出试管观察 1 次，同时将试管内液体摇匀。

根据亚甲蓝的褪色时间，可将牛乳分为 4 个等级，见表 5-20。

表 5-20　牛乳质量与亚甲蓝褪色时间的关系

级别	牛乳质量	亚甲蓝褪色时间/min	牛乳中的细菌数/mL
1	合格	>330	<50
2	合格	120~330	50~400
3	不合格	20~120	400~2000
4	很差	<20	>2000

13. 牛乳中加入抗生素或防腐剂的检验

（1）原理　牛乳在乳酸菌的作用下可以发酵，但如果牛乳中掺有抗生素或防腐剂，则将抑制牛乳中微生物的繁殖，进而影响牛乳的发酵。因此，在同样时间和同样条件下测定牛乳发酵后所产生的乳酸含量，与正常乳相比较，可以初步判断出待检乳中是否掺有抗生素或防腐剂。

（2）主要仪器　恒温水浴。

（3）主要试剂　0.1mol/mL NaOH 溶液；10g/L 酚酞指示剂；乳酸菌菌种。

（4）检验方法　用移液管吸取混合均匀的待检乳和正常牛乳各 10mL，分别放入 2 个锥形瓶中，然后各加入酚酞指示剂 5 滴，用 0.1mol/mL NaOH 溶液滴定至呈微粉红色，给锥形瓶盖上棉塞，在 80℃水浴中灭菌 10min。冷却后，用吸量管向 2 个锥形瓶中各加入乳酸菌菌种 0.5mL，盖上棉塞，摇匀，在 25~27℃下放置 4~6h。

向 2 个锥形瓶中各加入 20mL 蒸馏水，用 0.1mol/mL NaOH 溶液滴定至粉红色在 1min 内不褪色为止，如待检乳所消耗的氢氧化钠体积明显小于正常乳，则说明待检乳中掺有抗生素或防腐剂。

14. 牛乳中加入防腐剂的检验

在牛乳中加入的防腐剂一般有硼酸（或硼砂）、苯甲酸（或苯甲酸钠）、水杨酸（或水杨酸钠）、过氧化氢等。

（1）硼酸和硼砂的检验

①原理：硼砂会使姜黄试纸呈红色，用氨气熏蒸后试纸变为绿色，再用浓盐酸熏蒸后又变为红色。

②主要试剂：姜黄饱和溶液。取 25g 姜黄，溶于 500mL 乙醇中，形成饱和溶液。滤去不溶残渣，用姜黄的饱和溶液将滤纸浸湿后于无氨的房中晾干，剪成纸条备用。

③检验方法：取牛乳 100mL，加入浓盐酸 7mL，搅拌均匀，将姜黄试纸浸入，取出任其自然干燥。

此反应非常灵敏。如果姜黄试纸呈现红色，用氨气熏蒸以后试纸变为绿色，再用浓盐酸熏蒸后又变为红色，表示有硼酸或硼砂存在。如果干燥后姜黄试纸仍呈黄色，用氨气熏蒸以后试纸变红，再用浓盐酸熏蒸后又呈黄色，则表示无硼酸或硼砂存在。

（2）苯甲酸的检验

①原理：苯甲酸经硝化后可形成 3,5-二硝基苯甲酸，该化合物被还原后可产生红棕色的 3,5-二氨基苯甲酸。

②主要仪器：蒸馏装置。

③主要试剂：硫酸溶液（1+4），饱和氯化钠溶液，硫化铵溶液（浓氨水中通入硫化氢），100g/L 氢氧化钠溶液。

④操作步骤。

样液的制备：苯甲酸及其盐类在酸性条件下可随水蒸气馏出，在检验苯甲酸及其盐时，应首先取得它们的馏出液。在蒸馏烧瓶中加入 25mL 待检乳样、4mL（1+4）硫酸溶液和 80mL 饱和氯化钠溶液，加入一小块沸石，然后装成蒸馏装置。用酒精灯加热蒸馏烧瓶，同时收集馏出液至 50～60mL，停止加热，馏出液用于检验苯甲酸。

检验方法：取馏出液 10mL 和 100g/L 氢氧化钠溶液 0.5mL 于蒸发皿中，蒸干。冷却后在残渣中加入浓硫酸 1mL 和硝酸钾 0.1g，于沸水浴上加热 20min，放冷。向蒸发皿中加入蒸馏水 2mL 及浓氨水 10mL（用试纸检验，应呈显著碱性）煮沸后放冷，将溶液转移到试管中。倾斜试管，小心地沿管壁加入新制备的硫化铵溶液约 5mL，应使液体分成两层，勿使混合。如果在两层液体界面处有红棕色轮带出现，则证明有苯甲酸存在。

（3）水杨酸的检验

①原理：水杨酸与三氯化铁溶液形成紫色产物，加入硫酸铜溶液又出现砖红色产物。

②主要试剂：10g/L 三氯化铁溶液、100g/L 氢氧化钠溶液、醋酸溶液（1+1）、100g/L 硫酸铜溶液。

③操作步骤。

样液的制备：同苯甲酸样液的制备方法。

检验方法：取蒸馏液 1mL，加入 10g/L 三氯化铁溶液 1 滴。若无紫色出现，则证明不存在水杨酸及其盐。如有紫色出现，应按下述方法进行确证。

取上述蒸馏液 20mL，加入 100g/L 氢氧化钠溶液 4～5 滴，醋酸溶液（1+1）4～5 滴及 100g/L 硫酸铜溶液 1 滴，混合均匀后加热煮沸 0.5min，放冷。若出现砖红色，可确认有水杨酸及其盐存在。

（4）过氧化氢的检验

①原理：过氧化氢与钒酸试剂发生反应，生成红色物质。本法可检出牛乳中 0.01%的过氧化氢。

②主要试剂：40%三氯乙酸溶液，1%矾酸铵（稀硫酸 1+3）溶液。

③检验方法：在试管中加入待检乳 5mL，向其中滴加 40%三氯乙酸溶液，边加边摇，至牛乳中蛋白质凝固结块，放置 5min 后过滤。向滤液中加入矾酸铵溶液 2～3 滴，摇匀，如出现稳定的红色，表示有过氧化氢存在。

过氧化氢容易分解，所以此项检验的精确性与待检乳的存放时间有关。

15. 牛乳中青霉素含量的快速检验

牛乳中若含有青霉素，那么在生产酸乳和干酪时，乳酸杆菌的生长、繁殖将会受到抑制。

（1）原理　青霉素具有还原性，其分子中含有自由的酮基，可将硫酸铜-柠檬酸钠-无水硫酸钠溶液（Benedict 试剂）中的 Cu^{2+} 还原成 Cu^{+}，Cu^{+} 以红色 Cu_2O 的形式存在。含青霉素的牛乳加入 Benedict 试剂后，煮沸 5min，可因试管内含青霉素量的多少不等而呈现出深红、红、红黄、橘黄、浅橘黄、正黄等颜色。

（2）试剂　Benedict 试剂（硫酸铜-柠檬酸钠-无水碳酸钠溶液）。

（3）检验方法　取 2 支试管，编号。1 号试管中加入待检乳 1mL，2 号试管中加入纯牛乳（不含青霉素）1mL 作为对照。然后向 2 支试管中各加入 Benedict 试剂 3 滴，煮沸 5min（在电炉上的烧杯中用沸水煮），观察并记录颜色变化。根据观察到的颜色，参照表 5-21 判断出 1 号管中牛乳的青霉素含量。

表 5-21　　牛乳中青霉素含量检测结果

青霉素含量/$\times10^{-6}$	颜色变化	青霉素含量/$\times10^{-6}$	颜色变化
80~100	红色	10~20	浅橘黄
50~70	红黄色	5~9	正黄
30~40	橘黄色	0~4	黄色

16. 牛乳中三聚氰胺含量的测定

2008 年三鹿奶粉事件是三鹿牌婴幼儿配方乳粉部分批次乳粉中含有三聚氰胺，是不法分子为增加原料乳或乳粉的蛋白含量而人为加入的，是一起重大的食品安全事故。如长期和反复接触三聚氰胺，可能对肾发生损害，如造成患儿多发泌尿系统结石。

牛乳中三聚氰胺含量的测定，根据 GB/T 22400—2008《原料乳中三聚氰胺快速检测　液相色谱法》进行，具体见本模块“实训六　牛乳中三聚氰胺含量的测定——快速检测液相色谱法”。

17. 乳粉中掺伪物质的检验

乳粉中掺伪的物质有的来源于原料牛乳，有的是直接向乳粉中添加的。所以，在牛乳中可能出现的掺伪物质，在乳粉中都有可能出现。乳粉中掺伪物质的检验同牛乳中掺伪物质的检验。

思考题

1. 简述鲜蛋的感官指标。
2. 如何靠眼看、手摸、耳听、鼻嗅等方法检验壳蛋？
3. 采用灯光透照、外观鉴别如何区别良质、次质、劣质皮蛋？
4. 如何在 70，80，100，110g/L 的盐水溶液中观察蛋的沉浮情况来鉴别检验蛋的新鲜度？
5. 如何从感官上鉴定牛乳的质量？

6. 通过牛乳的常规检验，如何对牛乳的品质作出判断？

7. 牛乳中常见的掺伪物质有哪些？

8. 哪些理化指标可以鉴别全脂乳粉的质量？

9. 何为乳酸度？正常鲜牛乳，其酸度不得大于多少？

10. 简述鲜、陈乳的鉴别原理。

实训内容

实训一

鲜蛋的感官检验和快速检验新鲜度

一、实训目的

了解并掌握鲜蛋的感官鉴别方法和密度测定法的操作。

二、实训原理

1. 感官指标

感官指标见本模块“项目一　蛋类及其制品的质量标准”和“项目二　蛋类及其制品的掺伪鉴别检验”中表5-4，可分为壳蛋检验和打开检验。

2. 密度测定法

利用蛋内水分蒸发、气室扩大、内容物质量减轻等的变化，在一定密度的盐水溶液中观察其沉浮情况来鉴别检验蛋的新鲜度。鲜蛋的相对密度为1.08~1.09，陈旧蛋则减轻。

判定方法如下。

（1）在100g/L食盐液中下沉的蛋为新鲜蛋。

（2）移入110g/L食盐液中仍下沉的蛋为最新鲜的蛋。

（3）在100g/L和110g/L的食盐液中悬浮，而在80g/L食盐液中下沉的蛋为次鲜蛋。

（4）在70g/L食盐液中下沉的蛋为次鲜蛋，上浮的蛋为腐败变质蛋。

三、实训方法

1. 试剂

配制四种不同密度的食盐液，并用密度计测定。

（1）110g/L食盐液，密度为1.080g/mL。

（2）100g/L食盐液，密度为1.073g/mL。

（3）80g/L食盐液，密度为1.060g/mL。

（4）70g/L食盐液，密度为1.050g/mL。

2. 操作方法

（1）感官观察：具体见本模块“项目二　蛋类及其制品的掺伪鉴别检验”。

（2）将蛋放入密度为1.073g/mL的食盐液中，再将其移入其他3种密度的食盐液中，观察其沉浮情况。

四、实训要求

叙述鲜蛋的感官特征，进行总结，给出结论。

实训二

冰全蛋的感官检查

一、实训目的

了解并掌握蛋品的感官鉴别方法。

二、实训原理

感官指标：坚洁、均匀，黄色或淡黄色，具有冰鸡全蛋的正常气味，无异味，无杂质。检验方法见本模块“项目二　蛋类及其制品的掺伪鉴别检验”。

三、实训方法

1. 冰全蛋感官检查

参照本模块项目一中的冰全蛋感官指标进行检查。

2. 必要时使用下列方法鉴定

（1）状态　用餐刀在产品的表面上用力压紧，刀不能切入冰冻良好的冰蛋品内部，即为冰冻坚硬。试样解冻后肉眼观察冰全蛋，冰蛋白全部为均匀液体，冰蛋黄为稠密均匀的膏状体。

（2）气味　在冰冻状和融化后，分别以嗅觉检验，应具有本品应有的气味而无其他异味，必要时可结合做下列实验：取样品20g于100mL烧杯中，加入50mL沸水，趁热立即嗅其气味。

（3）色泽　解冻前先观察冷冻状态的色泽，解冻后将蛋液注入50mL无色烧杯中，放在白纸上观察。

（4）杂质　取解冻后的蛋液100mL，置于白搪瓷盘中，缓缓加入清水100～200mL，使其成稀释液，然后观察其有无杂质。倘有可疑杂质及未融解的蛋块时，即用镊子取出，再将所余的清液入筛孔为1mm的筛内，过滤，筛上如留杂质，用水冲洗一次，与以上所检出者一并用放大镜检查。

四、实训要求

叙述冰全蛋的感官特征，进行总结，给出结论。

实训三

蛋粉溶解指数的测定

一、实训目的

了解溶解指数是冲调性能关键评价指标之一。并掌握蛋粉溶解指数的测定方法。

二、实训原理

根据样品溶于氯化钠溶液（50g/L）的折射率，计算溶解指数。

三、实训方法

1. 试剂

氯化钠溶液（50g/L）。

2. 样品

巴氏消毒全蛋粉或者鸡全蛋粉或者鸡蛋黄粉。

3. 仪器

阿贝折光计、振荡器。

4. 分析步骤

称取 1.00g 混匀样品（以干样计），置于 50mL 锥形瓶中，准确加入 5mL 氯化钠溶液（50g/L），加 5 粒小玻璃珠，用橡皮塞塞紧瓶口。轻轻旋摇锥形瓶使蛋粉全部湿润，然后振荡 0.5h。取下锥形瓶，将样液倾入内径 15mm 试管中（如样液中仍有蛋粉颗粒存在需重做实验），静置 1.5h。取内径约 2mm 的尖端吸管，尖端向下，用手指按紧吸管上口，小心将吸管插入试管至样液底部，开启吸管上口，使管底样液升入吸管尖端内部少许，紧堵吸管上口取出吸管，用脱脂棉将吸管外壁的蛋液拭净，小心将样液滴于折光计三棱镜上，调节折光计所附水管的水温为 20℃，读取样液的折射率。

同时测定氯化钠溶液（50g/L）的折射率。

四、实训要求

1. 计算结果

$$X=(R-R_1)\times 100$$

式中 X——溶解指数；

R——样品溶液的折射率；

R_1——氯化钠溶液（50g/L）的折射率。

2. 进行总结

实训四

乳品中乳糖、蔗糖的测定

一、实训目的

了解并掌握乳品中乳糖、蔗糖的测定方法。

二、实训原理

GB 5413.5—2010《食品安全国家标准　婴幼儿食品和乳品中乳糖、蔗糖的测定》中第二法：莱因-埃农氏法。

乳糖：试样经除去蛋白质后，在加热条件下，以次甲基蓝为指示剂，直接滴定已标定过的费林试液，根据样液消耗的体积，计算乳糖含量。

蔗糖：试样经除去蛋白质后，其中蔗糖经盐酸水解为还原糖，再按还原糖测定。水解前后的差值乘以相应的系数即为蔗糖含量。

三、实训方法

1. 试剂和材料

乙酸铅溶液（200g/L）、草酸钾-磷酸氢二钠溶液（称取草酸钾 30g，磷酸氢二钠 70g，溶于水并稀释至 1000mL）、盐酸（1+1）、氢氧化钠溶液（300g/L）、费林试液（甲液和乙液，甲液：34.639g 硫酸铜-0.5mL 浓硫酸-水至 500mL；乙液：173g 酒石酸钾钠-50g 氢氧化钠-水至 500mL）、酚酞-乙醇溶液（5g/L）、次甲基蓝溶液（10g/L）。

2. 仪器和设备

天平，水浴锅。

3. 分析步骤

（1）费林试液的标定

①用乳糖标定：称取预先在 94℃±2℃ 烘箱中干燥 2h 的乳糖标样约 0.75g（精确到 0.1mg），用水溶解并定容至 250mL。将此乳糖溶液注入一个 50mL 滴定管中，待滴定。

预滴定：吸取 10mL 费林试液（甲、乙液各 5mL）于 250mL 三角烧瓶中。加入 20mL 蒸馏水，放入几粒玻璃珠，从滴定管中放出 15mL 样液于三角瓶中，置于电炉上加热，使其在 2min 内沸腾，保持沸腾状态 15s，加入 3 滴次甲基蓝溶液（10g/L），继续滴入至溶液蓝色完全退尽为止，读取所用样液的体积。

精确滴定：另取 10mL 费林试液（甲、乙液各 5mL）于 250mL 三角烧瓶中，再加入 20mL 蒸馏水，放入几粒玻璃珠，加入比预滴定量少 0.5~1.0mL 的样液，置于电炉上，使其在 2min 内沸腾，维持沸腾状态 2min，加入 3 滴次甲基蓝溶液，以每两秒一滴的速度徐徐滴入，溶液蓝色完全退尽即为终点，记录消耗的体积。

按下式计算费林试液的乳糖校正值（f_1）。

$$A_1 = V_1 \times m_1 \times 1000/250 = 4 \times V_1 \times m_1$$
$$f_1 = 4 \times V_1 \times m_1 / AL_1$$

式中 A_1——实测乳糖数，mg；
V_1——滴定时消耗乳糖溶液的体积，mL；
m_1——称取乳糖的质量，g；
f_1——费林试液的乳糖校正值；
AL_1——由乳糖液滴定体积查表 5-22 得到乳糖质量，若蔗糖含量与乳糖含量的比超过 3∶1 时，则在滴定量中加表 5-23 中的校正值后计算，mg。

表 5-22　　乳糖及转化糖因数表（10mL 费林试液）

滴定量/mL	乳糖/mg	转化糖/mg	滴定量/mL	乳糖/mg	转化糖/mg
15	68.3	50.5	33	67.8	51.7
16	68.2	50.6	34	67.9	51.7
17	68.2	50.7	35	67.9	51.8
18	68.1	50.8	36	67.9	51.8
19	68.1	50.8	37	67.9	51.9
20	68.0	50.9	38	67.9	51.9
21	68.0	51.0	39	67.9	52.0
22	68.0	51.0	40	67.9	52.0
23	67.9	51.1	41	68.0	52.1
24	67.9	51.2	42	68.0	52.1
25	67.9	51.2	43	68.0	52.2
26	67.9	51.3	44	68.0	52.2
27	67.8	51.4	45	68.1	52.3
28	67.8	51.4	46	68.1	52.3
29	67.8	51.5	47	68.2	52.4
30	67.8	51.5	48	68.2	52.4
31	67.8	51.6	49	68.2	52.5
32	67.8	51.6	50	68.3	52.5

注：“因数”系指与滴定量相对应的数目。

表 5-23　　乳糖滴定量校正值数

滴定终点时所用的糖液量/mL	用 10mL 费林试液、蔗糖及乳糖量的比	
	3∶1	6∶1
15	0.15	0.30
20	0.25	0.50

续表

滴定终点时所用的糖液量/mL	用 10mL 费林试液、蔗糖及乳糖量的比	
	3∶1	6∶1
25	0.30	0.60
30	0.35	0.70
35	0.40	0.80
40	0.45	0.90
45	0.50	0.95
50	0.55	1.05

②用蔗糖标定：称取在 105℃±2℃烘箱中干燥 2h 的蔗糖约 0.2g（精确到 0.1mg），用 50mL 水溶解并洗入 100mL 容量瓶中，加水 10mL，再加入 10mL 盐酸（1+1），置于 75℃水浴锅中，不时摇动，使溶液温度在 67.0~69.5℃，保温 5min，冷却后，加 2 滴酚酞溶液，用氢氧化钠溶液（300g/L）调至微粉色，用水定容至刻度。再按“（1）费林试液的标定”中预滴定和精确滴定操作。

按下式计算费林试液的蔗糖校正值（f_2）。

$$A_2=\frac{V_2\times m_2\times 1000}{100\times 0.95}=10.5263\times V_2\times m_2$$

$$f_2=\frac{10.5263\times V_2\times m_2}{AL_2}$$

式中 A_2——实测转化糖数，mg；

V_2——滴定时消耗蔗糖溶液的体积，mL；

m_2——称取蔗糖的质量，g；

0.95——果糖分子质量和葡萄糖分子质量之和与蔗糖分子质量的比值；

f_2——费林试液的蔗糖校正值；

AL_2——由蔗糖溶液滴定的体积所得的转化糖数，mg。

（2）乳糖的测定

①试样处理：称取婴儿食品或脱脂粉 2g，全脂加糖粉或全脂粉 2.5g，乳清粉 1g，精确到 0.1mg，用 100mL 水分数次溶解并洗入 250mL 容量瓶中。徐徐加入 4mL 乙酸铅溶液、4mL 草酸钾-磷酸氢二钠溶液，并振荡容量瓶，用水稀释至刻度。静置数分钟，用干燥滤纸过滤，弃去最初 25mL 滤液后，所得滤液作滴定用。

②滴定

预滴定：操作同“（1）费林试液的标定”中预滴定。

精确滴定：操作同“（1）费林试液的标定”中精确滴定。

（3）蔗糖的测定　样液的转化与滴定：取 50mL 样液于 100mL 容量瓶中，以下按“（1）费林试液的标定”中自“加水 10mL”起依法操作。

4. 分析结果的表述

（1）乳糖　试样中乳糖的含量 X 按下式计算。

$$X=\frac{F_1\times f_1\times 0.25\times 100}{V_1\times m}$$

式中　X——试样中乳糖的质量分数，g/100g；

F_1——由消耗样液的体积查表 5-18 所得乳糖质量，mg；

f_1——费林试液乳糖校正值；

V_1——滴定消耗滤液体积，mL；

m——试样的质量，g。

（2）蔗糖　利用测定乳糖时的滴定量，按下式计算出相对应的转化前转化糖数 X_1。

$$X_1=\frac{F_2\times f_2\times 0.25\times 100}{V_1\times m}$$

式中　X_1——转化前转化糖的质量分数，g/100g；

F_2——由测定乳糖时消耗样液的体积查表 5-18 所得转化糖质量，mg；

f_2——费林试液蔗糖校正值；

V_1——滴定消耗滤液体积，mL；

m——样品的质量，g。

用测定蔗糖时的滴定量，按下式计算出相对应的转化后转化糖 X_2。

$$X_2=\frac{F_3\times f_2\times 0.5\times 100}{V_2\times m}$$

式中　X_2——转化后转化糖的质量分数，g/100g；

F_3——由 V_2 查得转化糖质量，mg；

f_2——费林试液蔗糖校正值；

m——样品的质量，g；

V_2——滴定消耗的转化液体积，mL。

试样中蔗糖的含量 X' 按下式计算。

$$X'=(X_2-X_1)\times 0.95$$

式中　X'——试样中蔗糖的质量分数，g/100g；

X_1——转化前转化糖的质量分数，g/100g；

X_2——转化后转化糖的质量分数，g/100g。

（3）若试样中蔗糖与乳糖之比超过 3∶1 时，则计算乳糖时应在滴定量中加上表 5-23 中的校正值数后再查表 5-22。

实训五

牛乳冰点的测定

一、实训目的

了解并掌握牛乳冰点的测定方法。

牛乳有比较稳定的冰点，一般为-0.59～-0.53℃，平均值为-0.56～-0.55℃。牛乳掺伪后，其冰点会发生明显的变化，因此，冰点的测定对掺伪的检验是很重要的。低于或高于此值都说明牛乳可能掺伪或者是变质牛乳。如果牛乳样品的冰点低于-0.59℃，则说明牛乳中可能掺有电解质或蔗糖、尿素以及牛尿等物质。如牛乳样品的冰点明显高于-0.53℃，则说明可能掺水。

二、实训原理

依据 GB 5413.38—2016《食品安全国家标准　生乳冰点的测定》，生乳冰点单位以摄氏千分之一度（m℃）表示。生乳样品过冷至适当温度，当被测乳样冷却到-3℃时，通过瞬时释放热量使样品产生结晶，待样品温度达到平衡状态，并在 20s 内温度回升不超过 0.5m℃时的温度即为样品的冰点。

三、实训方法

1. 试剂

冷却液：乙二醇-水（体积比分数为 33%）。

氯化钠标准溶液 A：称取 6.731g 氯化钠，溶于 1000g±0.1g 水中。其冰点值为-400m℃。

氯化钠标准溶液 B：称取 9.422g 氯化钠，溶于 1000g±0.1g 水中。其冰点值为-557m℃。

氯化钠标准溶液 C：称取 10.161g 氯化钠，溶于 1000g±0.1g 水中。其冰点值为-600m℃。

2. 仪器

分析天平、热敏电阻冰点仪、称量瓶、容量瓶、烘箱、干燥器、移液器、检测装置-温度传感器、搅拌金属棒、样品管。

检测装置：温度传感器（温度传感器为直径 1.60mm±0.4mm 的玻璃探头，在 0℃时的电阻在 3～30kΩ。当探头在测量位置时，热敏电阻的顶部应位于样品管的中轴线，且顶部离内壁与管底保持相等距离。温度传感器和相应的电子线路在-600～-400m℃测量分辨率为 1m℃）。冷却装置应保持冷却温度恒定在-7℃±0.5℃。

仪器正常工作时，此循环系统在-600～-400m℃任何一个点的线性误差应不超过 1m℃。

搅拌金属棒：应根据相应仪器的安放位置来调整振幅。正常搅拌时金属棒不得碰撞玻璃传感器或样品管壁。

结晶装置：测试样品达到-3.0℃时启动引晶的机械振动装置在引晶时使搅拌

金属棒在 1~2s 内加大振幅，使其碰撞样品管壁。

样品管：硼硅玻璃，长度 50.5mm±0.2mm，外部直径为 16.0mm±0.2mm，内部直径为 13.7mm±0.3mm。

3. 分析步骤

（1）试样制备　测试样品要保存在 0~6℃的冰箱中并于 48h 内完成测定。测试前样品应放至室温，且测试样品和氯化钠标准溶液测试时的温度应保持一致。

（2）仪器预冷　开启热敏电阻冰点仪，等待热敏电阻冰点仪传感探头升起后，打开冷阱盖，按仪器规定加入相应体积冷却液，盖上盖子，冰点仪进行预冷。预冷 30min 后，开始测量。

（3）仪器校准　仪器校准前应按表 5-24 配制不同冰点值的氯化钠标准溶液。可选择表中两个不同冰点值的氯化钠标准溶液进行仪器校准，两个氯化钠标准溶液冰点差值不应少于 100m℃，且覆盖被测样品相近冰点值范围。

表 5-24　　氯化钠标准溶液的冰点（20℃）

氯化钠溶液/（g/L20℃）	氯化钠溶液/（g/kg）	冰点/m℃
6.731	6.763	-400.0
6.868	6.901	-408.0
7.587	7.625	-450.0
8.444	8.489	-500.0
8.615	8.662	-510.0
8.650	8.697	-512.0
8.787	8.835	-520.0
8.959	9.008	-530.0
9.130	9.181	-540.0
9.302	9.354	-550.0
9.422	9.475	-557.0
10.161	10.220	-600.0

A 校准：用移液器分别吸取 2.20mL 校准液 A，依次放入三个样品管中，在启动后的冷阱中插入装有校准液 A 的样品管。当重复测量值在-0.400℃±0.0020℃校准值时，完成校准。

B 校准：用移液器分别吸取 2.20mL 校准液 B，依次放入三个样品管中，在启动后的冷阱中插入装有校准液 B 的样品管。当重复测量值在-0.557℃±0.0020℃校准值时，完成校准。

（4）样品测定　轻轻摇匀待测试样，应避免混入空气产生气泡。移取样品 2.5mL 试样至一个干燥清洁的样品管中，将样品管放到已校准过的热敏电阻冰点仪的测量孔中。开启冰点仪冷却试样，当温度达到-3.0℃±0.1℃时试样开始冻结，当温度达到平衡（在20s内温度回升不超过0.5m℃）时，冰点仪停止测量，传感头升起，显示温度即为样品冰点值。测试结束后，应保证探头和搅拌金属棒清洁、干燥。

如果试样在温度达到-3.0℃±0.1℃前已开始冻结，需重新取样测试。

测定结束后，移走样品管，并用水冲洗温度传感器和搅拌金属棒并擦拭干净。

四、实训要求

1. 计算结果

如牛乳样品的冰点明显高于-0.53℃，则说明可能掺水，可按下式计算掺水量。

$$掺水量（\%）=\frac{-0.55-T}{-0.55}\times 100\%$$

式中　T——样品乳的冰点测定值,℃。

2. 进行总结

实训六

牛乳中三聚氰胺含量的测定——快速检测液相色谱法

一、实训目的

了解并掌握快速检测液相色谱法测定牛乳中三聚氰胺含量的方法。

二、实训原理

依据GB/T 22400—2008《原料乳中三聚氰胺快速检测　液相色谱法》，用乙腈作为原料乳中的蛋白质沉淀剂和三聚氰胺提取剂，强阳离子交换色谱柱分离，高效液相色谱-紫外检测器或二极管阵列检测器检测，外标法定量。

三、实训方法

1. 试剂

乙腈，磷酸，磷酸二氢钾，三聚氰胺标准贮备溶液（1.00×10^3mg/L），三聚氰胺标准工作液A（2.00×10^2mg/L）、B（0.50mg/L），磷酸盐缓冲液（0.05mol/L）。

2. 仪器

高效液相色谱系统（配紫外检测器或二极管阵列检测器）分析天平，pH计，溶剂过滤器。

3. 测定步骤

（1）试样的制备　称取混合均匀的15g（准确至0.01g）原料乳样品，于50mL具塞刻度试管中，加入30mL乙腈，剧烈振荡6min，加水定容至满刻度，充分混匀后静置3min，用一次性注射器吸取上清液，用针式过滤器过滤后，作为高效液相色谱分析用试样。

（2）高效液相色谱测定

①色谱条件。

色谱柱：强阳离子交换色谱柱，SCX，4.6mm×250mm，5μm，或性能相当者；

流动相：磷酸盐缓冲液-乙腈（70+30），混匀；

流速：1.5mL/min；

柱温：室温；

检测波长：240nm；

进样量：20μL。

②液相色谱分析测定。

仪器的准备：开机，用流动相平衡色谱柱，待基线稳定后开始进样。

定性分析：依据保留时间一致性进行定性识别的方法。根据三聚氰胺标准物质的保留时间，确定样品中三聚氰胺的色谱峰。

定量分析：校准方法为外标法。

校准曲线制作：根据检测需要，使用标准工作溶液分别进样，以标准工作溶液浓度为横坐标，以峰面积为纵坐标，绘制校准曲线。

试样测定：使用试样分别进样，获得目标峰面积。根据校准曲线计算被测试样中三聚氰胺的含量（mg/kg）。

四、实训要求

1. 结果计算

结果按下式计算。

$$X=c\times V/m$$

式中 X——原料乳中三聚氰胺的含量，mg/kg；

c——从校准曲线得到的三聚氰胺溶液的浓度，mg/L；

V——试样定容体积，mL；

m——样品称量质量，g。

2. 进行总结

模块六

酒、茶、饮料类食品掺伪鉴别检验

学习目标与要求

了解酒、茶、饮料类食品的质量标准。掌握其质量检验方法和掺伪鉴别。领会工匠精神，将理论与实际工作深度结合，找准结合点、切入点，付之于行动，为食品工业高质量发展提供保障，以实际行动推动食品工业发展开花结果，对于保障人们身体健康具有重要意义。

学习重点与难点

重点：酒、茶、饮料质量标准；酒、茶、饮料类食品常用的检验方法。

难点：常见酒、茶、饮料掺假检验方法。

学习内容

酒类是以粮谷为主要原料，利用酵母菌发酵酿造出来的含有1%以上酒精的酒精饮料。过量饮酒对身体健康有影响。

茶叶是著名的世界三大饮料之一，被称为“东方饮料”的皇帝。茶文化是中国传统文化的一朵奇葩。现代医学已证实，茶具提神，醒脑清目、润肺、促消化，抑脂质吸收、提高胃液分泌、利尿、扩张血管壁等功效。

饮料是指以水为基本原料，由不同的配方和制造工艺生产出来，供人们直接饮用的液体食品。随着生活水平的不断提高，饮料已成为了许多人生活中不可或缺的一类食品。

酒类的掺假是目前市场上最严重、最常见的掺伪行为之一。有些不法商贩置《中华人民共和国食品安全法》于不顾，向劣质酒中添加对人体有害的物质来增加酒的颜色、香味和甜味。这些次酒、假酒直接危害到人们的身体健康和生命安全。

茶、饮料等食品的质量直接关系到人体的健康，饮用变质或劣质不卫生的茶、饮料等会导致生病。因此，在选购和饮用时，应认真鉴别其品质。

项目一

酒类掺伪鉴别检验

要对酒类进行掺伪鉴别检验，首先要了解酒的种类和质量标准。

一、酒的分类

目前，酒的种类繁多，各地、各国分类的方法也不统一，从中国传统方法和习惯，可划分为以下几种。

1. 按酿酒用的原材料分类

（1）粮食酒　以粮食为主要原料生产的酒，如高粱酒、糯米酒等。

（2）果酒　用果类为原料生产的酒，如葡萄酒、果酒、香槟酒等。

（3）代粮酒　用粮食和果类以外的原料，比如植物淀粉或含糖的薯干、木薯、糖蜜等为原料生产的酒。

2. 按照生产工艺的特征分类

（1）蒸馏酒　蒸馏酒指以含糖或淀粉的物质为原料，经糖化、发酵、蒸馏制得的白酒，如我国的白酒，外国的白兰地、威士忌、伏特加等。

（2）发酵酒　发酵酒又称酿造酒，指以含糖或淀粉的物质如水果、麦芽等为原料，经糖化或发酵后，直接提取或压榨而得的酒，如啤酒、葡萄酒、黄酒等。

（3）配制酒　配制酒又称再制酒，指以发酵酒或蒸馏酒作为酒基，配加一定比例的可食用辅料（如着色剂、甜味剂、香精、花果、药材等）而制成的酒，如桂花酒、人参酒、虎骨酒、蛇酒、五加皮、玫瑰酒等。

3. 按商品的特性分类

（1）白酒　白酒是蒸馏酒的一种，主要以粮谷（高粱、玉米等）中的淀粉或糖类为原料，加入酒曲、酵母和其他辅料等，经过糖化、发酵、蒸馏等工艺，酿造成无色透明的酒精度较高的液体饮料。

在白酒中，有不同的分类法。

①按生产工艺方法不同，可分为三类，即固态法白酒、半液态（半固态）法白酒和液态法白酒。

固态法白酒：采用固态糖化、固态发酵及固态蒸馏的传统工艺酿制而成的白酒。按所用酒曲和主要工艺分为大曲酒、小曲酒、麸曲酒、混曲酒及其他糖化剂酒。

半固态法白酒：采用固态培菌、糖化，加水后，于液态下发酵、蒸馏的传统工艺酿制而成的白酒。

液态法白酒：采用液态糖化、液态发酵、液态蒸馏而制成的白酒。按工艺分为传统液态法白酒、串香白酒、固液勾兑白酒及调香白酒。

②按酒的香型可划分为五种。

浓香型白酒：以粮谷为原料，经传统固态法发酵、蒸馏、陈酿、勾兑而成的，未添加食用酒精及非白酒发酵产生的呈香呈味物质，具有以己酸乙酯为主体的复合香的白酒。特点是窖香浓郁，香味协调，尾净余长。主要以泸州老窖特曲为代表，四川五粮液等也属浓香型。

清香型白酒：特点为清香纯正，酸甜柔和，诸味协调，乙酸乙酯与适量的乳酸乙酯形成主体香。山西汾酒是清香型酒类的代表。

酱香型白酒：特点是酱香突出，酒味丰满醇厚，幽雅细腻，回味悠久，空杯留香。酱香型酒主要以贵州茅台酒为代表，此外还有四川郎酒等。

米香型白酒：特点是米香清雅，入口柔绵，回味怡畅。它的主体芳香成分是乳酸乙酯，其次是乙酸乙酯及其他高级醇。米香型酒主要以桂林三花酒为代表。

复香型白酒：指具有两种以上香型酒混合香气的白酒，包括兼香型（浓香型与酱香型兼而有之）、芝麻香型、豉香型等，特点是芳香幽雅，酱浓协和，余味悠长，既有酱香型酒的芳香幽雅，又有浓香型酒的浓郁窖香，主要代表有陕西凤酒、贵州董酒等。

（2）啤酒　啤酒是以麦芽、水为主要原料，加啤酒花，经酵母菌发酵酿制而成的，含二氧化碳的、起泡的，低酒精度的发酵酒。如按供给人体热能计算，1L啤酒大约相当于0.7L牛乳的营养，所以素有“液体面包”的雅称。

啤酒的种类很多，制作工艺也各异，因此啤酒的分类方法也很多，目前大致有以下5种。

①按色泽，分为淡色啤酒（色度2~14EBC）、浓色啤酒（色度15~40EBC）和黑色啤酒（色度≥41EBC）。

②按是否经过巴氏灭菌（制作工艺），分为鲜啤酒（又称为“扎啤”，未经巴氏灭菌或瞬时高温灭菌）、熟啤酒（经过巴氏灭菌或瞬时高温灭菌）、生啤酒（不经巴氏灭菌或瞬时高温灭菌，只经过过滤等物理方法除菌）。

③按原麦汁浓度，分为低浓度啤酒（营养啤酒：原麦汁浓度为2.5%~5.0%，酒精体积分数为0.5%~1.8%）；中浓度啤酒（佐餐啤酒：原麦汁浓度4%~9%，酒精体积分数为1.2%~2.5%）；贮藏啤酒（原麦汁浓度10%~14%，酒精体积分数为3.2%~4.2%）；高浓度啤酒（原麦汁浓度13%~22%，酒精体积分数为3.5%~5.5%）。

所谓啤酒的度数，主要是指啤酒中原麦芽汁的质量分数，而不是酒精含量，如12°啤酒，酒精体积分数为3.5%~4.0%。目前，我国生产的啤酒多为12°。

④按发酵方法，分为上发酵法［该酵母菌发酵的啤酒在发酵过程中，液体表面大量聚集泡沫发酵。这种方式发酵的啤酒适合温度高的环境（16~24℃），在装瓶后啤酒会在瓶内继续发酵。这类啤酒偏甜，酒精含量高］和下发酵法（该啤酒酵母菌在底部发酵，发酵温度要求较低，酒精含量较低，味道偏酸）。我国的啤酒多采用下发酵法。

⑤按包装容器，分为瓶装啤酒、罐装啤酒和桶装啤酒。

此外，还有特色啤酒，如干啤酒（真正发酵度不低于72%，口味干爽）、冰啤酒（冰晶化工艺处理，浊度≤0.8EBC）、低醇啤酒（酒精体积分数≤0.5%）、无醇啤酒（又称脱醇啤酒，酒精体积分数≤0.5%，原麦汁浓度≥3.0°P）、果蔬类啤酒等。

（3）果酒　果酒是以各种果品和野生的果实为原料，如苹果、葡萄、石榴、哈密瓜、刺梨、沙棘、猕猴桃等，经过破碎、发酵或者浸泡等工艺精心酿制调配而成的各式各样的低度饮料酒，一般含酒精体积分数为11%~16%。果酒也包括将各种果汁直接发酵或经勾兑后酿制成的低度酒。果酒以葡萄酒为代表。

葡萄酒是以鲜葡萄或葡萄汁为原料，经发酵酿制而成的，含一定酒精度的发酵酒，是果酒类中最大宗的品种，属于国际性饮料酒。

葡萄酒大致有以下3种分类。

①按色泽，可分为以下三种。

白葡萄酒：用白葡萄或皮红肉白的葡萄，先拧压成汁，再将汁单独发酵酿制成的。由于葡萄的皮与汁分离，而色素大部分存在于果皮中，故白葡萄酒呈淡黄色，酒液澄清、透明，含糖量高于红葡萄酒，酸度稍高，口味纯正，甜酸爽口，香气芬芳。

红葡萄酒：用皮红肉白或皮肉皆为红色或紫色的葡萄，带皮采用皮汁混合发酵，或采用旋转法发酵酿制而成的。果皮中的色素和单宁在发酵过程中溶于酒中，因此酒色呈自然的深宝石红、宝石红、石榴红等颜色。酒液澄清、透明，含糖量较多，酸度适中，口味甘美，微温，香气芬芳。

淡红葡萄酒：介于白葡萄酒和红葡萄酒之间，包括淡红、桃红、橘红。这类葡萄酒在风味上具有新鲜感和明显的果香。

②按含糖量，可分为以下几种。

干葡萄酒：含糖量（以葡萄糖计）≤4.0g/L。

半干葡萄酒：含糖量4.1~12.0g/L。

半甜葡萄酒：含糖量12.1~45.0g/L。

甜葡萄酒：含糖量大于45.0g/L。

③按酒中二氧化碳含量，可分为以下两种。

平静葡萄酒：在20℃时，二氧化碳压力<0.05MPa。

起泡葡萄酒：在 20℃ 时，二氧化碳压力≥0.05MPa。其中，高泡葡萄酒在 20℃ 时二氧化碳的压力≥0.35MPa；低泡葡萄酒在 20℃ 时二氧化碳的压力 0.05~0.34MPa。

此外，还有特种葡萄酒：用鲜葡萄或葡萄汁在采摘或酿造工艺中使用特种方法酿成的葡萄酒，如利口葡萄酒、葡萄汽酒、冰葡萄酒、贵腐葡萄酒、产膜葡萄酒、加香葡萄酒、低醇葡萄酒、脱醇葡萄酒等。

汽酒又称起泡酒、发泡酒，是一种年轻的酒种，源自法国香槟酒。古典制法是将葡萄汁置于瓶中，自然发酵，产生二氧化碳，进而又发展到在葡萄酒中充二氧化碳。前者称之为大香槟，后者称之为小香槟。它们的区分是由加工方法和瓶中压力不同所决定的。

大香槟酒是用上等的白葡萄酒加入蔗糖和酵母菌经发酵制成的，其品质特征是酒液呈金黄色而透明，有葡萄酒的芳香和发酵后的酯香，酒精体积分数为 12%~14%，含糖 6%，瓶中二氧化碳的压力在 460~510kPa，开启瓶盖时，由于瓶中压力大，会发出响声，冒出的泡沫细腻，挂杯持久，饮之爽口醇甜，芳香浓郁，风味独特。

小香槟酒是用葡萄酒或果汁加糖水、香料、色素、二氧化碳等辅料配制而成不经发酵的汽酒。其品质特征是色泽较淡，香气淡薄，酒精体积分数为 4%，含糖 8%，瓶中二氧化碳的压力在 400kPa 以下，在开启瓶盖时，只会像啤酒那样“丝丝”地冒点气。其配制技术简单，价格低廉，口味甜蜜，老少皆宜。

汽酒也可分属于配制酒，它是以不低于 20%发酵原果酒，添加一定比例允许使用的可食辅料，在 20℃ 时二氧化碳压力不低于 147kPa 配制成的酒精体积分数为 3%~5%的酒精饮料。

（4）黄酒　黄酒是以稻米、黍米等为主要原料，经加曲、酵母菌等糖化发酵剂酿制而成的发酵酒，是我国传统的名特饮用酒，因其色泽黄亮而得名，属于一种低度的发酵原酒。黄酒的酒性醇和，适于较长期贮存，具有“越陈越香”的特点。

黄酒按产品风格可分为传统型黄酒、清爽型黄酒、特型黄酒。按含糖量可分为干黄酒、半干黄酒、半甜黄酒和甜黄酒。

（5）配制酒　配制酒又称混成酒，是指在成品酒或食用酒精中加入药材、香料等原料精制而成的酒精饮料。其配制方法一般有浸泡法、蒸馏法、精炼法三种。浸泡法是指将药材、香料等原料浸没于成品酒中陈酿而制成配制酒的方法；蒸馏法是指将药材、香料等原料放入成品酒中进行蒸馏而制成配制酒的方法；精炼法是指将药材、香料等原料提炼成香精加入成品酒中而制成配制酒的方法，如在成品酒加入中草药制成的五加皮；加入名贵药材的人参酒；加入动物性原料的鹿茸酒、蛇酒；加入水果的杨梅酒、荔枝酒等。

外国配制酒有开胃酒、甜食酒、利口酒等。

开胃酒如味美思。味美思酒以干白葡萄酒为酒基，加入各种各样的配制香料，如金鸡纳树皮、小茴香、豆蔻、丁香、陈皮、玫瑰花、冰糖、焦糖色等。

甜食酒是指西餐中专门佐食甜点的强化葡萄酒，如波尔图酒，是用葡萄原汁酒与葡萄蒸馏酒勾兑而成的，是葡萄牙人和法国人喜爱的开胃酒。

利口酒又称利乔酒或香甜酒，一般采用浸泡法酿制，是在蒸馏酒或食用酒精中加入芳香原料配制而成。其突出的风格是口味醇厚、鲜美、圆润、色泽娇艳、气味芳香，有较好的助消化作用，主要用作餐后酒或调制鸡尾酒。如库拉索酒是由橘子皮调香浸制成的利口酒。

二、酒的质量标准

1. 白酒的质量标准

以浓香型白酒为例。依据 GB/T 10781.1—2021《白酒质量要求　第 1 部分：浓香型白酒》，其感官要求见表 6-1。浓香型白酒的高度酒理化指标见表 6-2，低度酒理化指标见表 6-3。

表 6-1　　浓香型白酒感官要求

项目	优级	一级
色泽和外观	无色或微黄，清亮透明，无悬浮物，无沉淀*	
香气	具有浓郁的己酸乙酯为主体的复合香气	具有较浓郁的己酸乙酯为主体的复合香气
口味	酒体醇和谐调，绵甜爽净，余味悠长	酒体较醇和谐调，绵甜爽净，余味悠长
风格	具有本品典型的风格	具有本品明显的风格

注：*当酒的温度低于 10℃时，允许出现白色絮状沉淀物质或失光；10℃以上时应逐渐恢复正常。

表 6-2　　浓香型白酒的高度酒理化指标

项目		优级	一级
酒精体积分数*/%		41~68	
总酸（以乙酸计）/(g/L)	≥	0.40	0.30
总酯（以乙酸乙酯计）/(g/L)	≥	2.00	1.50
己酸乙酯/(g/L)		1.20~2.80	0.60~2.50
固形物/(g/L)	≤	0.40	

注：*酒精体积分数为 41%~49%的酒，固形物可小于或等于 0.50g/L。

表 6-3　浓香型白酒的低度酒理化指标

项目		优级	一级
酒精体积分数/%		25~40	
总酸（以乙酸计）/(g/L)	≥	0.30	0.25
总酯（以乙酸乙酯计）/(g/L)	≥	1.50	1.00
己酸乙酯/(g/L)		0.70~2.20	0.40~2.20
固形物/(g/L)	≤	0.70	

2. 啤酒的质量标准

依据 GB 4927—2008《啤酒》，以淡色啤酒为例，其感官要求见表 6-4，其理化指标见表 6-5。

表 6-4　淡色啤酒感官要求

项目		优级	一级
外观[①]			
透明度		清亮，允许有肉眼可见的微细悬浮物和沉淀物	
浊度/EBC ≤		0.9	1.2
泡沫			
形态		泡沫洁白细腻，持久挂杯	泡沫较洁白细腻，较持久挂杯
泡持性[②]/s ≥	瓶装	180	130
	听装	150	110
香气和口味		有明显的酒花香气，口味纯正，爽口，酒体协调，柔和，无异香、异味	有较明显的酒花香气，口味纯正，较爽口，酒体协调，无异香、异味

注：①对非瓶装的鲜啤酒无要求。
②对桶装的啤酒无要求。

表 6-5　淡色啤酒理化指标

项目	优级	一级
酒精体积分数[①]/%	≥14.1°P	5.2
	12.1~14.0°P	4.5
	11.1~12.0°P	4.1
	10.1~11.0°P	3.7
	8.1~10.0°P	3.3
	≤8.1°P	2.5

续表

项目	优级	一级
原麦汁浓度②/°P	X	
总酸/（mL/100mL）	≥14.1°P	3.0
	10.1~14.0°P	2.6
	≤10.0°P	2.2
二氧化碳③/%	0.35~0.65	
双乙酰/（mg/L）≤	0.10	0.15
蔗糖转化酶活性④	呈阳性	

注：①不包括低醇啤酒、无醇啤酒。
②"X"为标签上标注的原麦汁浓度。
③桶装啤酒二氧化碳≥0.25%。
④仅对"生、鲜啤酒"有要求。

3. 果酒的质量标准

以葡萄酒为例，依据 GB/T 15037—2006《葡萄酒》，其感官要求见表 6-6，其理化指标见表 6-7。

表 6-6 葡萄酒的感官要求

项目			要求
外观	色泽	白葡萄酒	近似无色、微黄带绿、浅黄、禾秆黄、金黄色
		红葡萄酒	紫红、深红、宝石红、红微带棕色、棕红色
		桃红葡萄酒	桃红、淡玫瑰红、浅红色
	澄清程度		澄清，有光泽，无明显悬浮物
	起泡程度		起泡葡萄酒注入杯中时，应有细微的串珠状气泡升起，并有一定的持续性
香气与滋味	香气		具有纯正、优雅、怡悦、和谐的果香与酒香
	滋味	干、半干葡萄酒	具有纯正、优雅、爽怡的口味和悦人的果香气，酒体完整
		半甜、甜葡萄酒	具有甘甜醇厚的口味和陈酿的酒香味，甜酸协调，酒体丰满
		起泡葡萄酒	具有优美醇正、和谐悦人的口味和发酵起泡酒的特有香味，有杀口力
典型性			具有标示的葡萄品种及产品类型应有的特征和风格

表 6-7　　葡萄酒的理化指标

项目			要求
酒精体积分数（20℃）/%			≥7.0
总糖（以葡萄糖计）/(g/L)	平静葡萄酒	干葡萄酒	≤4.0
		半干葡萄酒	4.1~12.0
		半甜葡萄酒	12.1~45.0
		甜葡萄酒	≥45.1
	高泡葡萄酒	天然型高泡葡萄酒	≤12.0
		绝干型高泡葡萄酒	12.1~17.0
		干型高泡葡萄酒	17.1~32.0
		半干型高泡葡萄酒	32.1~50.0
		甜型高泡葡萄酒	≥50.1
干浸出物/(g/L)		白葡萄酒	≥16.0
		桃红葡萄酒	≥17.0
		红葡萄酒	≥18.0
挥发酸（以乙酸计）/(g/L)			≤1.2
柠檬酸/(g/L)	干、半干、半甜葡萄酒		≤1.0
	甜葡萄酒		≤2.0
二氧化碳（20℃）/MPa	低泡葡萄酒	<250mL/瓶	0.05~0.29
		≥250mL/瓶	0.05~0.34
	高泡葡萄酒	<250mL/瓶	≥0.30
		≥250mL/瓶	≥0.35
铁/(mg/L)			≤8.0
铜/(mg/L)			≤1.0
甲醇/(mg/L)	白、桃红葡萄酒		≤250
	红葡萄酒		≤400
苯甲酸或苯甲酸钠（以苯甲酸计）/(mg/L)			≤50
山梨酸或山梨酸钾（以山梨酸计）/(mg/L)			≤200

4. 黄酒的质量标准

依据 GB/T 13662—2018《黄酒》，以传统型黄酒为例，其感官要求见表 6-8；以传统型干黄酒为例，其理化指标见表 6-9。

表 6-8　传统型黄酒感官要求

项目	类型	优级	一级	二级
外观	干黄酒、半干黄酒、半甜黄酒、甜黄酒	橙黄色至深褐色，清亮透明，有光泽，允许瓶（坛）底有微量聚集物		淡黄色至深褐色，清亮透明，允许瓶（坛）底有微量聚集物
香气	干黄酒、半干黄酒、半甜黄酒、甜黄酒	具有黄酒特有的浓郁醇香，无异香	黄酒特有的浓郁较醇香，无异香	黄酒特有的醇香，无异香
口味	干黄酒	醇和，爽口，无异味	醇和，较爽口，无异味	尚醇和，爽口，无异味
	半干黄酒	醇厚，柔和鲜爽，无异味	醇厚，较柔和鲜爽，无异味	尚醇厚鲜爽，无异味
	半甜黄酒	醇厚，鲜甜爽口，无异味	醇厚，较鲜甜爽口，无异味	醇厚，尚鲜甜爽口，无异味
	甜黄酒	鲜甜，醇厚，无异味	鲜甜，较醇厚，无异味	鲜甜，尚醇厚，无异味
风格	干黄酒、半干黄酒、半甜黄酒、甜黄酒	酒体协调，具有黄酒品种的典型风格	酒体较协调，具有黄酒品种的典型风格	酒体尚协调，具有黄酒品种的典型风格

表 6-9　传统型干黄酒理化指标

项目		稻米黄酒			非稻米黄酒	
		优级	一级	二级	优级	一级
总糖（以葡萄糖计）/(g/L)	≤	15.0				
非糖固形物/(g/L)	≥	14.0	11.5	9.5	11.0	11.5
酒精度（20℃）/%vol	≥	8.0①			8.0②	
总酸（以乳酸计）/(g/L)		3.0~7.0			3.0~7.0	
氨基酸态氮/(g/L)	≥	0.35	0.25	0.50	0.16	
pH		3.5~4.6				
氧化钙/(g/L)	≤	1.0				
苯甲酸③/(g/kg)	≤	0.05				

注：①酒精度低于 14%vol 时，非糖固形物和氨基酸态氮按 14%vol 折算，酒精度标签标示值与实测值之间差为±1.0%vol。

②酒精度低于 11%vol 时，非糖固形物、氨基酸态氮的值按 11%vol 折算，酒精度标签标示值与实测值之间差为±1.0%vol。

③指黄酒发酵及贮存过程中自然产生的苯甲酸。

三、常见酒类的感官鉴别

酒是直接入口的粮食饮品，它的产品质量、卫生状况与人体健康的关系尤为密切。因此，酒类产品质量的鉴别检验工作极为重要。

酒类是一种以色、香、味协调为关键的嗜好饮料，所以要进行色、香、味的分析与感官评价，不断进行控制品质的管理。在我国特种酒只有用感官评价才能决定其等级（特级、一级、二级），因此，酒的感官鉴别也是检验鉴别中不可缺少的项目。

1. 白酒的感官鉴别

（1）白酒的感官鉴别方法　白酒的感官评定是指评酒者通过眼、鼻、口等感觉器官，对白酒样品的色泽、香气、口味及风格特征的分析评价。按 GB/T 10345—2022《白酒分析方法》，具体鉴别方法见本模块“实训一　白酒的感官评定”。

（2）良质、次质白酒的感官鉴别　以茅台酒的感官鉴别为例。

外观：无色（允许有淡黄色），清澈、透明，无悬浮物，无沉淀杂质。

香气：酱香突出，幽雅细腻，酒体醇厚，空杯留香幽雅持久。

口味：醇厚丰满、酱香显著，回味悠长。

风格：酱香突出，幽雅细腻，醇厚丰满，回味悠久，空杯留香持久。

假茅台酒：多为一般高粱酒、白干酒、配制酒，很难达到茅台酒的质量标准。无真酒之酱香品味，或入口辛辣，或有苦涩感，留香时间短。

良质酒色泽、香气、滋味均良好，无变色、褪色、沉淀、变味等异常现象。这类粮谷酒的销售和饮用可不受限制。

次质酒一般可以饮用。如发现明显的变色、褪色、变味等现象或有大量的沉淀物，则应禁止食用，可改为他用。

劣质酒不得饮用。劣质白酒可改用于生产工业酒精。

2. 果酒的感官鉴别

（1）果酒的感官鉴别方法　依据 GB/T 15038—2006《葡萄酒、果酒通用分析方法》。果酒的感官分析是指评价员通过用口、眼、鼻等感觉器官检查产品的感官特征，即对果酒产品的色泽、香气、滋味及典型性等感官特征进行检查与分析评定，具体鉴别方法可见本模块“实训二　葡萄酒的感官分析”。

（2）果酒的感官鉴别

①外观鉴别：应具有原果实的真实色泽，酒液清亮、透明，具有光泽，无悬浮物、沉淀物和混浊现象。

②香气鉴别：果酒一般具有原果实特有的芳香，陈酒还应具有浓郁的酒香，而且一般都是果香与酒香混为一体。酒香越丰富，酒的品质越好。

③果酒滋味鉴别：应酸甜适口、醇厚纯净而无异味。甜型酒应甜而不腻。干

型酒应清快爽口，不得有突出的酒精气味。

酒精体积分数鉴别：果酒的酒精体积分数多在 11%~16%。

④果酒混浊、沉淀物的鉴别：将酒倒入酒杯中，用肉眼观察是否混浊或有沉淀，如发现混浊、沉淀物为胶体状，可能是果胶物质；如混浊沉淀物为带有泡沫的胶体状，可能是酒被微生物污染所致；如沉淀物为沉于瓶底的无定形物，这种沉淀物可能是因过滤不严格，杂质漏入酒瓶中所致。

3. 啤酒的感官鉴别

（1）啤酒的感官鉴别方法　按 GB/T 4928—2008《啤酒分析方法》。啤酒的感官鉴别是通过用口、眼、鼻等感觉器官检查啤酒的感官特征，即对外观色泽、透明度、浊度；泡沫形态、泡持性；香味、口味；色度等感官特征进行鉴别，具体鉴别方法见本模块“实训三　啤酒的感官检验”。

（2）良质、次质啤酒的感官鉴别

①良质啤酒。

外观：浅黄带绿，有光泽，清澈、透明，无小颗粒，无悬浮物，无沉淀物，无杂质。

泡沫：倒入杯中起泡，泡沫达（1/2）~（2/3）杯高，洁白、细腻，挂杯持久，在 4min 以上。

香气：有明显酒花香气和麦芽清香，无生啤酒花味，无老化味，无异味，无异臭，无酵母气味。

口味：酒液纯正，酒香醇，无异杂味，柔和适口，无甜味，无苦涩味。

②次质啤酒。

外观：色淡黄（或稍深），透明，有光泽，有少许悬浮物，有沉淀物。

泡沫：倒入杯中有泡沫，泡沫较洁白，挂杯持续 2~3min。

香气：酒花香气淡薄，无味。

口味：口味较纯正，无明显异味。

③劣质啤酒。

外观：色深暗，无光泽，有明显悬浮物，有沉淀物，酒体有混浊，有可见小颗粒。

泡沫：注入杯中，稍有泡沫或无泡沫，泡沫消失快，不挂杯。

香气：无酒花香气，有异香，有怪味。

口味：口味不正，有异味、怪味、酸味、老化味、铁腥味、苦涩味。

4. 黄酒的感官鉴别

（1）黄酒的感官鉴别方法　依据 GB/T 13662—2018《黄酒》，黄酒感官检查是通过用口、眼、鼻等感觉器官检查黄酒的感官特征，即对外观、香气、口味、风格等感官特征进行检查，综合评价酒样的风格及典型性程度，具体鉴别方法见本模块“实训四　黄酒的感官检验”。

（2）良质黄酒的感官特征　良质黄酒色泽呈淡黄色至深褐色，清亮透明，有光泽，允许瓶（坛）底有微量聚集物；具有黄酒特有的浓郁醇香，无异香；酒味醇和，爽口，无异味；酒体协调，具有黄酒品种的典型风格，酒精体积分数一般为14.5%~20%。

四、酒类的掺伪检验

酒的主要成分是乙醇和水，以及少量的其他物质，如酸类、酯类、高级醇、甲醇、醛类等。而白酒中掺糖、掺水等往往导致酒的质量下降。以至于不合理的生产过程，甲醇、高级醇等物质的含量过高；若生产过程中添加的物质中含有二氧化硫，或者由于设备被铅等污染，采用工业酒精配制白酒而含有有害物质，都会对人体产生严重危害。因此，酒类的鉴别检验至关重要。

所有酒类的生产方法、特定成分含量等，都有严格的规定，所以要求按规定的分析方法进行准确测定。

1. 掺水白酒的鉴别检验

各种白酒均有一定的酒精含量，如常见的高度白酒酒精体积分数为62%和60%；低度酒为55%，53%，38%等，掺水后，其酒精含量必然会降低。因此，这可由测定白酒中酒精含量进行鉴别。

白酒中酒精含量的测定，依据GB/T 10345—2022《白酒分析方法》进行，如酒精计法。

（1）原理　采用精密酒精计读取酒精体积分数值，并进行温度校正，求得在20℃的酒精含量的体积分数即为酒精度。

（2）仪器　精密酒精计。

（3）分析步骤　将试样液注入洁净、干燥的100mL量筒中，静置数分钟，待酒中气泡消失后，放入洁净、擦干的酒精计中，再轻轻按一下，不应接触量筒壁，同时插入温度计，平衡约5min，水平观测，读取与弯月面相切处的刻度示值，同时记录温度。根据测得的刻度示值和温度，从《食品常用数据手册》查阅“酒精度与温度校正表”，换算成20℃时样品的酒精度。

2. 掺糖白酒的鉴别检验

白酒中含糖量极少，几乎品尝不出甜味。有些不法商贩为了以劣充优，便往劣质白酒中添加蔗糖掩盖假象，这种劣质酒味虽甜，但不醇厚。因此如果在白酒中检验出糖，即可认为是掺假白酒。

（1）定性检验

①原理：白酒中掺入的蔗糖与α-萘酚的乙醇溶液作用，加入硫酸后，两相界面之间生成紫色环。

②主要试剂：15%α-萘酚乙醇溶液，浓硫酸。

③检验方法：取酒样 1mL，置于洁净的试管中，加入 15%α-萘酚乙醇溶液 2 滴，摇匀，沿管壁缓缓加入浓硫酸 1mL。如两相界面之间呈现紫色环，则说明含糖。

（2）定量测定

①原理：糖与硫酸反应后，脱水生成羧甲基糖醛，再与蒽酮反应缩合成蓝绿色化合物，呈色的深、浅与糖的浓度成正比，可在波长 630nm 处比色定量。

②主要试剂：蒽酮试剂，糖标准溶液（含蔗糖 1mg/mL）。

③糖标准曲线的绘制：精确吸取糖标准液 0.0，0.1，0.3，0.5，0.7，0.9，1.1，1.3，1.5mL，置于 10mL 具塞比色管中加蒸馏水至 2mL，同前述样品操作，在波长 630nm 处比色测定吸光度，然后绘出标准曲线。

④检验方法：取酒样 1mL 置于 100mL 容量瓶中，加水至刻度，混匀。吸取此溶液 0.1～0.2mL（糖含量为 10～150μg）置于 10mL 具塞比色管中加蒸馏水至 2mL，加蒽酮试剂 6mL，摇匀，立即放入沸水浴中加热 7min，取出，迅速用冰水冷却。同时做空白实验。用 1cm 比色皿在波长 630nm 处测吸光度，查标准曲线计算结果。

⑤计算：可按下式计算结果。

$$X=\frac{A}{V_1\times\frac{V_2}{100}}\times100$$

式中　X——样品中糖的含量，μg/100mL；

A——测定样品中糖的含量，μg；

V_1——样品的体积，mL；

V_2——吸取样品液的体积，mL。

如果对白酒中的掺糖情况仅需要大致了解，可用手持糖量计或阿贝折光仪简便测定。

3. 用工业酒精配制酒的鉴别检验

近几年发现有些不法商贩采用工业酒精配制酒在市场上出售，直接威胁到饮用者的身体健康。工业酒精是一种含甲醇相当高的酒精，甲醇是一种有毒性的物质，它在人体内有蓄积作用，一次摄入 4～10g 即可使人严重中毒。工业酒精只能用于非食用的工业生产，不能用于食品。

可通过测定酒类中的甲醇含量，以鉴别酒类的质量。酒中甲醇的测定可按 GB/T 15038—2006《葡萄酒、果酒通用分析方法》进行，如采用比色法。

（1）原理　甲醇经氧化成甲醛后，与品红亚硫酸作用生成蓝紫色化合物，与标准系列比较定量。

（2）试剂和材料　高锰酸钾-磷酸-水（3+15+82）溶液、草酸-硫酸［5+(1+1)］溶液、品红-亚硫酸溶液（1+10）、甲醇标准溶液（10mg/mL）、无甲醇的乙醇溶液、亚硫酸钠溶液（100g/L）。

（3）仪器　分光光度计。

（4）试样的制备　用一洁净、干燥的100mL容量瓶准确量取100mL样品（液温20℃），于500mL蒸馏瓶中用50mL水分三次冲洗容量瓶，将洗液并入蒸馏瓶中，再加几颗玻璃珠，连接冷凝器，以取样用的原容量瓶作接收器（外加冰浴）。开启冷却水，缓慢加热蒸馏。收集馏出液接近刻度，取下容量瓶，盖塞。于20℃水浴中保温30min，补加水至刻度，混匀，备用。

（5）分析步骤　根据样品乙醇浓度吸取按上述方法制备的试样（乙醇浓度10%，取1.4mL；乙醇浓度20%，取1.2mL），置于25mL具塞比色皿中。

吸取0，0.10，0.20，0.40，0.60，0.80，1.00mL甲醇标准使用液（相当于0，0.05，0.10，0.20，0.30，0.40，0.50mg甲醇）分别置于25mL具塞比色皿中，并用无甲醇的乙醇稀释至1.0mL。于样品管及标准管中各加水至5mL，再依次各加2mL高锰酸钾-磷酸溶液，混匀，放置10min，各加2mL草酸-硫酸溶液，混匀使之褪色，再各加5mL品红-亚硫酸溶液，混匀，于20℃以上静置0.5h，用2cm比色皿，以零管调节零点，于波长590nm处测吸光度，绘制标准曲线比较，或与标准色列目测比较。

（6）结果计算　样品中甲醇的含量按下式计算。

$$X=\frac{m_1}{V_1}\times 1000$$

式中　X——样品中甲醇的含量，mg/L；

m_1——测定样品中甲醇的质量，mg；

V_1——吸取样品的体积，mL。

4. 假冒啤酒的鉴别检验

（1）假冒啤酒的简易检测方法　近几年在市场上发现有些不法商贩出售假冒伪劣啤酒，所掺入的杂质有毒、有害甚至是致命的物质。这种假冒啤酒一般是用柠檬酸加小苏打产气，加洗衣粉产泡沫，再掺入白酒、砂糖、糖精、色素、香精等原料配制而成。一般可以采取检测pH和检出洗衣粉为依据，证明是否为假冒啤酒。

①pH的测定：采用精密pH试纸或广域pH试纸，蘸样品与标准比色卡比较。如pH大于5，则为可疑。也可用酸度计进行测定。

②洗衣粉的检验。

原理：阴离子合成洗涤剂可与亚甲蓝溶液生成蓝色化合物，易溶于有机溶剂。根据其呈色的深浅，可测定阴离子合成洗涤剂的含量。

主要试剂：3%亚甲蓝溶液（称取亚甲蓝30mg，溶于500mL蒸馏水中，加入硫酸6.8mL和磷酸二氯钠50g溶解后用蒸馏水稀释至1000mL）。

检验方法：取2mL酒样置于50mL具塞比色管中，加蒸馏水至25mL，加亚甲蓝溶液5mL，剧烈振摇，萃取1min，静置分层，如氯仿层呈明显蓝色，则为阳性，同时需做空白对照。

（2）掺水啤酒的检验

①原理：一般波美度小于 11°Bé 的为可疑掺水啤酒。

②检验方法：取酒样于 100mL 量筒中，轻轻放入波美计，放入时避免上下振动和左右摇摆，也不应接触量筒壁，然后轻轻按下少许，待其上升静置后，从水平位置观察其液面与图 6-1 中二氧化碳压力测定器面相交处的刻度，得到啤酒的波美度。

（3）二氧化碳的测定　啤酒和发泡酒中均含有二氧化碳。二氧化碳可使啤酒清凉、爽口，并能产生足够的泡沫，是这类酒的重要质量指标。

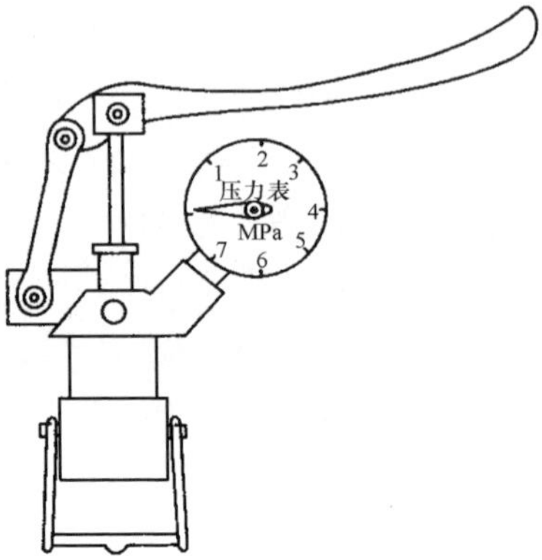

图 6-1　二氧化碳压力测定器

二氧化碳的测定可按 GB/T 4928—2008《啤酒分析方法》进行，具体见本模块“实训五　啤酒中二氧化碳的测定”。

5. 鲜啤酒与熟啤酒的鉴别检验

鲜啤酒和熟啤酒的相同点：都是啤酒，类型、风味相同，酒基相同（即一罐酒液可以生产熟啤酒，也可以生产鲜啤酒）；产品理化指标相同，按同一方法检测，同一标准判断产品是否合格；都是无菌状态，符合卫生标准，可以放心饮用；有比较长的保质期，瓶装、听装熟啤酒保质期二级为 60d，一级、优级为 120d 以上；瓶装、听装鲜啤酒保质期 60～90d。

鲜啤酒和熟啤酒的不同点：熟啤酒采用加热方式实现灭菌以延长保质期；鲜啤酒则是通过微孔膜过滤除菌达到保质要求，因此又可称冷过滤啤酒；熟啤酒在 60～65℃的高温灭菌时，多酚和蛋白质被氧化；可溶性蛋白质部分变性；各种水解酶类失活，使啤酒在色泽、澄清度、口味、营养性等方面都发生变化，最明显的是失去了啤酒新鲜口味。而鲜啤酒没有经过热灭菌，在 0℃左右用 0.4～0.6μm 的膜过滤，因此没有上述变化。纯生啤酒比熟啤酒更纯正、新鲜、富有营养。

但是市场上也有人把没有通过微孔膜过滤除菌鲜啤酒装入瓶中封盖后冒充熟啤酒出售。

熟啤酒与鲜啤酒的主要区别是：熟啤酒经过巴氏消毒，酒内不含有活性酵母菌，而鲜啤酒没有经过巴氏消毒，酒内含有活性酵母菌。

检验方法是用 0.1%美蓝染色后镜检。

（1）检验原理　活性酵母菌还原能力强，能把美蓝还原成无色，因此活性酵母菌为无色。

（2）操作步骤　滴一小滴 0.1%美蓝染色液于载玻片中央，按无菌操作取少量酵母菌与其混合均匀。用镊子取一块盖玻片，将盖玻片一边与菌体接触，缓缓将盖玻片倾斜并覆盖在菌液上。

放置约 3min 后，观察结果，根据酵母菌是否染上蓝色可以区别酵母菌的死活（活的酵母菌不被染色），从而鉴别是否为鲜啤酒。

检验时应同时用水或鲜啤酒做对照。

项目二

饮料掺伪的鉴别检验

饮料可分为含酒精饮料和无酒精饮料。酒精饮料包括各种发酵酒、蒸馏酒及配制酒。一般饮料多指无酒精饮料，又称软饮料，是不含酒精，饮用后感觉清凉又能解渴的饮品。饮料一般分为两类，一类是碳酸饮料，如汽水等；另一类是不含碳酸的饮料，如果汁、蔬汁、固体饮料等。

一、饮料的质量标准

GB 7101—2022《食品安全国家标准　饮料》代替了 GB 2759. 2—2003《碳酸饮料卫生标准》、GB 19297—2003《果蔬汁饮料卫生标准》等。

饮料是经过定量包装的，供直接饮用或用水冲调饮用的，乙醇含量（质量分数）不超过 0. 5%的制品。

1. 饮料的技术要求

（1）饮料的感官要求　饮料的感官要求应符合表 6-10 的规定。

表 6-10　饮料的感官要求

项目	要求	检验方法
色泽	具有该产品应有的色泽	液体饮料：取一定量混合均匀的被测样品置于 50mL 无色透明烧杯中，在自然光下观察色泽，鉴别气味，用温开水漱口，品尝滋味，检查其有无异物，浓缩饮料按产品标签标示的冲调比例稀释后进行检测 固体饮料：取 5g 左右的被测样品置于一洁净的白色瓷盘中，在自然光下用肉眼观察其色泽和外观形态，按标签上所述的使用方法于透明的玻璃烧杯内冲溶稀释后，立即嗅其香气，辨其滋味，静置 2min 后，看烧杯底部有无异物
滋味、气味	无异味，无异嗅	
状态	无正常视力可见外来异物，液体饮料状态均匀，固体饮料无结块	

（2）饮料的理化指标　饮料的理化指标应符合表 6-11 的规定。

表 6-11　　饮料的理化指标

项目		指标	检验方法
锌、铜、铁总和①/(mg/L)	≤	20	GB 5009.13—2017 或 GB 5009.14—2017 或 GB/T 5009.90—2016
氰化物（以 HCN 计）②/(mg/L)	≤	0.05	GB/T 5009.48—2003
脲酶实验③		阴性	植物蛋白饮料按 GB/T 5009.183—2003 检验

注：①仅适用于金属罐装果蔬汁饮料。
②仅适用于以杏仁为原料的饮料。
③仅适用于以大豆为原料的饮料。
④固体饮料、浓缩饮料按产品标签标示的冲调比例稀释后应符合本表要求。

（3）饮料的其他要求　污染物限量应符合 GB 2762—2017 的规定，真菌毒素限量应符合 GB 2761—2017 的规定，农药最大残留限量应符合 GB 2763—2021 的规定，微生物限量见表 6-12 的规定。

表 6-12　　饮料的微生物限量

项目	采样方案①及限量				检验方法
	N	*c*	*m*	*M*	
菌落总数②/(CFU/g 或 CFU/mL)	5	2	10^2 (10^2)	10^4 (10^2)	GB 4789.2—2022
大肠菌群/(CFU/g 或 CFU/mL)	5	2	1（10）	10（10^2）	GB 4789.3—2016 平板计数法
霉菌/(CFU/g 或 CFU/mL)	20（50）				GB 4789.15—2016
酵母③/(CFU/g 或 CFU/mL)	20				GB 4789.15—2016

注：①样品的采集及处理按 GB 4789.1—2016 和 GB/T 4789.21—2003 执行。
②不适用于活菌型乳酸菌饮料。
③不适用于固体饮料。

食品添加剂的使用应符合 GB 2760—2014 的规定。

食品营养强化剂的使用应符合 GB 14880—2012 的规定。

2. 冷冻饮品标准

GB 2759—2015《食品安全国家标准　冷冻饮品和制作料》代替了 GB 2759.1—2003《冷冻饮品卫生标准》。

冷冻饮品是指以饮用水、食糖、乳、乳制品、果蔬制品、豆类、食用油脂等中的几种为主要原料，添加或不添加其他辅料、食品添加剂、食品营养强化剂，经配料、巴氏杀菌或灭菌、凝冻或冷冻等工艺制成的固态或半固态食品，包括冰淇淋、雪糕、雪泥、冰棍、甜味冰等。

（1）冷冻饮品的感官要求　冷冻饮品的感官要求应符合表 6-13 的规定。

表 6-13　　冷冻饮品的感官要求

项目	要求	检验方法
色泽	具有产品应有的正常色泽	在冻结状态下，取单只包装样品置于清洁、干燥的白色瓷盘中，先检查包装质量，然后剥开包装物，观察其色泽和状态等，品其滋味，闻其气味
滋味、气味	无异嗅，无异味	
状态	具有产品应有的状态，无正常视力可见外来异物	

（2）冷冻饮品的其他要求　污染物限量应符合 GB 2762—2017 的规定。

致病菌限量应符合 GB 29921—2021 中冷冻饮品的规定。

其他微生物限量还应符合表 6-14 的规定。

表 6-14　　冷冻饮品的微生物限量

项目	采样方案及限量①				检验方法
	N	c	m	M	
菌落总数②/(CFU/g 或 CFU/mL)	5	2（0）	2.5×10^4（10^2）	10^5（-）	GB 4789.2—2022
大肠菌群/(CFU/g 或 CFU/mL)	5	2（0）	10（10）	10^2（-）	GB 4789.3—2016 平板计数法

注：①括号内数值仅适用于食用冰。
②不适用于终产品含有活性菌种的产品。

食品添加剂的使用应符合 GB 2760—2014 的规定。

食品营养强化剂的使用应符合 GB 14880—2012 的规定。

3. 固体饮料质量标准

固体饮料是用食品原辅料、食品添加剂等加工制成的粉末状、颗粒状或块状等供冲调或冲泡饮用的固态制品。固体饮料质量应符合 GB/T 29602—2013《固体饮料》标准。

（1）产品分类

①风味固体饮料：以食用香精（料）、糖、甜味剂、酸味剂、植脂末等一种或几种物质作为调整风味主要手段，添加或不添加其他食品原辅料和食品添加剂，经加工制成的固体饮料。如奶味固体饮料、果味固体饮料、茶味固体饮料、咖啡味固体饮料等。

②果蔬固体饮料：以水果和（或）蔬菜（包括可食的根、茎、叶、花、果）或其制品等为主要原料，添加或不添加其他食品原辅料和食品添加剂，经加工制成的固体饮料。

③蛋白固体饮料：以乳和（或）乳制品，或其他动物来源的可食用蛋白质，或含有一定蛋白质含量的植物果实、种子或果仁或其制品等为原料，添加或不添加其他食品原辅料和食品添加剂，经加工制成的固体饮料。

④茶固体饮料：以茶叶提取液或其提取物或直接以茶粉为原料，添加或不添

加其他食品原辅料和食品添加剂，经加工制成的固体饮料。

⑤咖啡固体饮料：以咖啡豆及咖啡制品为原料，添加或不添加其他食品原辅料和食品添加剂，经加工制成的固体饮料。

⑥植物固体饮料：以植物及其提取物（水果、蔬菜、茶、咖啡除外）为主要原料，添加或不添加其他食品原辅料和食品添加剂，经加工制成的固体饮料。

⑦特殊用途固体饮料：通过调整饮料中营养素的成分的种类及其含量，或加入具有特定功能成分适应人体需要的固体饮料，如运动固体饮料、营养素固体饮料、能量固体饮料等。

⑧其他固体饮料类：以上分类未能包括的固体饮料，如植脂末、泡腾片、添加益生菌的固体饮料等。

（2）感官要求　冲调或冲泡后具有该产品应有的色泽、香气和滋味，无异味，无外来杂质。

（3）水分要求　水分应不高于 7.0%。

（4）基本技术要求　按照标签标示的冲调或冲泡方法稀释后应符合表 6-15 的规定。

表 6-15　　固体饮料的基本技术要求

分类	项目	指标或要求
果蔬固体饮料（按原始配料计算）		
水果粉	水果汁含量（质量分数）/%	≥100
蔬菜粉	蔬菜汁含量（质量分数）/%	≥10
果汁固体饮料	水果汁含量（质量分数）/%	
蔬菜汁固体饮料	蔬菜汁含量（质量分数）/%	≥5
复合水果粉、复合蔬菜粉、复合果蔬粉	果汁和（或）蔬菜汁的含量（质量分数）/%	≥100
	不同果汁和（或）果蔬果汁的比例	符合标签标示
复合果汁固体饮料、复合蔬菜汁固体饮料、复合果蔬汁固体饮料	果汁和（或）蔬菜汁的含量（质量分数）/%	≥10
	不同果汁和（或）蔬菜汁的比例	符合标签标示
蛋白固体饮料		
含乳固体饮料	乳蛋白含量（质量分数）/%	≥1
植物蛋白固体饮料	蛋白质含量（质量分数）/%	≥0.5
复合蛋白固体饮料	蛋白质含量（质量分数）/%	≥0.7
	不同来源蛋白质含量的比例	符合标签标示
其他蛋白固体饮料	蛋白质含量（质量分数）/%	≥0.7

续表

分类	项目	指标或要求
茶固体饮料		
速溶茶粉、研磨茶粉		
绿茶	茶多酚含量/(mg/kg)	≥500
青茶		≥400
其他茶		≥300
调味茶固体饮料	茶多酚含量/(mg/kg)	≥200
	果汁含量（质量分数）/%（果汁茶）	≥5
	乳蛋白含量（质量分数）/%（奶茶）	≥0.5
咖啡固体饮料		
速溶咖啡	咖啡因含量/(mg/kg)	≥200
研磨咖啡		
速溶/即溶咖啡饮料		
风味固体饮料	—	
植物固体饮料		
特殊用途固体饮料		
其他固体饮料		

4. 饮用天然矿泉水标准

依据 GB 8537—2018《食品安全国家标准　饮用天然矿泉水》，饮用天然矿泉水是指从地下深处自然涌出的或经钻井采集的，含有一定量的矿物质、微量元素或其他成分，在一定区域未受污染并采取预防措施避免污染的水；在通常情况下，其化学成分、流量、水温等动态指标在天然周期波动范围内相对稳定。

(1) 饮用天然矿泉水的感官要求　饮用天然矿泉水的感官要求应符合表 6-16 的规定。

表 6-16　饮用天然矿泉水的感官要求

项目		要求	检验方法
色度/度	≤	10（不得呈现其他异色）	GB 8538—2022
浑浊度/NTU	≤	1	
滋味、气味		具有矿泉水的特征性口味，无异味、无异嗅	
可见物		允许有极少量的天然矿物盐沉淀，无正常视力可见外来异物	

(2) 饮用天然矿泉水的理化要求

①界限指标　应有一项（或一项以上）指标符合表 6-17 的规定。

表 6-17　饮用天然矿泉水的界限指标

项目		要求	检验方法
锂/(mg/L)	≥	0.20	GB 8538—2022
锶/(mg/L)	≥	0.20（含量在 0.20～0.40mg/L 时，水源水水温应在 25℃以上）	
锌/(mg/L)	≥	0.20	
偏硅酸/(mg/L)	≥	25.0（含量在 25.0～30.0mg/L 时，水源水水温应在 25℃以上）	
硒/(mg/L)	≥	0.01	GB 8538—2022
游离二氧化碳/(mg/L)	≥	250	
溶解性总固体/(mg/L)	≥	1000	

②限量指标应符合表 6-18 的规定。

表 6-18　饮用天然矿泉水的限量指标

项目	指标	检验方法
硒/(mg/L)	0.05	GB 8538—2022
锑/(mg/L)	0.005	
铜/(mg/L)	1.0	
钡/(mg/L)	0.7	
总铬/(mg/L)	0.05	
锰/(mg/L)	0.4	
镍/(mg/L)	0.02	
银/(mg/L)	0.05	
溴酸盐/(mg/L)	0.01	
硼酸盐（以 B 计）/(mg/L)	5	
氟化物（以 F^- 计）/(mg/L)	1.5	
耗氧量（以 O_2 计）/(mg/L)	2.0	
挥发酚（以苯酚计）/(mg/L)	0.002	
氰化物（以 CN^- 计）/(mg/L)	0.010	
矿物油/(mg/L)	0.05	
阴离子合成洗涤剂/(mg/L)	0.3	
^{226}镭放射性/(Bq/L)	1.1	
总 β 放射性/(Bq/L)	1.50	

③污染物限量应符合 GB 2762—2017 的规定。微生物限量应符合表 6-19 的规定。

表 6-19　饮用天然矿泉水的微生物限量

项目	采样方案[①]及限量			检验方法
	N	*c*	*M*	
大肠菌群[②]/(MPN/100mL)	5	0	0	GB 8538—2022
粪链球菌/(CFU/250mL)	5	0	0	
铜绿假单胞菌/(CFU/250mL)	5	0	0	
产气荚膜梭菌/(CFU/50mL)	5	0	0	

注：①样品的采集及处理按 GB 4789.1—2016 执行。
②采用滤膜法时，则大肠菌群项目的单位为 CFU/100mL。

食品添加剂的使用应符合 GB 2760—2014 的规定。

二、饮料的感官鉴别

1. 碳酸饮料（汽水）的感官鉴别

（1）汽水的类型　碳酸饮料可分为果汁型碳酸饮料、果味型碳酸饮料、可乐型碳酸饮料和其他型碳酸饮料。

果汁型碳酸饮料是含有一定量果汁的碳酸饮料，如橘汁汽水、菠萝汁汽水等。

果味型碳酸饮料是以果味香精为主要香气成分，含有少量果汁或者不含有果汁的碳酸饮料，如橘味汽水、柠檬味汽水等。

可乐型碳酸饮料是以可乐香精为主要香气成分的碳酸饮料。

其他型碳酸饮料如苏打水、沙士汽水等。

（2）汽水的感官鉴别方法　依据 GB/T 10792—2008《碳酸饮料（汽水）》执行。

感官实验方法：在室温下，打开包装，立即取一定量混合均匀的被测样品，鉴别气味，品尝滋味。并取 50mL 混合均匀的被测样品，置于 100mL 透明烧杯中，在自然光或相当于自然光的感官评定室内，观察其外观，检查其有无杂质。

（3）汽水质量的优、劣鉴别

①优质汽水：色泽与该类型汽水一致，香气协调柔和，具有该品种独特的风味，清凉爽口，味感柔和，上口和留味有极小差异，稍不够绵长。外观液位距瓶口 2~6cm，清汁型及可乐型澄清、透明；混汁型混浊度均匀一致，无杂质。

②次质汽水：色泽深浅与产品色泽基本接近，调色尚恰当。香气不够柔和，稍有异味和刺激味，味感不够柔和，酸甜比较差，上口和留味有差异。外观液位与瓶口距离 2~6cm。清汁型澄清、透明，稍有轻微的混浊或有微量沉淀；混浊型饮料混浊度不均匀，有分层沉淀，有由原辅料带进的一般杂质。

③劣质汽水：严重褪色，呈现与该品种不相符的使人不愉快的色泽，有令人不愉快的该品种不应有的气味，或严重污染，风味不正，酸甜比失调，有严重的异味，其外观液位与瓶口距离大于 6cm 或没有顶隙，有严重的不均匀的混浊或杂质。

2. 果蔬汁饮料的感官鉴别

（1）果汁的类型　果汁是果实的汁液兑入不同量的水和糖而制成的饮品。果汁分为原果汁、鲜果汁、浓缩果汁和果汁糖浆 4 类。

原果汁是新鲜果肉直接榨出来的原汁，分为澄清果汁（如葡萄汁、苹果汁等）和混浊果汁（如菠萝汁、柑橘汁等）。

鲜果汁是原果汁稀释后加入砂糖、柠檬酸等调制而成。

浓缩果汁是鲜果汁经脱水、浓缩（1~6 倍）而成，糖含量为 60%~70%。

果汁糖浆是原果汁或浓缩果汁经稀释后，加入糖、酸调制而成，含糖量为 40%~60%。

（2）果蔬汁饮料的感官鉴别方法　按 GB 7101—2022《食品安全国家标准　饮料》执行，具体见本模块“实训六　果蔬汁饮料的感官鉴别”。

（3）果汁质量的优、劣鉴别

①优质果汁：应具有各种果汁应有的天然色泽，具有各品种果汁特有的果香味，甜中带酸，并具有各种果汁特有的纯正滋味。澄清果汁澄清、透明，无混浊；混浊果汁混浊均匀一致，无沉淀和杂质，封口严密，不漏液。

②次质果汁：色泽稍显不纯正，天然香味不浓或微有异味，滋味不纯正，稍有异味。澄清果汁微有混浊；混浊果汁混浊不太均匀，无沉淀和杂质，封口严密，不漏液。

③劣质果汁：失去了固有的天然色泽，变为其他颜色，如柑橘汁变为浅白色或绿色，山楂汁变成棕色或褐色等。澄清果汁中出现混浊；混浊果汁出现明显分层。其中有絮状物、团块状悬浮物，或液面有菌膜，有大量沉淀、杂质，封口不严，漏液；有馊味、酒味、霉味等不良气味；酸味过重，有苦味、涩味或其他不良异味。

3. 冷饮类的质量感官鉴别

（1）冰淇淋质量的优、劣鉴别

①优质冰淇淋：具有与该品种相适应的均匀一致的色泽；有该品种特有的香气，口味正常；形态完整，组织细腻润滑，无乳糖、冰结晶及干酪粗粒存在，无外来杂质。

②次质冰淇淋：具有与该品种基本一致的色泽；香气稍微过浓或过淡；形态稍有变形，冻得不结实，有较大冰结晶，稍有脂肪、蛋白质等淤积，只有一般原料带进来的杂质。

③劣质冰淇淋：不具有与该品种相适应的色泽；香气不正常，有异味；有严

重变形，冻结不坚实并有严重冰结晶和较多的脂肪、蛋白质等淤积，可能有如头发、昆虫、沙子等杂质。

（2）雪糕质量的优、劣鉴别

①优质雪糕：有与该品种相适应的均匀一致的色泽；具有该品种特有的风味；冻结坚实，无外来杂质，形态完整，无空头、断扦。

②次质雪糕：有与该品种相适应的基本均匀一致的色泽；香味浓淡不一致；冻结不够坚实，有杂质，有少量断扦、半段、空头等情况。

③劣质雪糕：不具有该品种应有的色泽；有苦味、氯水味，香味不纯正，有异味；冻结不坚实，有糖分渗出，形态不完整，有较多的断扦、变形、半段等缺陷，甚至有头发、昆虫、沙子等杂质。

4. 咖啡固体饮料

（1）分类　咖啡固体饮料有速溶咖啡、研磨咖啡、速溶/即溶咖啡饮料等。

（2）质量标准　咖啡固体饮料的感官要求、水分要求、基本技术要求应符合GB 7101—2022《食品安全国家标准　饮料》的有关规定。

（3）感官检验　依据 GB/T 29602—2013《固体饮料》，按照标签标示冲调或冲泡方法制备 50mL 样品，倒入无色透明的容器中，置于明亮处观察其状态、色泽，嗅其气味，品尝其滋味。

（4）速溶咖啡饮料质量的感官鉴别　速溶咖啡是以咖啡豆及咖啡制品为原料，可添加糖和甜味剂、乳或乳制品、植脂末等一种或几种其他食品原辅料和食品添加剂，经加工制成的固体饮料。放入开水中可很快溶解，方便随时冲泡。

速溶咖啡质量的感官鉴别方法，可以分冲泡前和冲泡后两个阶段进行。

冲泡前的鉴别：优质速溶咖啡因品种和工艺不同而呈棕色至深褐色；组织状态为 2mm 左右大小的不规则颗粒，夹杂有部分细粉末；因焙炒时发生了美拉德反应而呈咖啡特有香气。

劣质速溶咖啡色泽深暗；组织状态上因受潮或其他原因而有结块、结团现象；咖啡的焙炒香味淡或根本嗅不到，有焦煳味。

冲泡后的鉴别：优质速溶咖啡溶解完全，无渣滓和悬浮物；汤汁呈明亮棕红色；具浓郁的咖啡香味；加糖后具有适度的苦味和酸味，风味爽口。

劣质速溶咖啡溶解后杯底有沉淀物，汤汁颜色偏暗，呈棕黑色；香气淡，有焦煳味；加糖后饮用，苦味和酸味浓重，回味苦涩。

5. 矿泉水的感官鉴别

（1）矿泉水的分类　根据产品中二氧化碳含量矿泉水分为以下四种。

①含气天然矿泉水：包装后，在正常温度和压力下有可见同源二氧化碳自然释放起泡的天然矿泉水。

②充气天然矿泉水：按规定处理，充入二氧化碳而起泡的天然矿泉水。

③无气天然矿泉水：按规定处理，包装后，其游离二氧化碳含量不超过为保

持溶解在水中的碳酸氢盐所必须的二氧化碳含量的一种天然矿泉水。

④脱气天然矿泉水：按规定处理，包装后，在正常的温度和压力下无可见的二氧化碳自然释放的一种天然矿泉水。

（2）矿泉水的感官鉴别方法　感官要求按 GB 8537—2018《食品安全国家标准　饮用天然矿泉水》。检验方法按 GB 8538—2022《食品安全国家标准　饮用天然矿泉水检验方法》。

如臭和味的检验分析步骤：量取 100mL 水样，置于 250mL 三角瓶中，振摇后从瓶口嗅水的气味，用适当词句描述，并按六级记录其强度。与此同时，取少量水放入口中（此水应对人体无害）不要咽下去，品尝水的味道，加以描述，并按六级记录强度。

臭和味的强度等级：0——无（无任何臭味）；1——微弱（一般饮用者甚难察觉，但嗅、味敏感者可以发觉）；2——弱（一般饮用者刚能察觉）；3——明显（已能明显察觉）；4——强（已有很显著的臭味）；5——很强（有强烈的恶臭或异味）。

（3）矿泉水质量的优、劣鉴别

①优质矿泉水：洁净，无色透明，无悬浮物或沉淀物，水体爽口而不黏稠，无异味，有本品特有口味，如轻微咸味等。有的有相当大的表面张力，注入杯中即使满出杯口也不外溢。

②劣质矿泉水：水体不洁净，有悬浮物、沉淀物或杂质；色泽稍暗不正；有杂异气味，口味平淡而不爽，甚至有的就是自来水。

三、饮料伪劣的掺伪检验

1. 假果汁饮料的鉴别检验

不法商贩甚至有的工厂，以糖精、香精和色素为原料配制成“颜色水”冒充果汁出售，有的也加入少量蔗糖。这虽然对人体无大危害，但这是一种损害消费者利益的违法行为，应引起有关部门的重视并给予严厉的制裁。

（1）感官检验　一般配制的假果汁又称为“颜色水”或“三精水”，口感较差，无果糖清甜、爽快的感觉，后味有糖精的苦味，或有较浓的蔗糖味。“颜色水”一般是小贩自制的，为增加二氧化碳的含量，常加入小苏打，所以有苏打味。

（2）糖精的定性检验

①原理：糖精溶解于酸性乙醚中。蒸去乙醚，残渣用少量水溶解，可直接尝味。另外，糖精与间苯二酚作用，产生特殊的颜色反应。

②主要试剂：20%中性醋酸铅溶液；100g/L 硫酸铜溶液；100g/L 磷酸二钠溶液；100g/L 氢氧化钠溶液。

③检验方法：对不含蛋白质及脂肪类物质的样品，如汽水、果汁等，量取 50mL，置于 250mL 容量瓶中，加水稀释至刻度，备用。

取上述处理好的样品 50mL，置于分液漏斗中，加浓盐酸 1mL 酸化，再加 50mL 乙醚提取，乙醚液用 50mL 水（含盐酸 1 滴）洗涤，然后将乙醚分成两部分。

将乙醚蒸馏回收，一部分残渣加少量水使之溶解，用玻棒蘸取少许尝味。通过味道即可证明糖精是否存在。

将另一部分残渣加入少许新升华的间苯二酚，再加浓硫酸数滴。用微火加热，至刚出现棕色为止。冷却后，用 100g/L 氢氧化钠溶液中和。若产生黄绿色荧光，则表示有糖精存在。

检验用的样品，应先除去脂肪、蛋白质，否则提取时易出现乳化。

测定糖精的含量按 GB 5009.28—2016《食品安全国家标准　食品中苯甲酸、山梨酸和糖精钠的测定》操作。

（3）果汁饮料中维生素 C 的检验　一般果汁饮料如沙棘饮料、酸枣饮料中都含有维生素 C，而“颜色水”不含有维生素 C。

维生素 C 的定性检验采用试纸法。

①原理：维生素 C 与对亚硝基二甲替苯胺和对二甲氨基苯甲醛反应，产物呈红色。

②试纸的制备：取对亚硝基二甲替苯胺 0.2g 和对二甲氨基苯甲醛 1g，共溶于 100mL 95%的酒精溶液中，将滤纸用此溶液浸湿，晾干后备用。

③检验方法：在试纸上滴上 1 滴果汁饮料，然后将试纸于 110℃下烘干，如出现红色斑点，则证明有维生素 C 存在。如果观察不清，可将此试纸放在水中洗去黄色，这样，红色斑点就会更加清晰。

（4）非食用色素的鉴别检验

①原理：非食用色素在氯化钠溶液中可使脱脂棉染色，染色后的脱脂棉经氨水溶液洗涤后，颜色不退。

②主要试剂：100g/L 氯化钠溶液；1%氨水溶液。

③检验方法：取样品 10mL，加 100g/L 氯化钠溶液 1mL，混匀，投入脱脂棉 0.1g，于水浴上加热搅拌片刻，取出脱脂棉，用水洗涤。将此脱脂棉放入蒸发皿中，加 1%氨水溶液 10mL，于水浴上加热数分钟，取出脱脂棉水洗。如脱脂棉染色，则证明有非食用色素存在。

（5）果胶质的检验

①原理：果胶质是普遍存在于果实中的一种高分子化合物，成熟果实中果胶质的主要存在形式是可溶性果胶。果胶质可以从它的水溶液中被酒精沉淀出来，借此方法可检验果胶质的存在。假果汁中没有果胶质存在。

②主要试剂：5mol/L H_2SO_4 溶液；95%乙醇溶液。

③检验方法：取待检果汁 10mL 于 100mL 烧杯中，加入蒸馏水 10mL；5mol/L H_2SO_4 溶液 1mL 及 95%乙醇溶液 40mL，搅拌均匀后放置 10min。如无絮状沉淀析出，则证明没有果胶质存在，即为伪造果汁饮料。

同时用真果汁饮料做对照。

（6）蔗糖的检验

①原理：蔗糖与斐林试剂反应，生成 Cu_2O 的砖红色沉淀。如无砖红色沉淀，则样品中无蔗糖或果汁，此饮料可疑为“三精水”。

②仪器：电热水浴锅、容量瓶、锥形瓶。

③主要试剂：费林试剂甲液（硫酸铜 15g，次甲基蓝 0.05g，加水至 1000mL）；费林试剂乙液（酒石酸钾钠 50g，氢氧化钠 75g，亚铁氰化钾 4g，加水至 1000mL）。

④操作方法：取去除二氧化碳后的样品 50mL 于 250mL 容量瓶内加水稀释至刻度，摇匀。取稀释液约 10mL，置于 50mL 锥形瓶中，加入浓盐酸 0.6mL，置于水浴加热 15min，取出后放冷。滴加 300g/L 氢氧化钠溶液，将溶液调至中性，加费林试剂甲液和乙液各 1mL，摇匀（必要时加热），静置观察。如瓶底出现砖红色沉淀，则表示样品中含有蔗糖。

2. 变质的果汁饮料的识别

鉴别果汁饮料是否变质，通常是采用通过一看、二嗅、三尝的方法来确定。果汁饮料变质大概会出现以下现象：

混浊：不带果肉的透明型果汁饮料一旦出现混浊现象，则多数为该饮料由酵母引起酒精发酵所致。通过观察，可初步判断已有变质的可能。

酒精味：若有混浊现象，且开瓶盖后嗅闻有酒精味，则可断定是瓶内或果汁中的酵母恢复了繁殖能力，使果汁发酵产生酒精所致。这样的饮料一般不要饮用。

酸味异常：果汁中的酸味来源主要是酒石酸、苹果酸或柠檬酸。经科学配制的果汁饮料是甜酸适宜的。若在品尝时发现酸味异常，则是变质所致，不可继续饮用。变质的原因是饮料中的一些细菌分解上述酸类而生成醋酸和二氧化碳。

3. 咖啡掺伪的检验

（1）咖啡因的检验　咖啡中含脂肪 10.5%~16.5%、还原糖 1.0%、总氮量 1.3%~2.7%、粗纤维素 26%~50%、咖啡因 0.8%~1.8%（速溶咖啡含咖啡因约 4%）。伪造的劣质咖啡，很少有咖啡的特殊香气，咖啡因的含量在 0.8%以下。因此常通过测定咖啡因的含量判断产品是否属于掺假或劣质咖啡。依据 GB 5009.139—2014《食品安全国家标准　饮料中咖啡因的测定》采用高效液相色谱法，该法适用于测定可乐型饮料、咖啡、茶叶及其固体和液体饮料制品中咖啡因含量。

①原理：咖啡因又称咖啡碱，属黄嘌呤衍生物，用高效液相色谱法将咖啡因用水提取、氧化镁净化，然后经色谱柱（C18）分离后，用紫外检测器检测，外标法定含量。

②试剂：咖啡因标准储备液（2.0mg/mL）；咖啡因标准中间液（200μg/mL）；

咖啡因标准曲线工作液：分别用吸量管吸取咖啡因标准中间液 0.5，1.0，2.0，5.0，10.0mL 于 10mL 容量瓶中，用水定容，浓度分别为 10，20，40，100，200μg/mL。

③仪器：高效液相色谱仪；天平；超声波清洗器；0.45μm 微孔水相微孔滤膜。

④分析步骤如下。

试样制备：准确称取粉碎均匀的咖啡 1g，于 250mL 锥形瓶中，加入 200mL 水，沸水浴 30min，取出流水冷却 1min，加入 5g 氧化镁，振摇，再放入沸水浴 20min，取出锥形瓶，冷却至室温，转移至 250mL 容量瓶中，加水定容；摇匀，静置，取上清液经微孔滤膜过滤。

仪器参考条件：C_{18} 色谱柱流动相为 $V_{甲醇}:V_{水}=24:76$；流速为 1.0mL/min；检测波长为 272nm；柱温为 25℃；进样量为 10μL。

标准曲线制作：将咖啡因标准系列工作液分别注入液相色谱仪中，测量相应的峰面积，以标准工作液的浓度为横坐标，以峰面积为纵坐标，绘制标准曲线。

试样溶液的测定：将试样溶液注入液相色谱仪中，以保留时间定性，同时记录峰面积，根据标准曲线，得到待测液的咖啡因浓度。重复测定两次。

⑤分析结果计算如下。

$$X=\frac{C\times V}{m}\times\frac{1000}{1000}$$

式中 X——试样中咖啡因含量，mg/kg；

C——试样溶液中咖啡因含量，μg/mL；

V——被测试样总体积，mL；

m——称取试样的质量，g。

（2）菊苣根粉的检验　咖啡中常见的掺假物为菊苣根粉，可采用下列方法检验。

①相对密度检验法。

原理：咖啡 10% 水提取液的相对密度为 1.0098，与菊苣根粉的相对密度 1.0282 相差很大。因此从相对密度的测定可以检验出样品是否掺有菊苣根粉。

检验方法：将所选用的密度计洗净擦干，缓缓放入盛有待测液体试样的适当量筒中，勿使碰及容器四周及底部，保持试样温度在 20℃，待其静置后，再轻轻按下少许，然后使其自然上升、静置并无气泡冒出后，从水平位置观察与液面相交处的刻度，即为试样的相对密度。

菊苣根粉含量（%）=（样品水溶液的相对密度−1.0098）×100/（1.0282−1.0098）

测定中注入样液时不应该产生气泡，并根据被测样液的相对密度大小选用合适刻度范围的相对密度计，否则密度计在溶液中过于上浮或下沉，还可能使密度计下沉至撞击量筒底部而造成损坏。

样液温度如果不是 20℃，需进行温度校正，根据测得的刻度示值和温度，从《食品常用数据手册》查“密度与温度校正表”，换算成 20℃时样品的密度。

②定性检验。

原理：菊苣根粉与碱式乙酸铅反应，产物有颜色。

检验方法：称取咖啡样品 10g，加水 25mL 煮沸 5min，加入过量的碱式乙酸铅固体，振摇 0.5min 左右，静置，待其澄清。

若上层水溶液清澈、无色，即为纯咖啡；若产生颜色，即证明掺有菊苣根粉。

4. 矿泉水与普通水的区别

可从透明度、折射率、表面张力、口感、加酒实验等方面区别矿泉水与普通水。

（1）透明度　矿泉水清澈、透明，不含杂质，无混浊现象，无色。

（2）折射率　在透明玻璃杯中倒入矿泉水，放进一根竹筷子，观察其折射程度，并与普通水进行比较，可见其折射率较大。

（3）表面张力　矿泉水的表面张力大于普通水。将一枚普通硬币轻放于水面，硬币可浮于矿泉水液面上，而不能浮于普通饮用水液面上。

（4）热容量　矿泉水的热容量大于普通水，其吸热和放热都高于普通水，因此，冷却较慢，加热升温也比较慢。

（5）口感　矿泉水口感甘甜，清凉爽口（碳酸型矿泉水略有苦涩味），而普通水缺乏这种口感。

（6）加酒实验　矿泉水中加入白酒不会产生异味，而普通水中加入白酒则会使水变味。

项目三

茶品的掺伪鉴别检验

一、茶品的种类

按 GB/T 35825—2018《茶叶化学分类方法》。该标准规定了茶叶化学分类方法的术语和定义、原理、特征性成分因子的检测和表述、分步判别方法、分类结果的复判。该标准适用于绿茶、红茶、乌龙茶（青茶）、白茶、黄茶和黑茶的分类。不适用于以这些基本茶类为原料的再加工茶叶产品。还有一些再加工复制茶，如花茶和紧压茶。

（1）绿茶　是我国的主要茶类，是直接烘干加工而成，含有大量叶绿素，并富含各种维生素，其中维生素 C 最丰富。绿茶有西湖龙井、庐山云雾、洞庭碧螺春、黄山毛峰、信阳毛尖和南京雨花茶等。

（2）青茶　属于半发酵的茶叶，以较老的鲜茶叶为原料，综合绿茶和红茶初制工艺的优点，精工巧制而成，其含糖量丰富，以闽北武夷山岩茶、闽南安溪铁观音等为上品。

（3）红茶　属于全发酵的茶叶，是我国特有的传统产品。红茶经过发酵过程叶绿素已被破坏，同时产生新的香气，颜色暗红。由于产地与工艺不同，红茶又分为工夫红茶、小种红茶、红碎茶 3 种。红茶有安徽祁门红茶、云南滇红等。

（4）黄茶　在炒青绿茶过程中，由于杀青、揉捻后干燥不足或不及时，叶色变黄，即产生了黄茶。黄茶分为黄芽茶、黄小茶和黄大茶三类。

（5）黑茶　有黑毛茶、六堡茶、老青茶、南路边茶和西路边茶等几种。

（6）白茶　是福建的特种外销茶，属于不发酵茶，制法特异，无烧炒过程，适于夏季饮用，如白毫银针和白牡丹。

（7）花茶　是采用绿茶为原料，加各种香花制成的一种再加工复制茶，如茉莉花茶、玉兰花茶和玫瑰花茶。

（8）紧压茶　是一种发酵再加工复制茶，以黑毛茶、老青茶等做原料，经发酵、筛分复制、蒸压成形、慢火烘干等工序，紧压成块的固体茶，是边疆民族最喜欢饮用的一种茶类，如米砖茶、黑砖茶和金尖茶。

二、茶品的质量标准

1. 绿茶的质量标准

依据 GB/T 14456. 1—2017《绿茶　第 1 部分：基本要求》，绿茶是以茶树的芽、叶、嫩茎为原料，经杀青、揉捻、干燥等工艺制成的茶。根据加工工艺的不同，绿茶分为炒青绿茶、烘青绿茶、蒸青绿茶和晒青绿茶。绿茶的质量应符合 GB/T 14456. 1—2017 的标准。

（1）感官要求　各品名、规格、花色、等级的产品应符合其产品标准，品质正常、无异味、无异嗅、无劣变。不得含有非茶类夹杂物，不着色，无任何添加剂。

（2）理化指标　应符合表 6-20 的规定。

表 6-20　绿茶的理化指标　　单位：%（质量分数）

项目		指标			
		炒青绿茶	烘青绿茶	蒸青绿茶	晒青绿茶
水分	≤	7.0			9.0
总灰分	≤	7.5			
粉末	≤	6.0			
水浸出物	≥	34.0			
粗纤维	≤	16.0			

续表

项目		指标			
		炒青绿茶	烘青绿茶	蒸青绿茶	晒青绿茶
酸不溶性灰分	≤	1.0			
水溶性灰分，占总灰分	≥	45.0			
水溶性灰分碱度（以 KOH 计）		≥1.0；≤3.0			
茶多酚（质量分数）	≥	11.0			
儿茶素（质量分数）	≥	7.0			

注：茶多酚、儿茶素、水溶性灰分、水溶性灰分碱度、酸水溶性灰分、粗纤维为参考指标。

（3）其他要求

污染物限量应符合 GB 2762—2017 的规定。农药残留限量应符合 GB 2763—2021 的规定。

2. 红茶的质量标准

红茶的种类较多，按照其加工的方法与出品的茶形，主要可以分为三大类：工夫红茶、小种红茶和红碎茶。

红茶的质量应符合 GB/T 13738.1—2017《红茶　第 1 部分：红碎茶》；GB/T 13738.2—2017《红茶　第 2 部分：工夫红茶》；GB/T 13738.3—2012《红茶　第 3 部分：小种红茶》。

现以红碎茶为代表介绍红茶的质量标准。红碎茶产品根据茶树品种和产品要求，分为大叶种红碎茶和中小叶种红碎茶两个品种。

（1）基本要求　无异味、无异嗅、无霉变，不含非茶类物质。

（2）感官品质　如大叶种红碎茶各规格感官品质应符合表 6-21 的要求。

表 6-21　　大叶种红碎茶各规格感官品质要求

花色	项目				
	外形	内质			
		香气	滋味	汤色	叶底
碎茶 1 号	颗粒紧实、金毫显露、匀净、色润	嫩香、强烈持久	浓强鲜爽	红艳明亮	嫩匀红亮
碎茶 2 号	颗粒紧结、重实、匀净、色润	香高持久	浓强尚鲜爽	红艳明亮	红匀明亮
碎茶 3 号	颗粒紧结、尚重实、较匀净、色润	香高	鲜爽尚浓强	红亮	红匀明亮
碎茶 4 号	颗粒尚紧结、尚匀净、色尚润	香浓	浓尚鲜	红亮	红匀亮
碎茶 5 号	颗粒尚紧、尚匀净、色尚润	香浓	浓厚尚鲜	红亮	红匀亮

续表

花色	项目				
	外形	内质			
		香气	滋味	汤色	叶底
片茶 1 号	片状皱褶、尚匀净、色尚润	尚高	尚浓厚	红明	红匀尚明亮
片茶 2 号	片状皱褶、尚匀、色尚润	尚浓	尚浓	尚红明	红匀尚明
末茶	细砂粒状、较重实、较匀净、色尚润	纯正	浓强	深红尚明	红匀

(3) 理化指标　应符合表 6-22 的规定水溶性灰分、水溶性灰分碱度、酸不溶性灰分、粗纤维参考指标。

表 6-22　　红茶的理化指标　　单位:%（质量分数）

项目		指标	
		大叶种红碎茶	中小叶种红碎茶
水分	≤	7.0	
总灰分		≥4.0；≤8.0	
粉末	≤	2.0	
水浸出物	≥	34	32
水溶性灰分	≥	45	
水溶性灰分碱度（以 KOH 计）		≥1.0；≤3.0	
酸不溶性灰分	≤	1.0	
粗纤维	≤	16.5	

(4) 其他要求　污染物限量应符合 GB 2762—2017 的规定。农药残留限量应符合 GB 2763—2021 的规定。

3. 花茶的质量标准

现以茉莉花茶为例介绍花茶的质量标准。茉莉花茶是以绿茶为原料，经加工成级型坯后，由茉莉鲜花窨制（含白兰鲜花打底）而成的。茉莉花茶的质量标准应符合 GB/T 22292—2017《茉莉花茶》。

(1) 基本要求　品质正常，无劣变、无异味、无异嗅，不得含有任何添加剂。

(2) 感官品质要求　如烘青茉莉花茶各等级的感官品质应符合表 6-23 的规定。

表 6-23　　烘青茉莉花茶的感官品质要求

级别	项目							
	外形				内质			
	条索	整碎	净度	色泽	香气	滋味	汤色	叶底
特级	细紧或肥壮，有锋苗，有毫	匀整	净	黄绿	鲜浓醇持久	浓醇爽	黄绿明亮	嫩软匀齐，绿亮明亮
一级	紧结，有锋苗	匀整	尚净	黄绿尚润	鲜浓	浓醇	黄绿尚明亮	嫩匀黄绿明亮
二级	尚紧结	尚匀整	稍有嫩茎	黄绿	尚鲜浓	尚浓醇	黄绿尚明	嫩尚匀，黄绿亮
三级	尚紧	尚匀整	有嫩茎	尚黄绿	尚浓	醇和	黄绿稍明	尚嫩匀，黄绿
四级	稍松	尚匀	有茎梗	绿黄	香薄	尚醇和	黄绿	稍有摊张尚黄绿
五级	稍粗松	尚匀	有梗朴	绿黄稍枯	香弱	稍粗	黄稍暗	稍粗大黄绿稍暗

（3）花茶的理化指标　应符合表 6-24 的规定。

表 6-24　　花茶的理化指标　　单位：%（质量分数）

项目		指标			
		特种、特级、一级、二级	三级、四级、五级	碎茶	片茶
水分	≤	8.5			
总灰分	≤	6.5		7.0	
水浸出物	≥	34	32		
粉末	≤	1.0	1.2	3.0	7.0
茉莉花干	≤	1.0	1.5	1.5	

4. 茶饮料的质量标准

按 GB/T 21733—2008《茶饮料》。茶饮料是以茶叶的水提取液或其浓缩液、茶粉为原料，经加工制成的，保持原茶汁应有风味的液体饮料，可添加少量的食糖和（或）添加剂。

茶饮料按产品风味分为：茶饮料、调味茶饮料、复合茶饮料、茶浓缩液。

茶饮料又可分为：红茶饮料、绿茶饮料、乌龙茶饮料、花茶饮料等。

调味茶饮料又可分为：果汁茶饮料、果味茶饮料、奶茶饮料、奶味茶饮料、碳酸茶饮料等。

（1）茶饮料的感官要求　具有产品应有的色泽、香气和滋味，允许有茶成分导致的浑浊或沉淀，无正常视力可见外来杂质。

（2）茶饮料的理化指标　茶饮料的理化指标应符合表 6-25 的规定。

表 6-25　　茶饮料的理化指标　　单位：mg/kg

项目			茶饮料
茶多酚/（mg/kg）	≥	红茶	300
		绿茶	500
		乌龙茶	400
		花茶	300
		其他茶	300
咖啡因/（mg/kg）	≥	红茶	40
		绿茶	60
		乌龙茶	50
		花茶	40
		其他茶	40

三、茶品的感官鉴别

1. 茶叶感官审评方法

按 GB/T 23776—2018《茶叶感官审评方法》，茶叶感官审评是审评人员运用正常的视觉、嗅觉、味觉、触觉等辨别能力，对茶叶产品的外形、汤色、香气、滋味与叶底等品质因子进行综合分析和评价的过程。

以普洱茶为例，依据 GB/T 22111—2008《地理标志产品　普洱茶》，及 GB/T 23776—2018《茶叶感官审评方法》，具体见本模块“实训七　普洱茶（熟茶）-散茶感官审评方法”。

2. 茶叶外形的鉴别

茶叶外形鉴别内容：形状、嫩度、色泽、整碎和净度。

形状：指产品的造型、大小、粗细、宽窄、长短等。茶叶是否端正、棱角（边缘）是否分明、厚薄是否一致，模纹是否清晰，是否起层落面。以紧细、圆直、匀齐、重实的为好，以粗松、弯曲、短碎、松散的为差。

嫩度：指产品原料的生长程度。鉴别茶叶的嫩度主要看芽头多少、叶质老嫩及条索的光润度。此外，还要看峰苗（用嫩叶制成的细而有尖峰的条索）的多少，一般以芽头多、峰苗多、叶质细嫩为好，叶质老、身骨轻为次。

色泽：指产品的颜色和光泽度。红茶的光泽有乌润、褐润和灰枯的不同。绿茶的色泽分为嫩绿、翠绿、青绿、青黄等；光泽分光润和干枯的不同。红茶以乌润者为好。绿茶以嫩绿、光润者为好。

整碎：指产品的完整程度。茶叶以表面匀整、洒面均匀、光滑、松紧适度的为好。

净度：指茶梗、茶片及非茶叶夹杂物的含量。以无梗、末和其他夹杂物的为好。

3. 茶叶的内质审评

茶叶内质审评是评香气、滋味、汤色和叶底四项因子。

汤色：指茶汤颜色种类、色度、明暗度和清浊度等。汤色有深浅、亮暗、清浊之分。一般以汤色明亮、纯净透明、无混杂为好；以汤色灰暗、混浊者为差。红茶以红艳明亮者为优，绿茶以嫩绿色者为上品。

香气：指香气类型、浓度、纯度和持久性。辨别香气是否纯正及其浓淡、强弱和持久度。茶汤的香气是否醇厚浓郁，是否正常，是否有烟味、焦味、霉味、馊味或其他不正常的气味。花茶还要看花香是否鲜浓持久。

滋味：指茶汤的浓淡、厚薄、醇涩、纯异和鲜纯等。品尝其味道是否醇香甘甜、回味长。

叶底：指叶底的嫩度、色泽、明暗度和匀整度等。还可用手指按压，以判断它的软硬、厚薄和老嫩程度。

4. 茶叶质量的优、劣鉴别

优质茶叶：叶片鲜嫩，加工充分，水中浸出物多，茶汤色泽艳丽、澄清透明，无混杂，并且具有本品种茶叶的正常香气，香气清爽、醇厚、浓郁、持久、新鲜纯正，没有其他异味。红茶汤以红艳明亮、醇厚甘甜、喉间回味长、叶底鲜明为优。绿茶汤应碧绿、清澈。乌龙茶汤应为鲜亮橙黄色，先感稍涩，而后转甘，鲜爽醇厚，并具有翠绿而明亮的细嫩鲜叶，在叶底被面有白色毫毛。花茶汤应为明亮蜜黄色的，滋味清爽、甘甜，鲜花香气明显，叶底绿色均匀，稍带黄色且明亮。

劣质茶叶：茶汤亮度差，色淡，略有混浊。陈茶或霉变茶的茶汤无光泽，色暗淡，混浊。香气淡薄，持续时间短，无新茶的新鲜气味，有的具有烟焦、发馊、霉变等异常气味。茶味淡、苦涩，无回味或回味短。叶底粗老，色泽发暗。劣质绿茶味淡、苦涩或略有焦味。叶底粗老、灰黄、破碎。若绿茶调青不及时或不彻底，还会出现红叶或红梗。劣质花茶味淡，回味短，叶底色泽暗褐，杂而不匀。

5. 新茶与陈茶的鉴别

鉴别新茶的方法是看其形、观其色、闻其香、品其味。

外形：新茶条索匀称而疏松，含水量较低，茶质干硬而脆，手感干燥，放在手心捻捏，易成粉末，茶梗易折断。隔年陈茶外形灰暗，条索杂乱，含水量高，茶质手感松软、潮湿，一般不易捏碎、折断，芽叶萎缩。

色泽：绿茶色泽青翠、碧绿，汤色黄绿、明亮；红茶色泽乌润，汤色红橙泛亮，是新茶的标志。茶在贮藏过程中，构成茶叶色泽的一些物质会在光、气、热的作用下，发生缓慢分解或氧化，如绿茶中的叶绿素分解、氧化，会使绿茶色泽变得枯灰无光，而茶褐素的增加，则会使绿茶汤色变得黄褐不清，失去了原有的新鲜色泽。红茶贮存时间长，茶叶中的茶多酚产生氧化缩合，会使色泽变得灰暗，而茶褐素的增多，也会使汤色变得混浊不清，同样会失去新红茶的鲜活感。

香气：科学分析表明，构成茶叶香气的成分有300多种，主要是醇类、酯类、醛类等。它们在茶叶贮藏过程中，既能不断挥发，又会缓慢氧化。因此，随着时间的延长，茶叶的香气就会由浓变淡，香型就会由新茶时的清香馥郁而变得低闷、混浊。

滋味：因为在贮藏过程中，茶中的酚类化合物、氨基酸、维生素等构成滋味的特质，有的分解挥发，有的缩合成不溶于水的物质，从而使可溶于茶汤中的有效滋味物质减少。因此，不管何种茶类，大凡新茶经沸水冲泡后，滋味都醇厚、鲜爽，新茶清香扑鼻，芽叶舒展，汤色澄清，饮后舌感较醇和，令人心情舒畅，有愉快感。而即使保管较好的陈茶，开始汤色虽稍好一些，但很快就转为浑暗、闷黄。饮后不但滋味平淡，无爽口新鲜感，无清香醇和之感，而且有老化味，甚至还伴有轻微的异味。

四、茶叶掺伪的鉴别检验

1. 咖啡因的检验

（1）定性检验　茶叶中含有咖啡因，如果没有咖啡因存在，则非茶叶。

①原理：咖啡因结晶为针状且溶于水。取茶叶提取液挥发干，可得到咖啡因结晶。咖啡因与氯酸钾、氨水作用发生颜色变化。

②检验方法：将茶叶样品研碎，称取1～2g于小烧杯中，加水10～20mL，摇匀，加热煮沸，静置；将上清液倒入分液漏斗中，残渣再加水煮沸，合并上清液，放冷，加氯仿3～4mL振摇提取；静置分层后，取氯仿层溶液数滴，分数次滴于载玻片上挥发干，然后在显微镜低倍镜下观察。若此样品为茶叶，则可见咖啡因的针状结晶；若为假茶叶，则无此结晶或不明显。

取上述氯仿提取液5～10mL，置于蒸发皿中，挥发干氯仿，则在蒸发皿中出现结晶。再滴加盐酸2～3滴，置于小火上微热，立即加氯酸钾固体1小片，置于水浴上蒸干。若此时出现红黄色，冷却后滴加氨水少许变为紫色，则表示有咖啡因存在。

（2）定量检验　按GB 5009.139—2014《食品安全国家标准　饮料中咖啡因的测定》，该标准适用于可乐型饮料，咖啡、茶叶及其固体和液体饮料制品中咖啡因含量的测定。采用高效液相色谱法，具体可参考前文中咖啡掺伪的检验。

2. 单宁的检验

（1）定性检验　茶叶中含有单宁，如果没有单宁存在，则非茶叶。

①三氯化铁法。

原理：单宁与三氯化铁作用，生成蓝黑色沉淀。

检验方法：取茶叶的水提取浓缩液，滴于滤纸或白瓷板上，然后滴加 1%三氯化铁溶液 1 滴。若呈现蓝黑色则说明有单宁存在。

②硫酸法。

原理：单宁与硫酸作用可呈现紫红色。

检验方法：取茶叶的水提取浓缩液 2～3mL，加浓硫酸 1 滴，加热。若渐渐呈现紫红色，说明有单宁存在。

（2）定量检验

①原理：茶叶的浸出物中有许多能被高锰酸钾氧化的物质（包括单宁），其所消耗的高锰酸钾溶液的量为样品的总氧化值，然后将单宁吸附除去，测定不含单宁的氧化值，两者之差即为单宁的氧化值，再根据前后氧化值差计算单宁含量。

②主要试剂：明胶溶液、氯化钠-硫酸混合液、靛蓝二磺酸钠溶液、0.01mol/L $KMnO_4$ 标准溶液。

③检验方法：精确称取 5g 样品，移入 800mL 烧杯中，加水 400mL，缓缓加热至沸腾，继续沸腾 1h，冷却，移入 500mL 容量瓶中，加水至刻度，摇匀，用干燥滤纸过滤。

在瓷蒸发皿中加入滤液 10mL，再精确加入靛蓝二磺酸钠溶液 25mL，并加入水 750mL，用 0.01mol/L $KMnO_4$ 标准溶液滴定至皿内，溶液呈绿色以后，小心缓慢滴定，直到溶液呈金黄色，记下消耗滴定液的体积（V_1，mL）。

再在 500mL 具塞三角瓶中加入滤液 100mL，精确地加入明胶溶液 50mL 及氯化钠硫酸溶液 100mL，高岭土 10g，加塞振荡 2min，使之沉淀完毕，静置 5min，用干燥滤纸过滤。取滤液 25mL（相当于原来滤液 10mL），移入一瓷皿中，精确加入靛蓝二磺酸钠溶液 25mL 及水 750mL，然后按上述方法滴定，记下消耗滴定液的体积（V_2，mL）。

④计算：可按下式计算。

$$\text{单宁含量}=\frac{(V_1-V_2)\ c\times 0.04175\times 100}{m}$$

式中　c——$KMnO_4$ 标准溶液浓度，mol/L；

0.04157——1mL0.01mol/L $KMnO_4$ 标准溶液相当于单宁的质量，mg；

m——样品量，g。

如果没有检出咖啡因和单宁，则可肯定样品不是茶叶。但若以上两项均已检出，也并不能肯定是茶叶，因为某些植物的叶子中也可能含有咖啡因和单宁，因此，要结合感官性状、组织学形态和理化分析综合考虑，才能对茶叶的真假、优劣作出正确的评价。

3. 茶叶掺入色素的检验

为了掩盖劣质茶叶浸出液的颜色，有一些不法商贩在茶叶中掺入色素以冒充优质茶叶。掺入色素的检验如下。

(1) 原理　蓝靛或姜黄色素在三氯甲烷溶液中呈蓝色或绿色。普鲁士蓝、铬酸铅颜料在含氢氧化钾的三氯甲烷溶液中生成蓝色、黄色沉淀。

(2) 检验方法　取茶叶少许，加三氯甲烷溶液振荡，三氯甲烷溶液呈蓝色或绿色者，可疑似为存在蓝靛或姜黄色素；加入硝酸，并稍加热，脱色者为存在靛蓝，生成黄色沉淀者为存在姜黄；又于三氯甲烷浸出液中加入氢氧化钾溶液振荡，呈褐色者为存在姜黄；加盐酸使之呈酸性，生成蓝色沉淀者为存在普鲁士蓝，生成黄色沉淀者为存在铬酸铅颜料（盐酸过量时生成白色沉淀）。

也可用简易方法进行鉴别：将干茶叶过筛，取筛下之碎末分别置于白纸和黑纸上摩擦。如有色素存在，可显出各种颜色的条痕。

4. 真、假茶叶的鉴别

真、假茶叶可从外形特征、火烧、泡开等方面进行定性鉴别。

(1) 外形特征　真茶叶呈嫩绿色，老茶叶呈深绿色。叶边缘呈锯齿状，有16~32对齿，叶端呈凹形，其嫩梗呈扁圆形，叶背有白茸毛，外形条索紧细，叶片细嫩、色泽黄绿，干净均匀。假茶叶无上述明显特征，叶底颜色既无红茶般红亮，也无绿茶般翠绿。

(2) 火烧鉴别　取茶叶数片，用火点燃，真茶叶有馥郁芳香，用手指捏碎灰烬细闻可闻到茶香。假茶叶有青草味或异味，无茶香味。也可同时火烧正品茶叶进行比较。

(3) 泡开鉴别　取待检茶叶和真茶叶各一小撮，分别用开水冲泡2次，每次泡10min。待叶子充分泡开后，分放在2个白瓷清水盘中，仔细观看叶形、叶脉、锯齿等特征。真茶叶具有明显的网状叶脉，叶脉直射顶端，侧脉伸展至叶缘2/3的部位便向上方弯曲，呈弧形与上方支脉相联合，叶背面有白茸毛，叶片边缘的锯齿状显著，基部锯齿稀疏，齿上有茸毛，叶组织有星状晶体。假茶叶的叶脉不明显，一般侧脉直射边缘，有的正反两面都有白茸毛，叶边缘锯齿明显，或锯齿粗大。

5. 掺假花茶的鉴别

真正的花茶是由鲜花窨制而成的。窨制就是把鲜花放进经烘干冷却的茶坯中闷存一定时间，利用茶叶的吸附特性，使其充分吸收花的香味，然后把花筛去，再烘干，即为成品。有些高级的花茶要窨制3次以上。越是高级的花茶，越看不到干花。筛出的干花已全无香气。市场上卖的假花茶，就是将这种筛出的干花掺在低级茶叶中制成的，已全无香气。

思考题

1. 按商品的特性，酒可分为哪几类?
2. 简述优级浓香型白酒、一级淡色啤酒的感官要求。
3. 简述起泡红葡萄酒、一级传统型干黄酒的感官要求。
4. 干葡萄酒、半干葡萄酒、半甜葡萄酒、甜葡萄酒的感官鉴别有何区别?
5. 简述白酒中杂醇油和甲醇含量的测定原理。
6. 果汁型碳酸饮料（汽水）理化指标有哪些?
7. 简述饮用天然矿泉水感官要求。
8. 固体饮料产品分哪几类?
9. 分别简述果汁固体饮料水果汁含量、速溶咖啡咖啡因含量的指标要求。
10. 简述汽水的感官鉴别方法。
11. 简述矿泉水的感官鉴别方法中水质要求的原水样的臭和味分析步骤、臭和味的强度等级。
12. 简述果汁饮料中维生素 C 的定性检验原理。
13. 茶品的种类一般分为哪几类?
14. 大叶种红碎茶的碎茶 1 号和烘青茉莉花茶特级感官品质分别应符合哪些要求?
15. 茶叶内质审评包括哪些?
16. 举一例说明茶叶掺伪的鉴别检验方法原理。

实训内容

实训一

白酒的感官评定

一、实训目的

了解并掌握白酒的感官指标及感官评定方法。

二、实训原理

白酒感官指标以浓香型白酒为例，见本模块“项目一　酒类掺伪鉴别检验”。依据 GB/T 10345—2022《白酒分析方法》。白酒的感官评定是指评酒者通过眼、鼻、口等感觉器官，对白酒样品的色泽、香气、口味及风格特征的分析评价。

三、实训方法

1. 实验仪器

品酒杯等。

2. 评定方法

（1）样品的准备　将样品放置于20℃±2℃环境下平衡24h后，采取密码标记后进行感官品评。

（2）色泽　将样品注入洁净、干燥的品酒杯中［注入量为品酒杯的（1/2）~（2/3）］，在明亮处观察，记录其色泽、清亮程度、沉淀及悬浮物情况。

（3）香气　将样品注入洁净、干燥的品酒杯中［注入量为品酒杯的（1/2）~（2/3）］，先轻轻摇动酒杯，然后用鼻进行闻嗅，记录其香气特征。

（4）口味　将样品注入洁净、干燥的品酒杯中［注入量为品酒杯的（1/2）~（2/3）］，喝入少量样品（约2mL）于口中，以味觉器官仔细品尝，记下口味特征。

（5）风格　通过品评样品的香气、口味并综合分析，判断是否具有该产品的风格特点，并记录其典型性程度。

四、实训要求

叙述白酒的感官特征，进行总结，给出结论。

实训二

葡萄酒的感官分析

一、实训目的

了解并掌握葡萄酒的感官指标及感官分析方法。

二、实训原理

葡萄酒感官指标见本模块“项目一　酒类掺伪鉴别检验”。按GB/T 15038—2006《葡萄酒、果酒通用分析方法》。葡萄酒的感官分析是指评价员通过口、眼、鼻等感觉器官检查产品的感官特征，即对葡萄酒产品的色泽、香气、滋味及典型性等感官特征进行检查与分析评定。

三、实训方法

1. 实验仪器

品酒杯等。

2. 品酒

（1）调温　调节酒的温度，使其达到：起泡葡萄酒9~10℃；白葡萄酒10~15℃；桃红葡萄酒12~14℃；红葡萄酒、果酒16~18℃；甜红葡萄酒、甜果酒18~20℃。

（2）顺序和编号　在一次品尝检查有多种类型样品时，其品尝顺序为：先白后红，先干后甜，先淡后浓，先新后老，先低度后高度。按顺序给样品编号，并在酒杯下部注明同样编号。

（3）倒酒　将调温后的酒瓶外部擦干净，小心开启瓶塞（盖），不使任何异物落入。将酒倒入洁净、干燥的品尝杯中，一般酒在杯中的高度为（1/4）~（1/3），起泡和加气起泡葡萄酒的高度为 1/2。

3. 感官检查与评定

（1）外观　在适宜光线（非直射阳光）下，以手持杯底或用手握住玻璃杯柱，举杯齐眉，用眼观察杯中酒的色泽、透明度与澄清程度，有无沉淀及悬浮物；起泡和加气起泡葡萄酒要观察起泡情况，做好详细记录。

（2）香气　先在静止状态下多次用鼻嗅香，然后将酒杯捧握手掌之中，使酒微微加温，并摇动酒杯，使杯中酒样分布于杯壁上。慢慢地将酒杯置于鼻孔下方，嗅闻其挥发香气，分辨果香、酒香或是否有其他异香，写出评语。

（3）滋味　喝入少量样品于口中，尽量使其均匀分布于味觉区，仔细品尝，有了明确印象后咽下，再体会口感后味，记录口感特征。

（4）典型性　根据外观、香气、滋味的特点综合分析，评定其类型、风格及典型性的强弱程度。

四、实训要求

叙述葡萄酒的感官特征，进行总结，写出结论意见（或评分）。

实训三

啤酒的感官检验

一、实训目的

了解并掌握啤酒的感官指标及感官检验方法。

二、实训原理

啤酒感官指标见本模块“项目一　酒类掺伪鉴别检验”。依据 GB/T 4928—2008《啤酒分析方法》，啤酒的感官鉴别是通过用口、眼、鼻等感觉器官检查啤酒的感官特征，即对外观色泽、透明度、浊度；泡沫形态、泡持性；香味、口味；色度等感官特征进行分析。

三、实训方法

1. 酒样的准备

根据需要将酒样密码编号并恒温至 12~15℃，以同样高度和注流速度，对号注入洁净、干燥的啤酒评酒杯中。

2. 外观

（1）透明度　将注入评酒杯的酒样置于明亮处观察，记录酒的清亮程度、悬浮物及沉淀物情况。

（2）浊度

①原理：利用福尔马肼标准浊度溶液校正浊度计，直接测定啤酒样品浊度，以浊度单位 EBC 表示。

②仪器：浊度计、分析天平。

③试剂和溶液：10g/L 硫酸肼溶液；100g/L 六次甲基四胺溶液；福尔马肼标准浊度溶液（1000EBC 单位）。

④分析步骤：按照仪器使用说明书安装与调试。用标准浊度溶液校正浊度计。

取除气但未经过滤，温度在 20℃±0.1℃的试样倒入浊度计的标准杯中，将其放入浊度计中测定，直接读数。

（3）泡沫

①形态：用眼观察泡沫的颜色、细腻程度及挂杯情况，做好记录。

②泡持性。

原理：采用节流发泡，利用泡沫的导电性，使用长短不同的探针电极，自动跟踪记录泡沫衰减所需的时间。

仪器：啤酒泡持测定仪。

分析步骤如下。

试样的准备：将酒样置于 20℃±0.5℃水浴中恒温 30min，将泡持杯清洗干净、备用。

测定：按使用说明书调试仪器至工作状态。将二氧化碳钢瓶分压调至 0.2MPa。按仪器说明书校正杯高。按仪器使用说明书将样品置于发泡器上发泡。泡沫出口端与泡持杯底距离 10mm，泡沫满杯时间为 3~4s。迅速将盛满泡沫的泡持杯置于泡沫测量仪的探针下，按开始键，仪器自动显示和记录结果。

（4）香气和口味

①香气：先将注入酒样的评酒杯置于鼻孔下方，嗅闻其香气，摇动酒杯，再嗅闻有无酒花香气及异杂气味，做好记录。

②口味：饮入适量酒样，根据所评定的酒样应具备的口感特征进行评定，做好记录。

（5）色度　色度的测定可采用比色计法或者分光光度计法。

如啤酒色度的比色计法测定方法如下。

①原理：将除气后的试样注入 EBC 比色计的比色皿中，与标准 EBC 色盘比较，目视读取或自动数字显示出试样的色度，以色度单位 EBC 表示。

②仪器：EBC 比色计。

③试剂和溶液：哈同（Hartong）基准溶液（0.100g 重铬酸钾+3.500g 亚硝酰铁氰化钠，用水溶解并定容至 1000mL，贮于棕色瓶中，于暗处放置 24h 后使用）。

④分析步骤如下。

仪器校正：将 Hartong 溶液注入 40mm 比色皿，用色度计测定。其标准色度应为 15EBC 单位；若使用 25mm 比色皿，其标准读数为 9.4EBC。仪器应每月校正一次。

测定：将试样注入 25mm 比色皿中，然后放到比色盒中，与标准色盘进行比较，当两者色调一致时直接读数。或使用自动数字显示色度计，自动显示、打印其结果。

⑤结果计算：试样的色度按下式计算。如使用其他规格的比色皿，则需要换成 25mm 比色皿的数据，计算其结果。

$$S_1=\frac{S_2}{H}\times 25$$

式中 S_1——试样的色度，EBC 单位；

S_2——实测色度，EBC 单位；

H——使用比色皿厚度，mm；

25——换算系数。

四、实训要求

叙述啤酒的感官特征，进行总结，写出结论。

实训四

黄酒的感官检验

一、实训目的

了解并掌握黄酒的感官指标及感官检验方法。

二、实训原理

黄酒感官要求见本模块“项目一　酒类掺伪鉴别检验”。黄酒的感官鉴别方法按 GB/T 13662—2018《黄酒》。黄酒感官检查是通过用口、眼、鼻等感觉器官检查黄酒的感官特征，即对外观、香气、口味、风格等感官特征进行检查，综合评价酒样的风格及典型性程度。

三、实训方法

1. 酒样的准备

将酒样密码编号，调温至 20~25℃，将洁净的评酒杯对应酒样编号，对号注入适量酒样。

2. 外观评价

将注入酒样的评酒杯置于明亮处，举杯齐眉，用眼观察杯中酒的透明度、澄清度以及有无沉淀和聚集物等，做好详细记录。

3. 香气和口味评价

手握杯柱，慢慢将酒杯置于鼻孔下方，嗅闻其挥发香气，慢慢摇动酒杯，嗅闻香气。用手握酒杯腹部 2min，摇动后，再闻其香气。依次进行上述程序，判断是原料香或其他异香，写出评语；饮入少量酒样于口中，尽量均匀分布于味觉区，仔细品评口感，有了明确感觉后咽下，再回味口感及后味，记录口感特征。

4. 风格评价

根据外观、香气、口味的特征，综合评价酒样的风格及典型性程度，写出评价结论。

实训五

啤酒中二氧化碳的测定

一、实训目的

了解啤酒和发泡酒中均含有二氧化碳。二氧化碳可使啤酒清凉、爽口，并能产生足够的泡沫，是这类酒的重要质量指标，并掌握啤酒中二氧化碳的测定方法。二氧化碳的测定可采用 GB/T 4928—2008《啤酒分析方法》中啤酒二氧化碳的实验方法——第一法基准法。

二、实训原理

在 0~5℃下用碱液固定啤酒中的二氧化碳，稀酸释放后，再用已知量的碱液氢氧化钡吸收，过量的氢氧化钡以盐酸标准溶液滴定。根据消耗标准溶液的量，计算出样品中二氧化碳的含量。

三、实训方法

1. 仪器

二氧化碳收集测定仪、锥形瓶、酸式滴定管。

2. 试剂

碳酸钠、氢氧化钠溶液（300g/L）、酚酞指示液（10g/L）、盐酸标准溶液 [c(HCl) = 0.1mol/L]、氢氧化钡溶液（0.055mol/L）、硫酸溶液（10%）、有机硅消泡剂（二甘油聚醚）。

3. 分析步骤

（1）仪器的校正　按仪器使用说明书，用碳酸钠标准物质校正仪器，每季度校正一次。

（2）样品的处理　将待测啤酒样品恒温至 0~5℃。开启瓶盖，迅速加入一定量的氢氧化钠溶液（样品 640mL 加 10mL，355mL 加 5mL，2L 加 25mL）和消泡剂 2~3 滴，立刻用塞塞紧，摇匀，备用。

（3）测定

①二氧化碳的分离与收集：吸取处理好的试样 10.0mL 于反应瓶中，在收集瓶中加入氢氧化钡溶液 25.0mL；将收集瓶与仪器的分气管接通。通过反应瓶上分液漏斗向其中加入硫酸溶液 10mL，关闭漏斗活塞，迅速接通连接管，设定分离与收集时间 10min，按下泵开关，仪器开始工作，直至自动停止。

②滴定：用少量无二氧化碳蒸馏水冲洗收集瓶的分气管，取下收集瓶，加入

2 滴酚酞指示液，用盐酸标准溶液滴定至刚好无色，记录消耗盐酸标准溶液的体积。

四、实训要求

1. 计算结果

$$w=\frac{(V_3-V_4)\times C_3\times 0.022}{V_5/(V_5+V_6)\times 10\times\rho}\times 100$$

式中 w——酒中二氧化碳的含量，%；

V_3——标定氢氧化钡溶液时，消耗的盐酸标准溶液的体积，mL；

V_4——试样消耗的盐酸标准溶液的体积，mL；

V_5——样品的总体积，mL；

V_6——在处理样品时加入氢氧化钠溶液的体积，mL；

C_3——盐酸标准溶液的浓度，mol/L；

0.022——与 1.00mL 盐酸标准溶液（1.000mol/L）相当的二氧化碳的质量，g；

10——测定时吸取试样的体积，mL；

ρ——被测试样的密度（当被测样品的原麦汁浓度为 11°、12°时，此值为 1.012，其他浓度的样品须先测其密度），g/mL。

2. 进行总结

实训六

果蔬汁饮料的感官鉴别

一、实训目的

了解并掌握果蔬汁饮料的感官指标及感官鉴别方法。

二、实训原理

按 GB 7101—2022《食品安全国家标准 饮料》，具体见本模块“项目二 饮料掺伪的鉴别检验”。

三、实训方法

取一定量混合均匀的被测样品置于 50mL 无色透明烧杯中，在自然光下观察色泽，鉴别气味，用温开水漱口，品尝滋味，检查其有无异物。浓缩饮料按产品标签标示的冲调比例稀释后进行检测。

四、实训要求

进行总结，写出结论。

实训七

普洱茶（熟茶）-散茶感官审评方法

一、实训目的

了解普洱茶（熟茶）-散茶感官品质特征，并掌握普洱茶（熟茶）-散茶感官审评方法。

二、实训原理

依据 GB/T 22111—2008《地理标志产品　普洱茶》，普洱茶（熟茶）-散茶感官品质特征见表 6-26。普洱茶（熟茶）-散茶的感官审评项目分外形（条索、整碎、色泽、净度）四项因子；内质（汤色、香气、滋味、叶底）四项因子。按 GB/T 23776—2018《茶叶感官审评方法》。评审人员运用正常的视觉、嗅觉、味觉、触觉等辨别能力，对茶叶产品的外形与内质的品质因子进行综合分析和评价。

表 6-26　　普洱茶（熟茶）-散茶感官品质特征

品名	外形				内质			
	条索	整碎	色泽	净度	香气	滋味	汤色	叶底
特级	紧细	匀整	红褐润显毫	匀净	陈香浓郁	浓醇甘夷	红艳明亮	红褐柔嫩
一级	紧结	匀整	红褐润较显毫	匀净	陈香浓厚	浓醇回甘	红浓明亮	红褐较嫩
三级	尚紧结	匀整	褐润尚显毫	匀净带嫩梗	陈香浓纯	醇厚回甘	红浓明亮	红褐尚嫩
五级	紧实	匀齐	褐尚润	尚匀稍带梗	陈香尚浓	浓厚回甘	深红明浓	红褐欠嫩
七级	尚紧实	尚匀齐	褐欠润	尚匀带梗	陈香纯正	醇和回甘	褐红尚浓	红褐粗实
九级	粗松	欠匀齐	褐稍花	欠匀带梗片	陈香平和	纯正回甘	褐红尚浓	红褐粗松

三、实训方法

1. 审评设备

审评台；评茶标准杯碗；评茶盘；分样盘；叶底盘；天平；计时器。

2. 取样方法

按 GB/T 8302—2013《茶　取样》规定执行。

3. 审评内容

（1）外形　将缩分后的有代表性的茶样 100~200g，置于评茶盘中，用目测、手感等方法，通过翻动茶叶，调换位置，反复查看比较外形，审评形状、嫩度、色泽、整碎、净度。

（2）茶汤制备方法　取有代表性茶样 3.0~5.0g，茶水比 1∶50，置于相应的评茶杯中，注满沸水、加盖、计时，滤出茶汤，留叶底于杯中，按汤色、香气、滋味、叶底的顺序逐项审评。将冲泡后的茶渣进行第二次冲泡，注入沸水至杯满，加盖浸泡 2 分钟，再将茶汤沥入评茶碗中，再依次审评其汤色、香气和滋味，比较两次冲泡的汤色、香气、滋味，并以第二次冲泡的汤色、香气、滋味为准；最后将杯中的茶渣移入叶底盘中，审评其叶底。

汤色：审评其颜色种类与色度、明暗度和清浊度等。

香气：一手持杯，一手持盖，靠近鼻孔，半开杯盖，嗅评香气。审评其类型、浓度、纯度、持久性。

滋味：用茶匙取适量茶汤于口中，通过吸吮、吐出或咽下茶汤，审评其浓淡、厚薄、醇涩、纯度和鲜钝。

叶底：用目测、手感等方法审评其嫩度、色泽、明暗度和匀整度。

四、实训要求

具体描述审评内容、评价和记录，进行总结，写出结论。

模块七

糖、蜜类食品掺伪鉴别检验

学习目标与要求

具有求实的科学态度，树立自信心和终身学习的理念。聚焦食品企业主体所需所盼，不断提升专业性、精准性，了解糖、蜜类食品的质量标准，掌握其质量检验方法和掺伪鉴别，对于保障人们身体健康具有重要意义。在保障食品安全的基础上，以高质量科技服务助力食品企业主体，坚守主业、做强食品实业。

学习重点与难点

重点：糖、蜜类食品质量标准；糖、蜜类食品常用的检验方法。

难点：常见糖、蜜类食品掺假检验方法。

学习内容

我国是食糖生产大国和消费大国，食糖产品质量安全不仅关系到人们的健康和生命，也关系到国家的形象和声誉。食品安全需要食品质量来保证。为促进食糖产业的健康发展，国家市场监督管理总局对食糖质量安全进行抽查，2006 年抽查结果显示，40%左右的食糖质量存在问题。随着经济发展与人民生活水平质量的不断提高，人们对食糖质量的要求也越来越高。

我国蜂蜜产业确实取得了令人欣喜的成绩，随着人民生活水平逐年提高及保健意识的不断增强，蜂蜜的天然与保健作用被越来越多的消费者认知和接受，蜂蜜消费量日益增加，中国蜂蜜未来的发展方向，不应该只是追求数量的发展，更应该追求蜂蜜质量效益的提高。只有这样，蜂蜜产业才能有突破性的发展，路子才能越走越宽，实现蜂产品行业的科学发展。同时也应该看到目前存在着一些亟待解决的难点问题。中国蜂产品已经发展到了一个新的转折点，靠单一追求数量扩张、低价竞销已经难以为继，靠掺杂使假、降低质量取得收益，只会误国害己。

项目一

糖类食品的分类和质量标准

一、糖类的分类

1. 按糖类的化学结构分类

按糖类的化学结构可以分为单糖、双糖、多糖。果糖与葡萄糖是最重要的两种单糖。乳糖是由半乳糖和葡萄糖构成的双糖。麦芽糖是由葡萄糖组成的双糖。蔗糖是自然界中最重要的双糖。

淀粉糖是以淀粉为原料，经酶法或酸水解法生产的。淀粉糖产品主要有食用葡萄糖、低聚异麦芽糖、果葡糖浆、麦芽糖、麦芽糊精、葡萄糖浆等。

一水葡萄糖是以淀粉或淀粉质为原料，经液化、糖化所得的葡萄糖液，再经过精制、浓缩、冷却结晶所得的含有一个水分子的产品。无水葡萄糖是以淀粉或淀粉质为原料，经液化、糖化所得的葡萄糖液，再经过精制、浓缩、蒸发结晶所得的产品。

全糖粉是以淀粉或淀粉质为原料，经液化、糖化所得的葡萄糖液，再经过精制、浓缩、干燥所得的产品。

低聚异麦芽糖是淀粉糖的一种，主要成分为α-1，6-糖苷键结合的异麦芽糖（IG_2）、潘糖（P）、异麦芽三糖（IG_3）及四糖（含四糖）以上（G_n）的低聚糖。

果葡糖浆是以淀粉或淀粉质为原料，经全酶法、酸法、酶酸法或酸酶法水解，经酶法异构化，并精制而得的果糖和葡萄糖的混合糖浆。

麦芽糖是以淀粉或淀粉质为原料，经液化、糖化精制而成的，主要成分为麦芽糖的产品。

麦芽糊精是以淀粉或淀粉质为原料，经酶法低度水解、精制、喷雾干燥制成的不含游离淀粉的淀粉衍生物。

葡萄糖浆是以淀粉或淀粉质为原料，经全酶法、酸法、酶酸法或酸酶法水解，精制而得的含有葡萄糖的混合糖浆。

常见的多糖有淀粉、糊精、菊糖、半纤维素、纤维素、果胶、黄原胶等。多糖不易溶于水，在食品工业中一般不作甜味剂，只作增稠剂、填充剂等用。

2. 根据食糖的颜色和外形不同分类

食糖是人们日常生活中的重要食品，是人类重要的热能来源，在维持人体健康方面起着重要作用。食糖也是食品工业的主要原、辅料。按 GB/T 9289—2010《制糖工业术语》，糖是以蔗糖为主要成分的糖产品的统称。

食糖产品根据食糖的颜色和外形不同分为白砂糖、绵白糖、赤砂糖、土红糖、冰糖等。

食糖是人们日常生活中的重要食品，是人类重要的热能来源，在维持人体健康方面起着重要作用。食糖也是食品工业的主要原、辅料。依据 GB 13104—2014《食品安全国家标准　食糖》，食糖是以甘蔗、甜菜为原料生产的原糖、白砂糖、绵白糖、赤砂糖、红糖、方糖和冰糖等。

原糖是指以甘蔗汁经清净处理、煮炼结晶、离心分蜜制成的带有糖蜜，不作直接食用的蔗糖结晶。

白砂糖是以甘蔗或甜菜为原料，经提取糖汁、清净处理、煮炼结晶和分蜜等工艺加工制成的蔗糖结晶。

绵白糖是以甜菜或甘蔗为原料，经提取糖汁、清净处理、煮炼结晶、分蜜并加入适量转化糖浆等工艺制成的晶粒细小、颜色洁白、质地绵软的糖。

赤砂糖是以甘蔗为原料，经提取糖汁、清净处理等工艺加工制成的带蜜的棕红色或黄褐色砂糖。

红糖是以甘蔗为原料，经提取糖汁、清净处理后，直接煮制不经分蜜的棕红色或黄褐色的糖。

方糖是由粒度适中的白砂糖，加入少量水或糖浆，经压铸等工艺制成小方块的糖。

冰糖是砂糖经再溶、清净处理、重结晶而制得的大颗粒结晶糖。

3. 根据制糖原料不同分类

我国的食糖根据制糖原料不同，可分为甘蔗糖、甜菜糖。

4. 根据制造设备不同分类

根据制造设备不同，可分为机制糖和土糖。机制糖多为大中型糖厂的产品，品种有白砂糖、绵白糖、机制赤砂糖等。土糖为小型甘蔗糖厂的产品，多为红糖，如红糖粉、片糖、碗糖、砖糖等。

二、糖类食品的质量标准

1. 食糖标准

依据 GB 13104—2014《食品安全国家标准　食糖》。

（1）食糖感官要求　食糖感官要求应符合表 7-1 的规定。

表 7-1　　食糖感官要求

项目	要求	检验方法
色泽	具有产品应有的色泽	取适量试样于白色瓷盘中，在自然光下观察色泽和状态，闻其气味，用温开水漱口，品其滋味
滋味、气味	味甜，无异味，无异嗅	
状态	具有产品应有的状态，无潮解，无正常视力可见外来异物	

（2）食糖理化指标　食糖理化指标应符合表 7-2 的规定。

表 7-2　　食糖理化指标

项目		指标	检验方法
不溶于水杂质*/(mg/kg)	≤	350	GB 15108—2017

注：*仅适用于原糖。

2. 淀粉糖标准

依据 GB 15203—2014《食品安全国家标准　淀粉糖》，淀粉糖是以淀粉或淀粉质为原料，经酶法、酸法或酸酶法加工制成的液（固）态产品，包括食用葡萄糖、低聚异麦芽糖、果葡糖浆、麦芽糖、麦芽糊精、葡萄糖浆等。

（1）淀粉糖的感官要求　淀粉糖的感官要求应符合表 7-3 的规定。

表 7-3　　淀粉糖的感官要求

项目	要求		检验方法
	液体淀粉糖	固体淀粉糖	
色泽	无色、微黄色或棕黄色	白色或略带浅黄色	液体样品取适量试样置于 50mL 烧杯中，固体样品取适量试样置于白色瓷盘中摊开，在自然光下观察色泽和状态，闻其气味，用温开水漱口，品其滋味
滋味、气味	甜味温和、纯正，无异味	甜味温和、纯正，无异味	
状态	黏稠状透明液体，无正常视力可见外来异物	粉末或结晶状态，无正常视力可见外来异物	

（2）淀粉糖的其他标准　污染物限量应符合 GB 2762—2017 的规定。食品添加剂的使用应符合 GB 2760—2014 的规定。

3. 糖果标准

按 GB 17399—2016《食品安全国家标准　糖果》。

糖果是以食糖或糖浆或甜味剂等为主要原料，经相关工艺制成的甜味食品。

（1）糖果的感官要求　糖果的感官要求应符合表 7-4 的规定。

表 7-4　　糖果的感官要求

项目	要求	检验方法
外观、色泽	符合相应产品的外观特性，具有正常产品的色泽	取适量试样于洁净的白色瓷盘中，在自然光下观察外观、色泽和状态，闻其气味，用温开水漱口后，品尝滋味
滋味、气味	具有产品应有的气味和滋味，无异嗅，无异味	
状态	符合相应产品的特性，无霉变，无正常视力可见外来异物	

（2）糖果的其他要求　污染物限量应符合 GB 2762—2017 的规定。微生物限量见表 7-5 的规定。

表 7-5　　糖果的微生物限量

项目	采样方案* 及限量				检验方法
	N	c	m	M	
菌落总数/(CFU/g)	5	2	10^4	10^4	GB 4789. 2—2022
大肠菌群/(CFU/g)	5	2	10	10^2	GB 4789. 3—2016

注：＊样品的采集及处理按 GB 4789. 1—2016 执行。

食品添加剂的使用应符合 GB 2760—2014 的规定。

食品营养强化剂的使用应符合 GB 14880—2012 的规定。

4. 巧克力及其制品标准

按 GB 9678. 2—2014《食品安全国家标准　巧克力、代可可脂巧克力及其制品》，巧克力是以可可制品（可可脂、可可块或可可液块/巧克力浆、可可油饼、可可粉）和（或）白砂糖为主要原料，添加或不添加乳制品、食品添加剂，经特定工艺制成的在常温下保持固体或半固体状态的食品。

巧克力制品是巧克力与其他食品按一定比例，经特定工艺制成的在常温下保持固体或半固体状态的食品。

（1）巧克力及其制品的感官要求　感官要求应符合表 7-6 的规定。

表 7-6　　巧克力及其制品的感官要求

项目	要求	检验方法
色泽	具有产品应有的色泽	取适量试样于 50mL 烧杯或白色瓷盘中，在自然光下观察色泽和状态，闻其气味，用温开水漱口后，品尝滋味
滋味、气味	具有产品应有的滋味、气味	
状态	常温下呈固体或半固体状态，无正常视力可见外来异物	

（2）巧克力及其制品的其他要求　污染物限量应符合 GB 2762—2017 的规定。致病菌限量应符合 GB 29921—2021 的规定。食品添加剂的使用应符合 GB 2760—2014 的规定。食品营养强化剂的使用应符合 GB 14880—2012 的规定。

项目二

常见糖类食品掺伪的鉴别检验

一、食糖质量的感官鉴别

1. 食糖的感官检查

依据 GB 13104—2014《食品安全国家标准　食糖》中的感官要求和 GB/T 5009.55—2003《食糖卫生标准的分析方法》中规定的白糖、冰糖、方块糖、赤砂糖、红糖、淀粉糖制品、蜂蜜中各项卫生指标的分析方法如下。

（1）白砂糖、绵白糖的感官检查　白砂糖的晶粒应均匀，干燥松散，颜色洁白，无带色糖粒、糖块。糖的晶粒或水溶液味甜，纯正，无异臭味，无异物。绵白糖质地绵软，糖的晶粒或水溶液味甜，纯正，无异臭味，无异物。具体见本模块“实训一　白砂糖的感官检查”。

（2）冰糖的感官检查　冰糖应呈均匀清白或金黄色，半透明，有结晶体光泽，纯甜，无异味，无明显杂质。

（3）方块糖的感官检查　方块糖应色泽洁白，表面光洁，外形规正，结晶体均匀，结构紧密，无杂质，无异味。

（4）淀粉糖制品的感官检查　淀粉糖应为无色、淡黄色或棕黄色半透明的黏稠液体，具有淀粉糖的正常风味，无异味，无杂质，无霉变浮膜。

（5）赤砂糖的感官检查　晶粒均匀，颜色棕红或黄，味甜而略带糖蜜味，无潮解和发霉现象，不得有可见的异物，无异味。

（6）红糖的感官检查　色泽应正常，味甜，无异臭、异味及异物。

2. 食糖质量优、劣的感官鉴别

食糖质量优、劣的感官鉴别，依据 GB 13104—2014《食品安全国家标准　食糖》中色泽、气味、滋味、状态四个指标。

（1）色泽　优质白砂糖洁白光亮；绵白糖色泽雪白；机制的赤砂糖呈黄褐色或红褐色；土制赤糖有红褐、青褐、黄褐和赤红等颜色，且深浅不一，色泽浅的质量较好。质量好的冰糖呈均匀的清白色，半透明，有结晶体光泽；色泽发黄的冰糖，质量差，凡发黄、发暗的，多是由于保存不当受潮引起的。优质方糖外观洁白、平正，富有光泽，无缺边、断角、裂纹；发黄、发暗或缺边、断角的为次品。

（2）状态　从晶体颗粒看，优质白砂糖晶体颗粒均匀一致，富有光泽，晶面明显，松散而不粘手。绵白糖晶粒细小、均匀，绵软，没有结块现象。优质的食糖不含有其他夹杂物，溶解后溶液清澈、透明。凡是溶液中出现悬浮物、沉淀物或出现混浊现象的都属于劣质食糖。

（3）气味和滋味　气味和滋味应着重于鼻嗅和口尝，优质的食糖气味纯正，劣质食糖有酸败味、霉味等。优质的滋味鲜甜可口，劣质食糖有焦苦等异味。凡是气味和口感纯正、味甜的为优质，带有苦味、焦味或酒酸味的为劣质。

二、糖果质量的感官鉴别

1. 糖果

依据 GB 17399—2016《食品安全国家标准　糖果》，糖果有硬糖、软糖、抛光糖、奶糖等。

（1）硬糖　优质硬糖光亮透明，粒型整齐，无大气泡和杂质，不黏牙、不黏纸，糖味纯正，无异味。

（2）软糖　优质软糖组织细腻，润滑，有弹性，形态整齐，入口香甜爽口，不黏牙，没有异味。

（3）抛光糖　优质抛光糖表面光滑，富有光泽，糖衣坚实，厚薄均匀，不粘连，无杂质。

（4）奶糖　优质奶糖表面光滑，口感细腻，软硬适中，富有弹性，不黏牙，不黏纸，无杂质。

2. 巧克力质量优劣的鉴别

按 GB 9678. 2—2014《食品安全国家标准　巧克力、代可可脂巧克力及其制品》。

高质量巧克力外形整齐，表面光亮、平滑，断面均匀，无气泡，无虫蛀，口感细腻、润滑、甜度低，入口后迅速溶化并伴有奶香或苦香味，香味纯正、浓郁。

劣质的巧克力口感粗，甜度高，味道不纯正，入口融化慢，黏舌。

三、常见食糖的掺伪鉴别检验

1. 食糖中掺入淀粉的检验

劣质食糖多是由于掺假、掺杂所致，掺假物主要有淀粉类。

掺有淀粉的食糖，其糖溶液混浊不清，如借助显微镜观察，可见有小颗粒状物质存在，还可以加碘液观察，具体见本模块“实训二　食糖中掺入淀粉的检验”。

2. 食糖中的二氧化硫超标

食糖中的二氧化硫超标是抽检发现的主要质量问题，二氧化硫是用于食糖加工的漂白剂和防腐剂，二氧化硫超标对人体有一定的危害性。

依据 GB 5009. 34—2022《食品安全国家标准　食品中二氧化硫的测定》的滴

定法检验方法如下。

（1）原理　在密闭容器中对样品进行酸化，蒸馏，蒸馏物用乙酸铅溶液吸收。吸收后的溶液用盐酸酸化，碘标准溶液滴定，根据所消耗的碘标准溶液量计算出样品中的二氧化硫含量。

（2）主要试剂　盐酸溶液（1+1）；硫酸溶液（1+9）；淀粉指示剂（10g/L）；乙酸铅溶液（20g/L）；重铬酸钾标准溶液（0.01000mol/L）：硫代硫酸钠标准溶液（0.1mol/L）碘标准溶液（0.005mol/L）。

（3）主要仪器　分析天平；酸式滴定管；蒸馏器；粉碎机；碘量瓶。

（4）检验步骤

①样品制备：样品搅拌均匀。

②样品蒸馏：称取5g均匀样品（精确至0.001g），置于蒸馏烧瓶中，加入250mL水，装上冷凝装置，冷凝管下端插入预先备有25mL乙酸铅吸收液的碘量瓶的液面下，然后在蒸馏瓶中加入10mL盐酸溶液，立即盖塞，加热蒸馏。当蒸馏液约200mL时，使冷凝管下端离开液面，再蒸馏1min。同时做空白实验。

③滴定：向碘量瓶中依次加入10mL盐酸溶液，1mL淀粉指示剂，摇匀后用碘标准溶液滴定至溶液颜色变蓝且30s不褪色为止。记录消耗的碘标准溶液体积。

（5）检验结果计算如下。

$$X=\frac{(V_1-V_2)\times 0.032\times c\times 1000}{m}$$

式中　X——样品中SO_2的含量，g/L（或g/kg）；

V_1——试样滴定时所消耗的碘标准溶液体积，mL；

V_2——空白滴定时所消耗的碘标准溶液体积，mL；

c——碘标准溶液的浓度，mol/L；

0.032——1mL碘标准溶液（1.0mol/L）相当于SO_2的质量，g；

m——样品的质量，g。

项目三

蜂类产品的种类和质量标准

一、蜂类产品

蜂类产品包括蜂蜜、蜂胶、蜂王浆等。

1. 蜂蜜的种类

蜂蜜是蜜蜂采集植物的花蜜、分泌物或蜜露，与自身分泌物混合后，经充分酿造而成的天然甜物质。花蜜是花内蜜腺的分泌物；蜜露是植物花外蜜腺的分泌物。

（1）根据采蜜的蜂种分类　我国现有的蜂种资源主要以意大利蜜蜂与中华蜜蜂为主。它们所采的蜜分别称为意蜂蜜与中蜂蜜（土蜂蜜）。

（2）根据来源分类　蜜蜂采集的“加工原料”的来源，主要是花蜜、甘露或蜜露。可把蜂蜜分为天然蜜和甘露蜜，甘露蜜是蜜蜂从植物的叶或茎上采集蜜露或昆虫代谢物——蚜虫吸取了植物的汁液经过消化系统的作用，吸取了其中的蛋白质和糖分，然后把多余的糖分和水分排泄出来，洒在植物的枝叶上，即为甘露——为原料酿造成的；天然蜜就是蜜蜂采集花蜜酿造而成的。

（3）根据物理状态分类　蜂蜜在常温、常压下，具有两种不同的物理状态，即液态和结晶态。一般情况下，刚分离出来的蜂蜜都是液态的，经过一段时间放置或在低温下，多数蜂蜜形成固态结晶，即结晶蜜。

（4）根据生产方式分类　按蜂蜜的不同生产方式，可分为分离蜜与巢蜜等。

分离蜜，又称分离心蜜或压榨蜜，是把蜂巢中的蜜脾取出，置于摇蜜机中，通过离心力的作用摇出，并经过滤的蜂蜜；或用压榨巢脾方法从蜜脾中分离出来并过滤的蜂蜜。

巢蜜又称格子蜜，是利用蜜蜂的生物学特性，在规格化的蜂巢中，酿造出来的连巢带蜜的蜂蜜块。

（5）根据颜色分类　蜂蜜之间存在着色泽差异，国际市场上将其分为水白色、特白色、白色、特浅琥珀色、浅琥珀色、琥珀色及深琥珀色 7 个等级；其区分颜色的依据是普方特比色仪读数分级，具体可见本模块“实训三　进出口蜂蜜感官检验”。

（6）根据蜜源植物分类　可分为单花蜜和杂花蜜（百花蜜）。

单花蜜来源于不同的蜜源植物，根据蜜源植物分为某一植物花期为主体的各种单花蜜，如荔枝蜜、龙眼蜜、柑橘蜜、枇杷蜜、油菜蜜、刺槐蜜、紫云英蜜、枣花蜜、野桂花（柃）蜜、荆条蜜、椴树蜜、益母草蜜等。杂花蜜（百花蜜）是多种植物同时开花而取到的蜂蜜，其中单一植物花蜜的优势不明显。

2. 蜂胶

根据 GB/T 24283—2018《蜂胶》，蜂胶是工蜂将采集胶原植物树脂等分泌物与其上腭腺、蜡腺等分泌物混合形成的胶黏性物质。

3. 蜂王浆

蜂王浆是工蜂咽下腺和上颚腺分泌的，主要用于饲喂蜂王和蜂幼虫的乳白色、淡黄色或浅橙色浆状物质，又称蜂皇浆。

二、蜂类产品的质量标准

1. 蜂蜜的质量标准

蜂蜜的质量标准应遵循 GB 14963—2011《食品安全国家标准　蜂蜜》。

（1）蜂蜜的感官要求　蜂蜜的感官要求应符合表 7-7 的规定。

表 7-7　　蜂蜜的感官要求

项目	要求
色泽	依蜜源品种不同，从水白色（近无色）至深色（暗褐色）
滋味、气味	具有特有的滋味、气味，无异味
状态	常温下呈黏稠流体状，或部分及全部结晶不得含有蜜蜂肢体、幼虫、蜡屑及正常视力可见杂质（含蜡屑巢蜜除外）

（2）蜂蜜的理化指标　蜂蜜的理化指标应符合表 7-8 的规定。

表 7-8　　蜂蜜的理化指标

项目	指标
果糖和葡萄糖/(g/100g)	≥60
蔗糖/(g/100g)	≤10
桉树蜂蜜、柑橘蜂蜜、紫苜蓿蜂蜜、荔枝蜂蜜、野桂花蜜	≤10
其他蜂蜜	≤5
锌（Zn)/(mg/kg)	≤25

2. 蜂胶的质量标准

蜂胶的质量应符合 GB/T 24283—2018《蜂胶》的要求。

（1）蜂胶的感官要求　蜂胶的感官要求应符合表 7-9 的规定。

表 7-9　　蜂胶的感官要求

项目	特征
色泽	棕黄色、棕红色、褐色、黄褐色、灰褐色、青绿色、灰黑色等
状态	团块或碎渣状，不透明，约 30℃以上随温度升高逐渐变软，且有黏性
气味	有蜂胶所特有的芳香气味，燃烧时有树脂乳香气，无异味
滋味	微苦、略涩，有微麻感和辛辣感

（2）蜂胶的理化指标　蜂胶的理化指标应符合表 7-10 的规定。

表 7-10　　蜂胶的理化指标

项目		指标	
		一级品	二级品
乙醇提取物含量/(g/100g)	≥	60.0	30.0
总黄酮/(g/100g)	≥	15.0	8.0
氧化时间/s	≤	22	

3. 蜂王浆的质量标准

蜂王浆的质量应符合 GB 9697—2008《蜂王浆》的标准。

(1) 蜂王浆的感官要求

①色泽：乳白色、淡黄色或浅橙色，有光泽。

②气味：有类似花蜜或花粉的香味和辛香味。气味纯正，不得有发酵、酸败气味。

③滋味和口感：有明显的酸、涩、辛辣和甜味感，上腭和咽喉有刺激感。

④状态：常温下或解冻后为黏浆状，具有流动性；不应有气泡和杂质（如蜡屑等）。

(2) 蜂王浆的产品等级和理化要求　蜂王浆的产品等级和理化要求应符合表 7-11 的规定。

表 7-11　　蜂王浆的产品等级和理化要求

指标		优等品	合格品
水分/%	≤	67.5	69.0
10-羟基-2-癸烯酸/%	≥	1.8	1.4
蛋白质/%		11～16	
总糖（以葡萄糖计）/%	≤	15	
灰分/%	≤	1.5	
酸度（1mol/L NaOH)/(mL/100g)		30～53	
淀粉		不得检出	

三、蜂类产品的感官检验

1. 蜂蜜的感官检验

(1) 蜂蜜的感官检查　按 GB/T 5009.55—2003《食糖卫生标准的分析方法》，适用于以中华蜜蜂及其杂交蜂种酿造的天然蜂蜜为原料经加工而成的产品中各项卫生指标的测定。其感官检查：在常温下呈黏稠、透明或半透明的胶状液体，温度较低时可发生结晶现象。在液态时颜色应呈浅琥珀色至深琥珀色。应具有蜜源植物特有的花香气味，味甜，无异味，肉眼观察应无死蜂、幼虫、蜡屑及其他杂质，应符合 GB 14963—2011《食品安全国家标准　蜂蜜》的规定。

进出口蜂蜜感官检验方法按 SN/T 0852—2012《进出口蜂蜜检验规程》的相应方法检验色泽气味和味道。在自然光下观察状态，检查其有无杂质。具体见本模块“实训三　进出口蜂蜜感官检验”。

(2) 蜂蜜质量优劣的感官检验　可从色泽、口感、气味、手感、性能、结晶等方面观察。

①色泽：每种蜂蜜都有其固定的色泽，如刺槐蜜、紫云英蜜为水白色或浅琥珀色；芝麻蜜呈浅黄色；枣花蜜、油菜花蜜为黄色或琥珀色等。纯正的蜂蜜一般色浓、透明度好。如果掺有糖类或淀粉，则色泽昏暗，混浊或有沉淀物。

②口感：质量好的蜂蜜品尝时有花香；掺糖、加水的蜜无花香，且有糖水味。优质蜂蜜入口有清甜的葡萄糖味，余味清淡；而劣质蜂蜜的蔗糖味很浓，口感甜腻，余味浓重，甚至有霉味、酸味、异味。

③气味：优质蜂蜜有该种蜂蜜特有的芳香气，花香明显，气味纯正，无杂味；劣质蜂蜜无香气。

④手感：取少量蜂蜜放在手心上用手揉搓，以感到黏腻者为好。

⑤性能：用筷子挑起纯正的蜂蜜后，可拉起柔韧的长丝，断后断头回缩，形成下粗上细的塔状，并慢慢消失。劣质的蜂蜜挑起后，呈糊状，并自然下沉，不会形成塔状。

⑥结晶：纯蜜的结晶呈黄白色，细腻、柔软；假蜜的结晶粗糙而透明。

（3）有毒蜂蜜的初步鉴别　蜂蜜中含有的毒素是由于蜜蜂采集的某些植物的蜜腺和花粉含有对人体有害的生物碱所致。可以从蜂蜜的气味、色泽、滋味等感官特性初步鉴别有毒蜂蜜。

气味正常蜂蜜具有植物花的香气，无其他异味；有毒蜂蜜能闻到异臭味。

色泽正常蜂蜜多呈淡色或微黄色；有毒蜂蜜往往色泽较深，常呈茶褐色。

滋味正常蜂蜜，有香甜可口的滋味；有毒蜂蜜有苦味或麻口的感觉。

（4）几种常见蜂蜜类型的品质。

①紫云英蜜：淡白微青色，有清香气，味鲜甜而不腻，不易结晶，结晶后呈粒状。

②枣花蜜：淡黄色，蜜汁透明，味甜，具有特殊浓烈气味，结晶粒粗。

③油菜蜜：浅黄色，有油菜花的清香气，稍有混浊，味甜润，最易结晶，其晶粒特别细腻，呈油状结晶。

④柑橘蜜：品种繁多，色泽不一，一般呈浅黄色，具有柑橘的香甜气，微有酸味，结晶粒粗呈油脂状结晶。

⑤槐花蜜：色淡白，有清淡的香气，口味鲜甜而不腻，不易结晶。如结晶，则呈细粒油脂状凝固。

⑥百花蜜：颜色深，是多种花蜜的混合蜂蜜，味甜，具有天然蜜的香气。

⑦冬蜜：又称春蜜，味甜、透明度差，风味不一，放置日久后多有结晶、沉淀，结晶多呈膏状。

2. 蜂胶的感官检验

蜂胶的感官检验按 GB/ T 24283—2018《蜂胶》的感官要求进行。

（1）色泽、状态　在自然光线良好的条件下，观察样品外表色泽。取少许上述样品混匀后，加热至35℃左右，用于揉搓成条，再慢慢向两端拉伸。含胶量越大，黏性越大，拉伸长度越长。

（2）气味、滋味　取少许样品，嗅其气味是否有蜂胶特有的芳香气，再点燃，嗅其气味是否异常，口尝其滋味。

3. 蜂王浆的感官检验

蜂王浆的感官检验按GB/T 9697—2008《蜂王浆》的感官检验方法进行。

（1）颜色与状态　用清洁干燥的用具取适量蜂王浆，在光线充足处、白色背景下观察其颜色和状态，并随即用滴管取蜂王浆一小滴，滴于食指上用拇指拈挤，应有微黏的感觉。

（2）气味　打开盛蜂王浆的容器，立即用鼻嗅其气味。

（3）滋味　取出少量蜂王浆，用舌品尝其滋味。

无光泽的蜂王浆为次品。如果色泽变深或有小气泡，则主要是由于贮存不善，久置于空气中发生腐败变质所致。如有哈喇味，则说明已酸败。如有发酵味或气泡，则说明已发酵变质。

项目四

蜂类产品的掺伪鉴别检验

一、蜂蜜掺伪的鉴别检验

1. 真假蜂蜜的鉴别

蜂蜜是一种富有营养的天然食品。有些个体户甚至有些厂家，向蜂蜜中掺入杂质，坑骗消费者。蜂蜜中常见的掺假物质有饴糖、蔗糖、面粉、糊精及羧甲基纤维素钠等。

鉴别假蜂蜜的主要方法除了上述感官检验方法以外，还可以进行如下检验。

（1）快速简易鉴别　可将一根烧红的铁丝插入蜂蜜中，冒气的是真货，冒烟的是假货。并且如果是纯蜂蜜，铁丝拨出后应十分光滑，不附杂质。

（2）荧光检验法　取可疑蜂蜜与2.5倍水混合均匀，在不透光的载玻片上涂上2~3mm厚层，在暗室中进行荧光观察。一般天然优质蜂蜜呈黄色（略带绿色），如果为草绿或蓝绿色，则是劣质蜂蜜，若呈灰色，则是用蔗糖调制成的假蜂蜜。

（3）酶检验法　具体见本模块“实训四　蜂蜜掺假的酶检验法”。

2. 蜂蜜掺水的检验

可分别用筷子插入待测蜂蜜和对照的纯蜂蜜中再拉出，纯蜂蜜可拉出蜜丝，掺水的蜂蜜丝少且易断，甚至拉不出丝。还可取一干净塑料板，分别用勺子取适量待测蜂蜜和对照用的纯蜂蜜分别滴在板上，倾斜板，蜂蜜流动路径越长，水分越多，具体见本模块“实训五　蜂蜜掺水的快速鉴别检验”。

3. 蜂蜜掺饴糖的检验

（1）原理　饴糖不溶于95%乙醇溶液，会出现白色絮状物。

（2）检验方法　取蜂蜜2mL于试管中，加5mL蒸馏水，混匀，然后缓缓加入95%乙醇溶液数滴。若出现白色絮状物，则说明掺入了饴糖，若呈混浊，则说明正常。此外，掺有饴糖的蜂蜜味不甜。

4. 蜂蜜掺蔗糖的检验

（1）原理　蔗糖与间苯二酚反应，产物呈红色；与硝酸银反应，产物不溶于水。

（2）检验方法　取蜂蜜2mL于试管中，加入0.1g间苯二酚。若呈现红色，则说明掺入了蔗糖；同时应有空白对照。

取蜂蜜1mL加水4mL混匀。若出现混浊或沉淀，滴入数滴10g/L硝酸银溶液，出现絮状物者，说明掺入了蔗糖。如有必要，可进一步进行定量检验。

5. 蜂蜜掺面粉、糊精及其他淀粉类的检验

（1）感官检验　掺淀粉类的蜂蜜混浊，味不甜。

（2）理化检验

①原理：淀粉遇碘液呈蓝、紫色。

②检验方法：取蜂蜜5g，加蒸馏水20mL，煮沸后放冷，加10g/L碘液2滴，如呈蓝、紫色或红色，说明有淀粉类物质存在，如仍为黄褐色，则说明蜂蜜纯正。

6. 蜂蜜掺羧甲基纤维素钠的检验

（1）感官检验　掺有羧甲基纤维素钠的蜂蜜，颜色深黄，黏稠度大，近似饱和胶状溶液，有块状脆性物悬浮，底部有白色胶状小粒。

（2）理化检验

①原理：羧甲基纤维素钠不溶于乙醇，与盐酸反应生成白色羧甲基纤维素沉淀；与硫酸铜反应产生绒毛状浅蓝色羧甲基纤维素沉淀。

②检验方法：取蜂蜜10g，加20mL 95%乙醇溶液，充分搅拌，混合均匀，即有白色絮状物析出。取白色絮状物2g，置于100mL温热蒸馏水中，搅拌均匀，放冷备检。

取上液30mL，加入盐酸3mL，产生白色沉淀为阳性。

另取上液50mL，加硫酸铜溶液100mL，产生绒毛状浅蓝色沉淀为阳性。

若上述两项实验均出现阳性结果，则表明掺有羧甲基纤维素钠。

7. 蜂蜜混甘露蜜的检验

甘露蜜又称蚜虫蜜，系蜜蜂采集到蚜虫在植物叶片上分泌的甜汁（甘露）而酿成的蜜。

（1）感官检验　甘露蜜比自然蜂蜜颜色深，呈暗褐色或暗绿色，无香气，甜味平淡，不润口。

（2）理化检验

①原理：甘露蜜主要含有糊精和松三糖，与饱和石灰溶液加热煮沸，产生棕

黄色沉淀；在95%乙醇溶液中出现沉淀。

②检验方法：取可疑甘露蜜1份加水1份混匀。取此混合液2mL，加石灰水（过饱和石灰溶液的上清液）4mL，加热煮沸。如有棕黄色沉淀，则有甘露蜜存在。

另取上法中混合液1mL，加入95%乙醇溶液1mL，混匀。如出现沉淀，也表明有甘露蜜存在。

8. 蜂蜜掺雷公藤碱的检验

有毒蜂蜜是蜜蜂在蜜源植物较少的情况下，采集有毒植物的花蜜而酿成的蜜。目前发现并报道的有毒蜜源主要是指雷公藤类植物，这种蜜含有剧毒的雷公藤生物碱，食用后会引起中毒。

蜂蜜掺雷公藤碱的检验可以进行感官检验和理化检验。

（1）感官检验　含雷公藤碱蜂蜜常呈棕色或褐色，有苦涩味。

（2）理化检验

①雷公藤红反应。

原理：雷公藤碱在三氯化锑的氯仿溶液中呈现红色。

检验方法：取少许可疑蜂蜜置于烧杯中，加入三氯甲烷，用玻璃棒搅拌，通过无水硫酸钠过滤。吸取滤液1mL置于试管中，加5%三氯化锑的氯仿溶液。呈现红色，则说明蜜中含有雷公藤碱。

②雷公藤碱反应。

原理：雷公藤碱在硫酸介质中与对二甲氨基苯醛、乙醇反应，呈现紫色。

检验方法：取可疑蜂蜜，加氨水，呈碱性，再加三氯甲烷，振摇、过滤，加入1%盐酸溶液，使滤液酸化，然后振摇。分离出水层后，加氨水，使之呈碱性，再加三氯甲烷，振摇提取，分离出三氯甲烷层，挥发至干，得到残渣。

取少许上述残渣加入硫酸3滴和对二甲氨基苯醛结晶数粒，在水浴中加热5min后冷却，再加入乙醇0.5mL，若呈现紫色则说明有雷公藤碱。

二、蜂王浆中掺伪的鉴别检验

1. 掺水检测

（1）蜂王浆掺水的快速鉴别　用竹筷插入蜂王浆底部，搅动后向上提拉，如果竹筷上黏附蜂王浆数量较多，向下流淌速度慢，说明稠度大，含水量少；如竹筷上黏附的王浆数量少，向下流淌速度快，说明浆稀，水分含量高。

（2）依据GB 9697—2008《蜂王浆》的水分测定

①仪器：减压干燥箱；分析天平。

②实验步骤：取蜂王浆试样约0.5g，置于干燥恒量的称量瓶中，精密称量，放入减压干燥箱，在温度75℃，压力-0.095～-0.10MPa干燥4h后取出称量瓶，放入干燥器内冷却0.5h后称量。反复干燥至前后两次质量差不超过2mg，为恒量。

③计算如下。

$$X=\frac{m_1-m_2}{m_1-m_3}\times100\%$$

式中 X——蜂王浆中水分的含量,%；

m_1——称量瓶和试样的质量，g；

m_2——称量瓶和试样干燥后的质量，g；

m_3——称量瓶的质量，g。

2. pH 检测

新鲜蜂王浆的 pH 是 3.4~3.5，pH 升高或下降，均体现蜂王浆贮存时间长短及贮存方法的好坏和腐败与掺假程度。贮存时间过长、贮存方法不当，腐败变质或掺有柠檬酸等物质的蜂王浆 pH 增高；掺有淀粉、浆糊、乳品的蜂王浆 pH 下降，质量降低。

（1）测定 pH 较简便的方法是试纸测定：撕一块试纸插入蜂王浆中片刻，取出，根据其显示的颜色与标准色板对照，即知 pH。

（2）按 GB 9697—2008《蜂王浆》进行酸度的测定

①试剂：0.1mol/L 氢氧化钠标准溶液。

②仪器：酸度计；滴定管；分析天平。

③实验步骤：称取蜂王浆试样约 1.00g，置于 100mL 烧杯中，加入新煮沸并已冷却的蒸馏水 75mL，用 0.1mol/L 氢氧化钠标准溶液滴定，至酸度计指示 pH 8.3 为终点。

（3）计算 滴定消耗的氢氧化钠标准溶液的体积（mL）与浓度值相乘，再乘以 100，即为试样的酸度。

3. 折射率检测

（1）手持折射仪测定 打开照明棱镜盖板，用柔软的绒布仔细将棱镜擦干净，注意不要划伤镜面。取含糖试液数滴，置于棱镜镜面上，合上盖板，使溶液均匀地分布于棱镜表面。将仪器进光窗对向光源或明亮处，调节视度圈，使视场内分划线清晰可见；于视场中所见明暗分界线相应之读数，即为含糖量之百分数。

仪器分为 0~50%和 50%~80%两档。当含糖量低于 50%时，将旋钮向左转动，使得在目镜半圆视场中的分划尺为 0~50，明暗分界线相应之刻线，即为含糖量（百分数）的数值。

当被测试的含糖量高于 50%时，则应向右转动旋钮，使目镜视场中所见之刻线范围为 50~80，测量方法与上述相同。

该仪器系为 20℃使用设计而成的，在非 20℃时使用如果要获得准确值，修正方法如下。

先测试纯蒸馏水溶液的折射率，查明视场中明暗分界线是否对准刻线 0，若有偏离，则用螺丝刀旋动校正螺钉，使分界线正确指示于 0 处，然后进行试样测定。

（2）采用阿贝折光仪测定（图 7-1）　在 20℃时，蜂王浆含糖量为 25.5%～27.5%，若蜂王浆中混入蜂蜜、糖分等其他含糖物质，会使其折射率增大。

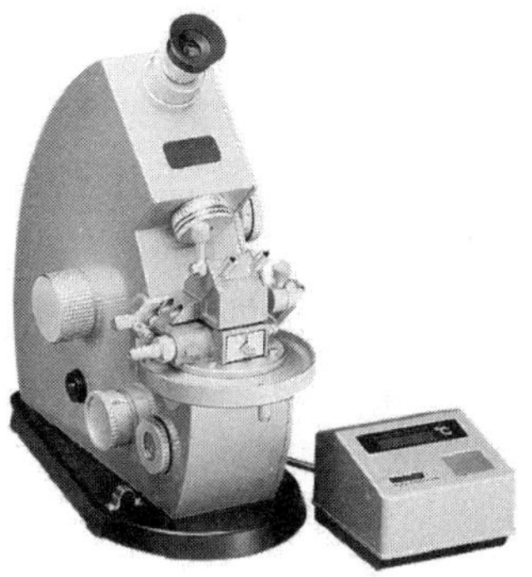

图 7-1　阿贝折光仪

操作方法：将棱镜打开，用擦镜纸将镜面拭洁后，在镜面上滴少量待测液，并使其铺满整个镜面，关上阿贝折光仪镜。调节反射镜使入射光线达到最强，然后转动棱镜使目镜中出现的明暗分界线位于十字线的交叉点，这时从放大镜即可在标尺上读出液体的折射率。

如出现彩色光带，调节消色补偿器，使彩色光带消失，明暗界面清晰。

测完之后，打开棱镜并用丙酮洗净镜面，也可用吸耳球吹干镜面，实验结束后，除必须使镜面清洁外，尚需夹上两层擦镜纸才能扭紧两棱镜的闭合螺丝，以防镜面受损。

4. 显微镜检验

使用显微镜（图 7-2）检查蜂王浆中有无蜡片、虫体碎片等杂质异物是很有必要的，一般用 15 倍的低倍显微镜进行观察，即可达到理想效果。

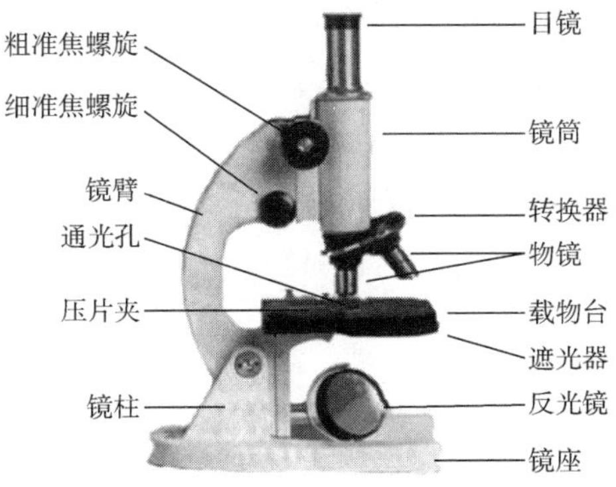

图 7-2　显微镜

操作方法：右手握住镜臂，左手托住镜座。把显微镜放在实验台上，安装好目镜和物镜。

转动转换器，使低倍物镜对准通光孔（物镜的前端与载物台要保持 2cm 的距离）。把一较大光圈对准通光孔。左眼注视目镜内。转动反光镜，使光线通过通光孔反射到镜筒内。通过目镜，可以看到白亮的视野。

把样品涂抹在玻片上，放载物台上，用压片夹压住，标本要正对通光孔的中心。转动粗准焦螺旋，使镜筒缓缓下降，直到物镜接近玻片标本为止。左眼向目镜内看，同时反方向转动粗准焦螺旋，使镜筒缓缓上升，直到看清物像为止。再略微转动细准焦螺旋，使看到的物像更加清晰。

实验完毕，把显微镜的外表擦拭干净。转动转换器，把两个物镜偏到两旁，并将镜筒缓缓下降到最低处，反光镜竖直放置。

5. 掺淀粉或糊精检测

依据 GB 9697—2008《蜂王浆》中淀粉的测定方法如下。

（1）试剂　碘溶液（ρ=13g/L）。

（2）实验步骤　称取蜂王浆试样约 0. 2g，置于 50mL 烧杯中，加入蒸馏水 10mL，搅匀，加热至沸，冷却至室温后加入碘液数滴，不得呈蓝色。

6. 掺蜂蜜检测

费林氏甲液（称取 $CuSO_4$ 34. 64g，加水溶解，再加 H_2SO_4 0. 5mL，用水定容至 500mL）。费林氏乙液（称取酒石酸钾钠 173g、NaOH 50g，加水溶解，并定容至 500mL）。使用费林氏试剂时甲液+乙液（1+1）混合。

检测方法：称取 0. 5g 蜂王浆样于试管中，加水 0. 5mL，混匀，加费林氏试剂 5 滴，在酒精灯上微沸 2min，观察，若呈红色为掺有蜂蜜（同时做纯蜂王浆对照实验）。

7. 掺其他异物检验

检验方法：将蜂王浆用文火灼烤，如果冒青烟、结块较透明并呈现棕色，带有焦蛋白质气味，说明送检蜂王浆纯正；如果灼烤时冒黑烟，结块发黑并有刺鼻的烧焦味，证明送检蜂王浆中掺有其他物质。

此外还可以进行表面张力检测：蜂王浆有一定的表面张力，在 25℃ 时，为 [（5. 0~5. 5）$\times 10^{-4}$] N（50~55dyn）。如果王浆老化或贮存不当腐败变质，其表面张力增大。掺入淀粉等假品，也会使蜂王浆的表面张力发生变化。

思考题

1. 食糖根据颜色和外形不同可分为哪几类？
2. 分别简述食糖、淀粉糖、巧克力的卫生标准。
3. 简述食糖中掺入淀粉的鉴别检验。
4. 蜂类产品包括哪些？

5. 分别简述蜂蜜、蜂胶、蜂王浆的质量标准。
6. 简述蜂蜜的感官检查内容和依据。
7. 简述蜂胶的感官检验方法和依据。
8. 如何快速简易鉴别蜂蜜真假?
9. 举例说明蜂蜜掺水、掺蔗糖的检验。
10. 简述蜂王浆掺淀粉、掺蜂蜜的检验方法。

实训内容

实训一

白砂糖的感官检查

一、实训目的

了解并掌握白砂糖的感官指标及感官检验方法。

二、实训原理

按 GB/T 5009.55—2003《食糖卫生标准的分析方法》。白砂糖的晶粒应均匀，干燥松散，颜色洁白，无带色糖粒、糖块。糖的晶粒或水溶液味甜，纯正，无异臭味，无异物，应符合 GB 13104—2014《食品安全国家标准　食糖》的规定。

三、实训方法

取适量试样于白色瓷盘中，在自然光下观察色泽和状态，闻其气味，用温开水漱口，品其滋味。

1. 色泽鉴别

观察色泽是否洁白明亮，有光泽。

2. 状态鉴别

观察其有无潮解，有无正常视力可见外来异物。

3. 气味鉴别

闻有无异味，有无异嗅。

4 滋味鉴别

品尝是否味甜。

四、实训要求

叙述白砂糖的感官特征，进行总结，写出结论。

实训二

食糖中掺入淀粉的检验

一、实训目的

了解并掌握食糖中掺入淀粉的检验方法。

二、实训原理

掺有淀粉的食糖的糖溶液混浊不清，加碘液观察，淀粉遇碘液会呈蓝、紫色。

三、实训方法

1. 试剂

10g/L 碘液。

2. 仪器

电炉。

3. 检验方法

取食糖 5g 于 50~100mL 烧杯中，加蒸馏水 20mL，置于电炉上煮沸，后放冷，加 10g/L 碘液 2 滴，观察颜色变化。如产生蓝色、紫蓝色，即可判定有淀粉类物质存在。

四、实训要求

叙述特征，进行总结，写出结论。

实训三

进出口蜂蜜感官检验

一、实训目的

了解并掌握进出口蜂蜜的感官检验方法。

二、实训原理

按 SN/T 0852—2012《进出口蜂蜜检验规程》的相应方法检验色泽、气味和味道。

色泽要求：蜂蜜具有应有的色泽；按色泽深浅分为水白色、特白色、白色、特浅琥珀色、浅琥珀色、琥珀色、深色等数种。采用专用的卜方特比色计比色，按表 7-12 进行分级。

气味和味道要求：蜂蜜应具有其正常的气味和味道。

表 7-12　分级范围

色泽名称	卜方特比色计色值/mm	色泽名称	卜方特比色计色值/mm
水白色	8 以下	浅琥珀色	85 以下
特白色	16 以下	琥珀色	114 以下
白色	34 以下	深色	140 以下
特浅琥珀色	50 以下		

三、实训方法

1. 取样

按报检单所列的品名、包装、标志、件数、质量等核查货证相符后，按规定的抽样件数，逐件开启，将抽样管缓缓放入中部或 2/3 的部位吸取样品（零售包装产品用汤匙取部分样品），倾入混样器。将所抽样品约 1000g 混合均匀，装入清洁干燥的样品瓶内，贴上标签。标签上应标明报检号、商品名称、生产批号、数/质量、生产企业名称、取样日期和取样人。

如遇蜂蜜结晶时，则用单套杆或抽样管插到底，抽取样品，混匀。

样品分成 2 份，一份感官检验，一份留样备存。

2. 制样

未结晶的样品将其用力搅拌均匀。有结晶析出的样品，可将样品瓶盖塞紧后，置于不超过 60℃的水浴中温热，待样品全部溶化后，搅匀，迅速冷却至室温以备检验用。在融化时应注意防止水分侵入。

3. 感官检验测定方法

色泽：将不含气泡的试样倒入卜方特比色槽内，以卜方特比色计进行比色读取色值后按表 7-10 确定色泽。

气味和味道：用清洁的玻璃棒搅拌试样，嗅其气味；再用玻璃棒挑起蜂蜜，尝其味道。

四、实训要求

叙述特征，进行总结，写出结论。

实训四

蜂蜜掺假的酶检验法

一、实训目的

了解并掌握蜂蜜掺假的酶检验方法。

二、实训原理

新鲜蜂蜜中含有多种酶，形成蜜的主要原因之一是由于转化酶将蜜中蔗糖转化。因此，检验蜂蜜中是否存在酶，就可以鉴别新鲜蜂蜜的真假。本法以蜂蜜中的淀粉酶作用于已知的淀粉溶液，然后用碘液鉴定。

三、实训方法

取10g蜂蜜加入20mL蒸馏水，混合均匀后分成2份于2支试管中，各加入5g/L淀粉溶液1滴，取1管于45℃水浴中加温1h，然后滴加碘液于2支试管中，比较其色泽。真正蜂蜜含有淀粉酶能将淀粉分解，呈深蓝色（观察色泽，以加入碘液立即呈现的色泽为准）。

四、实训要求

叙述特征，进行总结，写出结论。

实训五

蜂蜜掺水的快速鉴别检验

一、实训目的

了解并掌握蜂蜜掺水的快速鉴别检验。

二、实训原理

见本模块“项目四　蜂类产品的掺伪鉴别检验”中“一、蜂蜜掺伪的鉴别检验”。

三、实训方法

掺水蜂蜜的检验可进行定性检验和波美计检验。

1. 掺水的定性检验

取蜂蜜数滴，滴在滤纸上。优质的蜂蜜含水量低，滴落后成珠状，不会散开，也不会很快渗入滤纸中；而掺水蜂蜜滴落后很快浸透滤纸，并渐渐散开，散开速度越快，掺的水分越多。

2. 波美计检验法

将蜂蜜放入口径4~5cm的500mL玻璃量筒内，待气泡消失后，将清洁、干燥的波美计较轻放入，让其自然下降，待波美计停留在某一刻度上不再下降时，即指示蜂蜜的浓度。

蜂蜜波美度的测定：测定蜂蜜时的温度保持在15℃，纯蜂蜜浓度在42°Bé以上。若蜂蜜的温度高于15℃，则要以增加的度数乘以0.05，再加上所测得的数值，即为蜂蜜的实际浓度。例如蜜温为25℃时，波美计读数为41°Bé，则实际浓度为：41+（25−15）×0.05＝41.5°Bé。温度低于15℃时则以温度与15℃的差值进行计算，例如蜜温为10℃时，波美度读数为41°Bé，则该蜜的实际浓度为：41−（15−10）×0.05＝40.75°Bé。

四、实训要求

叙述特征，进行总结，写出结论。

模块八

调味品掺伪鉴别检验

学习目标与要求

了解食盐、酱油、食醋等的种类及质量标准；掌握食盐、酱油、食醋、味精、酱类、香辛料的掺伪鉴别。严格遵守实践现场管理规范。具有严谨的工作作风，具有团队协作精神，脚踏实地、不断奋斗，力争在食品工业建设中推动更多变革性实践、取得更多突破性进展。

学习重点与难点

重点：盐、酱油、食醋质量标准，常见掺假检验方法。

难点：常见调味品掺假的鉴别检验方法。

学习内容

调味品是人民日常生活的必需品，常用的主要有食盐、味精、酱油、酱、食醋、糖类等。

我国是世界上应用调味品最早的国家之一，是多种香辛料，如花椒、茴香、陈皮、桂皮、甘草、砂仁等的故乡，具有悠久的传统酿造工艺。三千多年以来，我国劳动人民努力开发和利用本国资源，生产了多种醋、酱油、腐乳、面酱等发酵调味品，开发出了许多粉末、颗粒、液体、膏状、油状的传统品牌调味品，我国的菜肴烹调技术闻名世界，调味品的搭配别具一格、风味独特、香气诱人，许多名菜都是辅以多种调味料炒制而成的。现在又不断从外国引进物种，丰富我国的调味品种类，使我国成为世界调味品的聚宝盆和天然调味料王国。

随着经济的发展和生活水平的提高，人们对高品质、多样化食品的需求日趋增长，不但希望做出颇具风味的菜肴和高营养食品，而且由于生活节奏的加快，迫切希望能够简化调理步骤从而节省时间，这就促进了调味品市场向营养型、系列化、复合型、方便化发展。所以，调味是一门内容非常丰富的学问。为了满足人们生活的需要，调味品加工业发展十分迅速。开发高档调味品，发展调味品加工业具有广阔的前景。

调味品是人们长期以来一日三餐不可缺少的一种副食品，与人们日常生活密切相关。因此，调味品的质量和品种的选用尤为重要。最近几年，在对农贸市场检查中发现调味料中有掺假（杂）现象，如食醋中掺入游离矿酸；生产酱油时添加酱色；酱油中兑水，配制化学酱油；用味精废液生产味精酱油；味精中掺入食盐、醋酸盐、硼酸盐、蔗糖等杂物。这些假冒伪劣调味品混入市场，危害人们的身体健康。现就调味品质量的鉴别检验以及掺假的鉴别检验方法分别加以介绍。

项目一

食盐掺伪的鉴别检验

食盐是人们日常生活中不可缺少的重要调味品，食盐与每天的人民生活密切相关，因此对食盐进行鉴别检验具有重要的意义。

一、食用盐标准

按 GB 2721—2015《食品安全国家标准　食用盐》。食用盐是以氯化钠为主要成分，用于食用的盐。

1. 感官要求

食用盐感官要求应符合表 8-1 的规定。

表 8-1　　食用盐的感官要求

项目	要求	检验方法
色泽	白色	取适量试样于白色洁净浅盘中，在自然光下观察其色泽和状态，闻其气味，用温开水漱口后品其滋味
滋味、气味	味咸，无异味	
状态	结晶体，无正常视力可见外来异物	

2. 理化指标

食用盐理化指标应符合表 8-2 的规定。

表 8-2 食用盐的理化指标

项目		指标	检验方法
氯化钠[①]（以干基计）/(g/100g)	≥	97.00	GB 5009.42—2016
氯化钾[②]（以干基计）/(g/100g)		10~35	
碘[③]（以 I 计）/(mg/kg)	≤	5	
钡（以 Ba 计）/(mg/kg)	≤	15	

注：①不适用于低钠盐。
②仅适用于低钠盐。
③强化碘的食用盐碘含量应符合 GB 26878—2011 的规定。

3. 食用盐的其他要求

污染物限量应符合 GB 2762—2017 的规定。食品添加剂的使用应符合 GB 2760—2014 的规定。

二、食盐的掺伪鉴别检验

1. 食盐的感官检验

食盐的感官检验方法依据 GB 2721—2015《食品安全国家标准　食用盐》，具体见本模块“实训一　食盐的感官检验”。

2. 食盐质量优劣的感官检验

（1）良质食盐　色泽洁白，有光泽，呈透明或半透明状；气味、滋味具有正常纯正的咸味，无苦涩味，无异味；晶粒形态整齐，颗粒均匀，外形为细沙状，坚硬光滑，水分含量极少，不结块，用手抓捏有松散的感觉，能从手指缝流动，无返卤吸潮现象，无杂质。

（2）劣质食盐　色泽灰暗，白度差，呈黄褐色，透明性低；气味、滋味中有苦涩味，有异味；形态为晶体颗粒，颗粒较大，不均匀；一般湿度大，有结块，有返卤吸潮等异常现象，用手捏可成团状；有杂质。非碘盐和含有氯化镁、氯化钾等有毒物质的盐颜色呈乳白色，不透明，色泽明显灰暗，有的呈淡黄色甚至发红或青黑色。有的假盐还有刺激性气味。

3. 食盐与亚硝酸盐的鉴别

亚硝酸盐是亚硝酸的盐类，亚硝酸盐（如 $NaNO_2$）是应用历史悠久的食品发色剂，但是，目前国际上已对其的应用产生忧虑。近年来，人们发现亚硝酸盐能与多种氨基化合物（主要来自蛋白质分解产物）反应，产生致癌的 *N*-亚硝基化合物，如亚硝胺等。亚硝酸盐，又名“工业盐”，如亚硝酸钠，溶于水，是一种高毒性化学物质，但其颜色、形状、口感和食用盐相似，一般成人食用 0.3~0.5g 即可中毒，食用量达到 3g 即可致人身亡。

我国每年总有一些单位和个人误把亚硝酸盐当作食盐来使用，食物中毒事件屡有发生，因此，食盐与亚硝酸盐的鉴别具有重要的意义。

具体鉴别方法见本模块“实训二　食盐与亚硝酸盐的鉴别”。

4. 食用盐与农用盐的鉴别

我国一些地区仍然存在以农用盐代替食用盐的现象，还有不法商贩到饲料部门买饲料用盐，加工成盐粉，在农贸市场销售。也有的劣质盐是由从盐矿里提出的卤水，在平锅里熬制而成的。由于生产工艺落后，没有经过真空灭菌和去除杂质等工艺，产品中杂质多、异味大，并含有大量铅、氯化镁等对人体有害物质，是国家明令禁止的。人们食用了这种劣质盐，会引起慢性中毒。因此，掌握食用盐与农用盐的鉴别方法很必要。

食用盐与农用盐主要是从盐的色泽、滋味、气味和杂质含量等几方面来鉴别。

食用盐色泽洁白，有光泽；味咸，无异味，无苦味，无涩味；无杂质，无沉淀物。

农用盐色泽灰暗，无光泽；味苦涩，有异臭；杂质多，沉淀物多。

5. 碘盐的快速鉴别

食用碘盐是为了防止碘缺乏造成痴呆等病症而采取的保健措施。有些地方用普通盐代替碘盐，严重干扰了地方病的防治，损害了人民的健康。碘盐的鉴别有以下方法。

（1）感官检验　感官检验包括以下几方面。

观色：假碘盐外观呈淡黄色或杂色，容易受潮。

手感：用手抓捏假碘盐呈团状，不易分散。

鼻闻：假碘盐有一股氨味。

口尝：假碘盐咸中带苦涩味。

（2）理化检验

①定性检验。

原理：碘盐中的碘遇淀粉变成紫色。

检验方法：将盐撒在淀粉或切开的马铃薯上观察，盐变成紫色的是碘盐，色泽越深含碘量越高；如果不变色，则说明不含碘。

②碘化钾的检验。

原理：KI 与 $NaNO_2$ 反应生成碘，碘遇淀粉呈浅紫色。

试剂：5g/L 淀粉液 20mL，滴入 8 滴 5g/L 亚硝酸钠和 4 滴硫酸（1+4），摇匀。应在临用前现配。

检验方法：取 2g 待检盐放在白瓷板上，向盐上滴 2～3 滴检测试剂，观察，如果不出现蓝紫色，说明不是碘盐。

GB/T 13025.7—2012《制盐工业通用实验方法　碘的测定》。规定了加碘食用盐中碘的测定方法。其中直接滴定法适用于添加碘酸盐的加碘食用盐中碘的测定；

氧化还原滴定法适用于添加碘化物或含有还原物质的加碘食用盐中碘的测定；光度法适用于碘的快速测定。

现在还有一种碘盐快速检测试剂，采用标准比色板比色，确定含碘量的大约浓度（mg/kg）。

项目二

酱油掺伪的鉴别检验

一、酱油的分类和质量标准

酱油是我国传统的复合体的调味品。按 GB 2717—2018《食品安全国家标准 酱油》。酱油是以大豆和（或）脱脂大豆、小麦和（或）小麦粉和（或）麦麸为主要原料，经微生物发酵制成的具有特殊色、香、味的液体调味品。

1. 酱油的分类

酱油可按生产工艺、食用方法、质量等级等来分类。

（1）按生产工艺分　有酿造酱油和配制酱油。酿造酱油是以大豆和（或）脱脂大豆、小麦和（或）麸皮为原料，经微生物发酵制成的具有特殊色、香、味的液体调味品。配制酱油是以酿造酱油为主体，与酸水解植物蛋白调味液、食品添加剂等配制而成的液体调味品。

（2）按食用方法分　有烹调酱油和餐桌酱油。烹调酱油是不直接食用的，适用于烹调加工酱油。餐桌酱油是既可以直接食用，又可用于烹调加工的酱油。

（3）按质量等级分类　酱油有特级、一级、二级、三级，依次表示酱油质量的差别。

（4）生抽、老抽和蚝油　生抽、老抽都属酿造酱油。

①生抽：以大豆、面粉为主要原料，人工接入种曲，经天然露晒、发酵而成。产品颜色较淡，多为红褐色，色泽红润；滋味鲜美协调，豉味浓郁，味较咸；清澈透明，风味独特；一般烹调调味用，凉菜时用得多。

②老抽：生抽酱油再晒制 2~3 月，沉淀过滤，即为老抽酱油。老酱油颜色深，多为棕褐色，有光泽；有焦糖色；味道鲜美微甜；比生抽酱油更浓郁；一般烹调调味、着色用，如用于红烧等需上色的步骤中等。

③蚝油：广东称牡蛎为蚝，蚝油即为牡蛎油。蚝油不是油质，蚝油是在加工蚝豉时，煮蚝豉剩下的汤，经过滤、浓缩，加辅料精制而成。

蚝油味鲜美、香浓郁，黏稠适度，也是配制蚝油鲜菇牛肉等传统粤菜的主要配料。

优质蚝油呈半流体状，稠度适中。久贮无分层或沉淀，无渣粒杂质；呈红褐至棕褐色，鲜艳有光泽；具特有香味和酯香气，味鲜美醇厚、稍甜，无焦、苦、涩和腐败发酵等异味，入口有油样滑润感。

2. 酱油的质量标准

依据 GB 2717—2018《食品安全国家标准　酱油》质量标准如下。

（1）酱油的感官要求　应符合表 8-3 的规定。

表 8-3　酱油的感官要求

项目	要求	检验方法
色泽	具有产品应有的色泽	取混合均匀的适量试样于直径 60~90mm 的白色瓷盘中，在自然光下观察色泽和状态，闻其气味，并用吸管吸取适量试样进行滋味品尝
滋味、气味	具有产品应有的滋味和气味，无异味	
状态	不浑浊，无正常视力可见外来异物，无霉花浮膜	

（2）酱油的理化指标　应符合表 8-4 的规定。

表 8-4　酱油的理化指标

项目		指标	检验方法
氨基酸态氮/(g/100mL)	≥	0.4	GB 5009.235—2016

（3）酱油的其他要求　污染物限量应符合 GB 2762—2017 的规定。

真菌毒素限量应符合 GB 2761—2017 的规定。

致病菌限量应符合 GB 29921—2021 的规定。

微生物限量见表 8-5 的规定。

表 8-5　酱油的微生物限量

项目	采样方案*及限量				检验方法
	N	*c*	*m*	*M*	
菌落总数/(CFU/mL)	5	2	5×10^3	5×10^4	GB 4789.2—2022
大肠菌群/(CFU/mL)	5	2	10	10^2	GB 4789.3—2016 平板计数法

注：*样品的采集及处理按 GB 4789.1—2016 执行。

食品添加剂的使用应符合 GB 2760—2014 的规定。

食品营养强化剂的使用应符合 GB 14880—2012 的规定。

二、酱油掺伪的鉴别检验

酱油是东方食品的主要调味品之一，也是我国大宗出口的调味品之一。酱油掺伪主要有掺水、用配制酱油假冒酿造酱油等，掺假酱油直接损害了消费者利益。

酱油质量的鉴别检验有着重要的意义。

1. 酱油质量优劣的感官鉴别检验

酱油质量的感官鉴别具体可见本模块“实训三　酱油质量优劣的感官鉴别”。

2. 酱油中掺水的鉴别检验

酱油中掺水可通过测定酱油中总固形物或密度进行检验。

（1）酱油中总固形物的测定

①原理：一般酱油中水分约占65%，剩余的35%就是固形物。用测总固形物的方法即可确认是否为掺水酱油或者属次品酱油。

②主要试剂：石英砂或海砂。

③检验方法：在蒸发皿中装入约1/2体积的处理过的石英砂或海砂，称量，于100~105℃下烘干至恒重（m_1）。

向恒重的装有石英砂的蒸发皿中精确加入10mL酱油样品，称量（m），将蒸发皿置于沸水浴上加热至干；蒸干水后，置于100~105℃的烘箱中烘干2h；取出后置于干燥器中冷却后称量。

重复干燥，每隔0.5h称量一次，直至恒重（m_2）（连续两次称量，差值不大于0.005g）。

④计算：按下式计算总固形物和无盐固形物的量。

$$\text{总固形物（g/mL）} = (m_2 - m_1)/10$$

$$\text{水分（\%）} = (m - m_2)/(m - m_1)$$

式中　m——蒸发皿和石英砂或海砂加样品的质量，g；

m_1——蒸发皿和石英砂或海砂的质量，g；

m_2——蒸发皿和石英砂或海砂加烘干样品的质量，g。

$$\text{无盐固形物（g/100mL）} = \text{总固形物（g/mL）} - \text{NaCl（g/mL）}$$

（2）相对密度的测定（密度计法）　依据GB 5009.2—2016《食品安全国家标准　食品相对密度的测定》，有密度瓶法、天平法、密度计法，以下介绍密度计法。

①原理：密度计，利用阿基米德原理，将待测液体倒入一个较高的容器，再将密度计浮在液体中，密度计下沉到一定高度后呈漂浮状态。此时液面的位置在玻璃管上所对应的刻度就是该液体的密度。测得试样和水的密度比值即为相对密度。

酱油相对密度的正常值为1.14~1.25，如果低于1.1可视为掺水。

②主要仪器：密度计。

③分析步骤：将密度计洗净擦干，缓缓放入装有待测液体的适当量筒中，勿使其碰及容器四周及底部，保持试样温度在20℃，待其静止后再轻轻按下少许，然后待其自然上升，静止至无气泡冒出后，从水平位置观察与液面相交处的刻度，

即为试样的密度。分别测试试样和水的密度，两者比值即为试样相对密度。

3. 酱油总酸度的测定

酱油中含有一系列的有机酸，如乙酸、乳酸、柠檬酸等，但其总量一般不超过2.5%，在此范围内，品质较高的酱油总酸度也较大。酸度值如大于2.5%，可视为酱油已酸败。

依据GB 12456—2021《食品安全国家标准　食品中总酸的测定》，酱油的色泽较深，用指示剂滴定法难以确定终点，常用pH计电位滴定法来测定，也可采用自动电位滴定法，具体操作可见本模块“实训四　酱油中总酸度的测定”。

4. 酿造酱油与化学酱油的鉴别检验

酿造酱油是以淀粉、蛋白质等为主要原料进行微生物发酵的，它不但利用微生物的代谢产物，而且利用菌体自溶的分解产物，所以酱油中含有大量的氨基酸和天然的棕红色素，还有维生素和构成香气的酯类等成分。

化学酱油是在酸性条件下将植物蛋白原料水解为氨基酸所得的，通常称为氨基酸酱油。由于植物蛋白在酸水解过程中产生乙酰丙酸，因此乙酰丙酸是化学酱油特有的成分。也是鉴别检验化学酱油与酿造酱油的主要依据。

（1）原理　在碱性条件下用乙醚抽提酱油样品，待乙醚蒸发后加硫酸，使之呈酸性，再用乙醚提取，蒸发除去乙醚后溶解于水。乙酰丙酸与香草醛溶液接触生成特有的蓝绿色溶液，其变色程度与乙酰丙酸含量成正比。

（2）检验方法　取酱油样品50mL，加入1mol/L NaOH溶液，使之呈碱性，再以25mL乙醚分3次进行抽提。

收集乙醚于冷凝装置内，蒸发乙醚后，向残留物中加入1mol/L H_2SO_4溶液使之呈酸性，再以2mL乙醚分2次进行抽提。

蒸发乙醚后，向残留物中加入2mL蒸馏水使之溶解，再加入0.5%香草醛溶液2mL。如果样品溶液中有乙酰丙酸存在，香草醛溶液与残留物的硫酸溶液的接触面就会出现特别的蓝绿色，其颜色越深，说明乙酰丙酸的含量越高。

酿造酱油中如果加入5%左右的化学酱油，则在10min内会出现颜色；如果加入1%左右的化学酱油，则加入试剂24h后才会出现蓝绿色。

5. 酿造酱油与配制酱油的鉴别检验

配制酱油主要是指用酱色、食盐水、味精及柠檬酸等物质混合而成的劣质酱油。

（1）感官鉴别检验　配制酱油的感官鉴别主要从色泽、香气、滋味、杂质四个方面进行。

①色泽检验方法：将少许酱油样品倒于碗中，来回摇晃几下。

酿造酱油呈红褐色或棕褐色，有光泽；因其富含氨基酸、糖和脂类物质，着色力强，在晃动中流动缓慢，并有较多的泡沫挂壁，即常说的“色咬碗”。

配制酱油颜色发黑，无光泽；在碗壁上流动较快，没有油色黏附，不易出现挂壁现象，泡沫很少，即“色不咬碗”。

②香气检验方法：轻轻摇动，嗅其气味。

酿造酱油有浓郁的酱香和酯香，无不良气味。

配制酱油无香味，还带有较强烈的焦煳味；添加蛋白质水解液的配制酱油有盐酸味，并略有臭味。

③滋味、口味检验方法：蘸少量酱油入口，用舌涂布满口，反复吮咂。

酿造酱油滋味鲜美，咸、甜、酸诸味协调适口，醇厚绵长。

配制酱油有苦、酸、涩等异味。

④杂质：配制酱油存放一段时间后，可能有沉淀、杂质。

检验方法：取适量试样于白色洁净浅盘中，在自然光下观察。

（2）酱油的理化检验

①氨基酸态氮含量的测定。

一般酿造酱油中氨基酸态氮含量为0.4%~0.8%。如果检验不出氨基酸态氮，则是配制酱油。如果氨基酸态氮含量低于国家卫生、质量标准中的指标，则说明酱油中掺入了水。

酱油的氨基酸态氮含量测定，按GB 5009.235—2016《食品安全国家标准 食品中氨基酸态氮的测定》，采用酸度计法、比色法。该标准第一法酸度计法适用于以粮食和其副产品豆饼、麸皮等为原料酿造或配制的酱油中氨基酸态氮的测定；第二法比色法适用于以粮食和其副产品豆饼、麸皮等为原料酿造或配制的酱油中氨基酸态氮的测定，具体操作见本模块“实训五　酱油中氨基酸态氮含量测定”。

②劣质酱油的简易检验。

原理：根据一定量的无水乙醇加入蛋白质的水溶液中能使蛋白质变性沉淀的原理。

酱油中氨态氮含量越高，无水乙醇用量越大，形成沉淀的速度越快，且沉淀性状由不明显沉淀到明显絮状、细末状、块状，以致结成坚实大块沉淀。通过观察沉淀析出的速率及沉淀性状，30min内即可判定酱油品质。

氨态氮含量低的样品则无明显沉淀析出，说明其沉淀形成的速率很慢。据此，加入无水乙醇后，立即观察。无明显沉淀析出的酱油是三级品以下，为不合格品。

检验方法：用移液管分别移取酱油样品4mL，分别放入3个25mL刻度比色管中，再分别加入无水乙醇4mL，摇匀后立即观察（注意应立即视察，否则放置一段时间后也会有沉淀生成）。

6. 乙醇的检验

乙醇是酱油在发酵过程中，因耐盐酵母作用从原料的糖类中产生的。假酱油中不含乙醇，而酿造酱油中含乙醇。因此，可通过乙醇的定性检测，判定酱油真伪。

（1）原理　乙醇在浓硫酸介质中，被重铬酸钾氧化为乙酸，重铬酸钾中 $Cr_2O_7^{2-}$ 被还原为 Cr^{3+}。

（2）检验方法　吸取酱油 10mL 于定氮仪中，加热蒸馏，收集馏出液 100mL，从中吸取 5mL 置于比色管中，加入 2%重铬酸钾溶液 1mL 和浓硫酸 45mL，摇匀后，于沸水浴中加热 10min，取出冷却。如为酿造酱油，则溶液呈绿色或黄色；如为假酱油，则不变色。

7. 用味精废液生产的“味精酱油”的鉴别检验

目前我国生产味精的废液中除含有少量的谷氨酸外，生产过程中所加入的各种化工产品全部残留在内。有些味精厂将这种废液加碱、加热除去氨，再加盐酸中和至微酸性，过滤后作为“味精酱油”出售。利用味精废液制作的“味精酱油”含有致癌的 4-甲基咪唑等物质。因此，这种“味精酱油”是不能食用的。

检验 4-甲基咪唑是鉴别“味精酱油”的手段。

（1）原理　4-甲基咪唑与对氨基苯磺酸、亚硝酸钠和碳酸氢钠反应，出现橘黄色的产物。

（2）试剂　氯仿-无水乙醇混合溶剂（80+20）、100g/L 碳酸钠溶液、100g/L 碳酸氢钠溶液、0.025mol/L H_2SO_4 溶液、5g/L 亚硝酸钠溶液、5g/L 对氨基苯磺酸溶液（2%盐酸溶液）。

（3）检验方法　取待检酱油 20mL 于分液漏斗中，加入 100g/L 碳酸钠溶液 15mL，摇匀后，加入氯仿、无水乙醇混合溶剂 40mL，剧烈振摇 5min 后进行抽提。静置待其分层后，将有机相转入另一分液漏斗中，再用氯仿-无水乙醇混合溶剂 40mL 抽提酱油 1 次，合并有机相。

向有机相中加入 0.025mol/L H_2SO_4 溶液 20mL，剧烈摇动进行反抽提，分层后将硫酸相置于锥形瓶中。有机相再用 0.025mol/L H_2SO_4 溶液 20mL 抽提 1 次，合并硫酸相。

在锥形瓶中加入少许活性炭，并在水浴上加热 5min，进行脱色，过滤及收集滤液。如硫酸抽提液无色，可不进行此步操作。

取 1mL 滤液于试管中，加入 5g/L 对氨基苯磺酸溶液 0.5mL、5g/L 亚硝酸钠 0.5mL 和 100g/L 碳酸氢钠 1mL，摇匀。橘黄色的出现，证明有 4-甲基咪唑存在。

8. 氯丙醇（3-氯-1，2-丙二醇，3-MCPD）的测定

在配制酱油中，由于大量使用酸水解植物蛋白，在盐酸水解蛋白原料的过程中，发生副反应，形成氯丙醇。氯丙醇是有致癌作用的毒性物。氯丙醇是丙三醇上的羟基被氯取代所产生的一类化合物，包括单氯丙二醇［3-氯-1，2-丙二醇（3-氯丙醇，3-MCPD），2-氯-1，3-丙二醇（2-MCPD）］和双氯丙醇［1，3-二氯-2-丙醇（1，3-DCP），2，3-二氯-1-丙醇（2，3-DCP）］。在氯丙醇系列化合物中，污染食品的主要成分是 3-MCPD，次要成分是 1，3-DCP。

按 GB 5009.191—2016《食品安全国家标准　食品中氯丙醇及其脂肪酸酯含量

的测定》，酱油中氯丙醇（3-MCPD）的测定可采用第一法同位素稀释-气相色谱-质谱法。

（1）原理　采用同位素稀释技术，以3-MCPD为内标定量。试样中加入内标溶液，以硅藻土为吸附剂，进行固相支持液-液萃取，用正己烷-无水乙醚（9+1）淋洗去除非极性脂质成分，用无水乙醚洗脱3-MCPD。以七氟丁酰基咪唑衍生，采用气相色谱-质谱仪测定，内标法定量。

（2）试剂　3-氯-1，2-丙二醇标准品；正己烷-乙醚（9+1）；氯化钠溶液（200g/L）。

3-MCPD和D_5-3-MCPD标准贮备液（1000mg/L）：分别准确称取3-MCPD和D_5-3-MCPD各10mg（精确至0.01mg），用乙酸乙酯溶解，分别转移至2个10mL容量瓶中，用乙酸乙酯定容至刻度，混匀。

3-MCPD中间溶液（10mg/L）：准确移取3-MCPD标准储备液0.1mL，于10mL容量瓶中，用正己烷稀释至刻度，混匀。

3-MCPD标准工作液（1mg/L）：准确移取3-MCPD标准中间液1mL，于10mL容量瓶中，用正己烷稀释至刻度，混匀。

D_5-3-MCPD标准工作溶液（10mg/L）：准确移取D_5-3-MCPD标准储备液0.25mL，于25mL容量瓶中，用正己烷稀释至刻度，混匀。

3-MCPD系列标准工作液：分别吸取3-MCPD标准工作液0.01，0.05，0.1，0.2，0.4，0.8，1.6mL和3-MCPD中间溶液0.32mL，于透明具塞玻璃管中，分别加入D_5-3-MCPD标准工作液20μL，加正己烷至2mL，配制成含3-MCPD标准工作液10，50，100，200，400，800，1600，3200ng的系列标准工作液，其中D_5-3-MCPD的质量均为200ng。

（3）材料　硅藻土，气密针（1mL），玻璃层析柱。

（4）仪器和设备　气相色谱-质谱仪（GC-MS）；电子天平；超声振荡器；旋转蒸发仪；恒温箱；涡旋振荡器；离心机。

（5）分析步骤

①试样提取：称取试样4g（精确至0.001g），于50mL烧杯中，加D_5-3-MCPD标准工作液（10mg/L）20μL，加200g/L氯化钠溶液15g，超声提取10min。

②试样净化：取硅藻土5g，加入提取液，充分混匀，放置10min。取5g硅藻土装入层析柱中。将提取液与硅藻土的混合物装入层析柱中，上层加1cm高度的无水硫酸钠。用40mL正己烷-无水乙醚（9+1）淋洗，弃去流出液。用150mL无水乙醚洗脱3-MCPD。收集流出液，加入15g无水硫酸钠，混匀以吸收水分，放置10min后以漏斗过滤。滤液于35℃温度下旋转蒸发至近干，用2mL正丁烷溶解残渣，并转移至透明具塞玻璃管中。

③衍生化：用气密针向正丁烷溶液中加入0.04mL七氟丁酰基咪唑，立即密塞。涡旋混合30s，于70℃保温20min。取出放至室温，加入2mL 200g/L氯化钠溶

液；涡旋混合 1min，静置，使水相和正丁烷相分层，且水相澄清。移出正丁烷相，加入约 0.3g 无水硫酸钠进行干燥，将溶液转移至进样小瓶中，供 GC-MS 测定。

④空白试样溶液制备：称取与试样相同质量的空白试样，以下步骤与试样提取及衍生化方法相同，同时处理。

⑤仪器参考条件。

气相色谱参考条件：色谱柱：DB-5ms 柱，30m×0.25mm×0.25μm。

载气：氮气。

进样口温度：250℃。

进样体积 1μm，不分流进样。

程序升温：50℃保持 1min，以 2℃/min 速度升至 90℃，再以 40℃/min 的速度升至 270℃，并保持 5min。

⑥质谱参考条件。

离子源：电子轰击源（EI）。

电离能量：70eV。

离子源温度：250℃。

传输线温度：280℃。

扫描方式：选择离子监测模式（SIM）。

⑦标准曲线的制作：将 1μL3-MCPD 系列标准工作液的衍生液由低到高依次注入气相色谱-质谱仪中，测得 3-MCPD 和 D_5-3-MCPD 的衍生物的峰面积，以 3-MCPD 系列标准工作溶液中的 3-MCPD 和 D_5-3-MCPD 的质量比为横坐标，以 3-MCPD 和 D_5-3-MCPD 的衍生物的峰面积比为纵坐标，绘制标准曲线。

试样溶液的测定：将 1μL 试样溶液注入气相色谱-质谱仪中，测得峰面积，根据标准曲线得到试样溶液中 3-MCPD 的质量。

（6）分析结果计算如下。

$$X=\frac{A\times f}{m\times 1000}$$

式中 X——试样中 3-MCPD 含量，mg/kg；

A——试样溶液中 3-MCPD 的质量，ng；

f——称取试样后进行分析测定前的稀释倍数；

m——试样质量，g；

1000——换算系数。

项目三

味精掺伪的鉴别检验

味精（谷氨酸钠）是以淀粉、糖质为原料，经微生物（谷氨酸棒杆菌等）发酵，提取、中和，结晶精制成的，谷氨酸钠含量≥99.0%，具有特殊鲜味的白色结晶或粉末。化学名称为L-谷氨酸单钠-水化合物（简称MSG）。味精是最常用的鲜味剂，它能使汤料发出原有的自然风味，又称为风味增强剂。它也是人们膳食、方便食品中不可缺少的调味品。

一、味精的产品分类和质量标准

1. 产品分类

（1）按加入成分　味精产品有味精、加盐味精、增鲜味精。

加盐味精：指在谷氨酸钠（味精）中，定量添加了精制盐的均匀混合物。

增鲜味精：指在谷氨酸钠（味精）中，定量添加了核苷酸钠［5′-鸟苷酸二钠（GMP）、5′-肌苷酸二钠（IMP）或呈味核苷酸钠（IMP+GMP）］等增鲜剂，其鲜味度超过混合前的谷氨酸钠（味精）。

（2）鸡精　鸡精是一种以新鲜鸡肉、鸡骨等为基料，通过蒸煮、减压、提汁后，配以盐、糖、味精、香辛料、肌苷酸、鸟苷酸、鸡味香精等物质复合成的，具有鸡肉味的复合增鲜、增香调味料。鸡精属于第三代鲜味剂（第一代为味精、第二代为味精I+G）；鸡精含多种调味剂，口感丰富，味较综合、协调。

2. 味精的质量标准

味精的质量应符合GB/T 8967—2007《谷氨酸钠（味精）》。

（1）味精的感官要求　无色至白色结晶状颗粒或粉末，易溶于水，无肉眼可见杂质，具有特殊鲜味，无异味。

（2）味精的理化指标　应符合表8-6的要求。

表8-6　味精的理化指标

项目	指标	项目	指标
谷氨酸钠/%	≥99.0	pH	6.7~7.5
透光率/%	≥98	干燥失重/%	≤0.5
比旋光度 $[\alpha]_D^{20}$/°	+24.9~+25.3	铁/(mg/kg)	≤5
氯化物（以Cl^-计）/%	≤0.1	硫酸盐（以SO_4^{2-}计）/%	≤0.05

二、味精掺伪的鉴别检验

1. 味精的感官检查

依据GB/T 5009.43—2016《食品安全国家标准　味精中麸氨酸钠（谷氨酸钠）的测定》的分析方法，进行感官检查：将味精试样铺在一张白纸上，观察其颜色应为白色结晶，无夹杂物。尝其味应无异味。

2. 谷氨酸钠的鉴别实验

谷氨酸钠的鉴别实验按 GB/T 8967—2007《谷氨酸钠（味精）》执行。

（1）氨基酸的确认

①原理：在加热情况下，试样中的氨基酸与茚三酮反应，生成紫色化合物。

②试剂：1g/L 茚三酮溶液。

③分析步骤：称取试样 0.1g，加水溶解并稀释至 100mL。吸取 5.0mL 样液，加入茚三酮溶液 1.0mL，混匀，在水浴中加热 3min。取出，观察溶液颜色。若最终溶液呈紫色，则确认为有氨基酸。

（2）钠盐的检验

①原理：钠盐在无色或蓝色火焰中燃烧，呈黄色火焰。

②主要仪器：铂针、本生灯。

③鉴别步骤：取约 0.5g 试样，加 1mL 盐酸，将铂针尖端插入样液约 5mm，然后取出平放在本生灯的无色或蓝色火焰中燃烧，若呈现黄色火焰，并持续约 4s，则确认有钠盐。

3. 谷氨酸钠含量的测定

味精中谷氨酸钠含量不足时，可视为掺假。依据 GB/T 8967—2007《谷氨酸钠（味精）》，谷氨酸钠含量的测定可采用旋光法，具体可见本模块“实训六　味精的谷氨酸钠含量的测定”。

4. 味精中掺入淀粉的检验

味精中掺杂、掺假物一般有淀粉、食盐等。

（1）原理　淀粉遇碘液呈现蓝色或蓝紫色。

（2）检验方法　取样品约 0.5g，加水 5mL，加热溶解，冷却后，加入 1~2 滴碘液。若有淀粉掺入，则呈现蓝色或蓝紫色。

5. 味精中掺食盐的检验

依据 GB/T 8967—2007《谷氨酸钠（味精）》，可采用目视比浊法测定味精中氯化物的含量。结果以是否超过界限值（0.1%）表示，具体可见本模块“实训七　味精中掺食盐的检验”。

项目四

食醋掺伪的鉴别检验

一、食醋的分类和质量标准

依据 GB 2719—2018《食品安全国家标准　食醋》，食醋是单独或混合使用各种含有淀粉、糖的物料、食用酒精，经微生物发酵酿制而成的液体酸性调味品。

食醋是最常用的酸味剂，是我国劳动人民在长期生产实践中创造出来的一种传统酸性调味品，具有悠久的历史，具有较好的调理和改善汤料风味的效果。

1. 食醋的分类

按制醋工艺流程来分，食醋可分为酿造食醋和配制食醋。

酿造食醋是单独或混合使用各种含有淀粉、糖的物料或酒精，经微生物发酵酿制而成的液体调味品。

配制食醋是以酿造食醋为主体，与冰乙酸（食品级）、食品添加剂等混合配制而成的调味食醋。

2. 食醋的卫生标准

食醋应满足 GB 2719—2018《食品安全国家标准　食醋》。

（1）食醋的感官要求　食醋的感官要求应符合表 8-7 的规定。

表 8-7　　食醋的感官要求

项目	要求	检验方法
色泽	具有产品应有的色泽	取 2mL 试样置于 25mL 具塞比色皿中，加水至刻度，振摇，观察色泽，取 30mL 试样置于 50mL 烧杯中观察状态，用玻璃棒搅拌烧杯中试样，品尝滋味，闻其气味
滋味、气味	具有产品应有的滋味和气味，尝味不涩，无异味	
状态	不混浊，可有少量沉淀，无正常视力可见外来异物	

（2）食醋的理化指标　食醋的理化指标应符合表 8-8 的规定。

表 8-8　　食醋的理化指标

项目		指标	检验方法
总酸（以乙酸计）/(g/100mL)			
食醋	≥	3.5	GB/T 5009.41—2003
甜醋	≥	2.5	

（3）食醋的其他要求　污染物限量应符合 GB 2762—2017 的规定。

真菌毒素限量应符合 GB 2761—2017 的规定。

微生物限量见表 8-9 的规定。

表 8-9　　食醋的微生物限量

项目	采样方案* 及限量				检验方法
	N	*c*	*m*	*M*	
菌落总数/(CFU/g)	5	2	10^2	10^4	GB 4789.2—2022
大肠菌群/(CFU/g)	5	2	10	10^2	GB 4789.3—2016 平板计数法

注：* 样品的分析及处理按 GB 4789.1—2016 执行。

食品添加剂的使用应符合 GB 2760—2014 的规定。食品营养强化剂的使用应符合 GB 14880—2012 的规定。

二、食醋掺伪的鉴别检验

1. 食醋感官检验方法

食醋的感官检验依据 GB 2719—2018《食品安全国家标准　食醋》，具体可见“实训八　食醋的感官检验”。

2. 食醋质量优劣的感官鉴别

食醋的优劣可通过色泽、滋味、气味、形态等感官特性进行鉴别。

良质食醋：呈琥珀色、红棕色或白色。酸味柔和，稍有甜味，不涩，无异味。具有食醋特有的香气，无不良气味。澄清，浓度适中，无悬浮物、无沉淀物、无霉花、无浮膜。

次质食醋：呈琥珀色、红棕色或白色，酸味柔和，无异味，不混浊，无霉花、无浮膜。

劣质食醋：发乌，无光泽，色泽不正常，无固有的香气，有酸臭味、霉味和不良气味，有刺激性的酸味、涩味、霉味及不良异味，混浊有沉淀，有白膜、害虫等。

3. 食醋中掺入游离矿酸的检验

游离矿酸主要指盐酸、硫酸、硝酸、硼酸等无机酸。如果将工业用乙酸充当食用乙酸添加到食醋中有可能将游离矿酸带入食醋中。食醋中检出游离矿酸则提示其中可能添加了工业用乙酸。

游离矿酸的检测依据 GB 5009.233—2016《食品安全国家标准　食醋中游离矿酸的测定》进行检测，具体可见本模块“实训九　食醋中掺入游离矿酸的检验”。

4. 食醋掺假的检验

在农贸市场上有不法小商贩用工业冰醋酸直接兑水稀释，然后加色素配制食醋销售牟利。酿造食醋与这种假醋的鉴别检验可采用下列几种方法。

（1）碘液法

①原理：酿造醋在强酸性条件下加碘液，产生明显的褐色沉淀。

②试剂：200g/L 的氢氧化钠溶液。

③检验方法：取样品 50mL 置于分液漏斗中，滴加 200g/L 的氢氧化钠溶液至呈碱性，加入戊醇 15mL，振荡，静置。分离出戊醇，用滤纸过滤，收集滤液于蒸发皿内，置于水浴上蒸干。残渣用少量水溶解，再滴加几滴硫酸，使之呈酸性。滴加碘液，如为酿造食醋，则产生明显的褐色沉淀。

（2）高锰酸钾、亚硫酸品红法

①原理：食醋加高锰酸钾-磷酸溶液，酿造醋很快变色，假醋无变化（或紫红色）。加亚硫酸品红溶液，酿造醋深紫色，假醋无色或几乎无色。

②试剂：30g/L 高锰酸钾-磷酸溶液；50g/L 草酸-硫酸（1+1）溶液；亚硫酸品红溶液（0.1g 碱性品红+100g/L 亚硫酸钠溶液 10mL+盐酸 1mL+水 90mL）。

③操作方法：取 10mL 样品加入 25mL 纳氏比色管中，然后加 30g/L 高锰酸钾-磷酸溶液 2mL，观察其颜色变化。5min 后，加 50g/L 草酸-硫酸溶液 2mL 摇匀，再加亚硫酸品红溶液 5mL，20min 后观察其颜色变化。

（3）紫外线照射法

①原理：酿造食醋中有荧光物质。这种物质是色氨酸与乙醛的反应生成生物碱中的一种。

②主要试剂：展开溶剂［$Ba(OH)_2$+HAC+H_2O（4+1+5）］。

③检验方法：将试样 10～30mL 分 5～10 次滴在薄层板［可使用市售的硅胶板（5cm×10cm）或按常规方法制备的薄层板］距下端约 2cm 的位置上，用展开溶剂展开。展开后，风干薄层板，于暗室内用 360nm 波长紫外线照射，观察有无荧光物质。如观察到荧光物质，便可断定是酿造食醋。

项目五

酱类掺伪的鉴别检验

一、酱类制品的分类

依据 GB 2760—2014《食品安全国家标准　食品添加剂使用标准》中附录 E 食品分类系统（表 E.1）中“12.05 酱及酱制品”“12.05.01 酿造酱”“12.05.02 配制酱”。

酱及酱制品可分为酿造酱和配制酱。

1. 酿造酱

依据 GB 2718—2014《食品安全国家标准　酿造酱》。酿造酱是以谷物和（或）豆类为主要原料经微生物发酵而制成的半固态的调味品。

根据所用原料不同，有面酱、黄酱、蚕豆酱等。

（1）面酱　面酱是以谷类为主要原料，经过曲菌酶分解，使其发酵熟成的酱类，可直接佐餐和供复制用或作为制作酱菜的腌制料。面酱因其咸中带甜，故又称为甜面酱。

面酱又可分为小麦面酱、杂面酱。以小麦面为主要原料加工酿制的酱类称为小麦面酱。以其他谷类淀粉及其副产品为主要原料加工酿制的酱类称为杂面酱。

（2）黄酱　黄酱又称大豆酱、豆酱，用黄豆炒熟磨碎后发酵制成，是我国传统的调味酱。黄酱的外表比较纯净，完全没有其他的杂质。黄酱有浓郁的酱香和酯香，咸甜适口，可用于烹制各种菜肴，也是制作炸酱面的配料之一。优质黄酱大都呈红褐色或棕褐色，鲜艳有光泽，黏度适中，味鲜醇厚，咸甜适口，无异味，无杂质。

黄豆酱是用黄豆为原料，经过发酵加工，呈黏稠状态的调味品，是中国菜的主要调料。黄豆酱的外观看起来有很多的豆瓣。黄豆酱根据含水量的不同可分为干态黄豆酱、稀态黄豆酱。干态黄豆酱是指原料在发酵过程中控制较少水量，使成品外观呈干涸状态的黄豆酱。稀态黄豆酱是指原料在发酵过程中控制较多水量，使成品外观呈稀稠状态的豆酱。

黄豆酱代表酱为干黄酱。质干黄酱应呈红黄色，有光泽，有甜香味，不带腐味，不变黑，用手掰开后有白茬，内红，结实；稀黄酱应呈深杏黄色，有光泽，有浓郁的酱香味和鲜味。

（3）蚕豆酱　蚕豆酱是以蚕豆为主要原料加工酿制的酱类。蚕豆酱又有生料蚕豆酱、熟料蚕豆酱之分。蚕豆酱又称豆瓣酱。

（4）杂豆酱　以豌豆或其他豆类及其副产品为主要原料加工酿制酱类称为杂豆酱。

（5）其他酱制品　豆豉、腐乳等。

2. 配制酱

配制酱是以酿造酱为基料，添加其他各种辅料混合制成的酱类。或者是以谷物和（或）豆类为主要原料未经微生物发酵而制成的调味品。

配制酱多是半固态复合调味料，也被称为复合酱，如：花生酱、芝麻酱、果蔬酱、肉酱、沙拉酱等。

以花生酱为例，参考 QB/T 1733.4—2015《花生酱》。花生酱是以花生仁为主要原料，经筛选、焙炒、脱皮、分选、研磨等工序，加入或不加入辅料制成的酱。其分类有：纯花生酱、稳定型花生酱、复合型花生酱。参考 LS/T 3311—2017《花生酱》，花生酱是花生仁经筛选、焙炒、脱皮、分选、研磨等工序制成的产品。

二、酱类的标准

1. 酿造酱

按 GB 2718—2014《食品安全国家标准　酿造酱》。

（1）酿造酱的感官要求　酿造酱的感官要求应符合表 8-10 的规定。

表 8-10　　酿造酱的感官要求

项目	要求	检验方法
滋味、气味	无异味，无异嗅	取适量试样于白色瓷盘中，在自然光下观察其状态，闻其气味，用温开水漱口，品其滋味
状态	无正常视力可见霉斑、外来异物	

（2）酿造酱的理化指标　酿造酱的理化指标应符合表 8-11 的规定。

表 8-11 酿造酱的理化指标

项目		指标	检验方法
氨基酸态氮	≥	0.3	GB/T 5009.40—2003

（3）酿造酱的其他要求　污染物限量应符合 GB 2762—2017 的规定。

真菌毒素限量应符合 GB 2761—2017 的规定。

微生物限量见表 8-12 的规定。

表 8-12 酿造酱的微生物限量

项目	采样方案*及限量				检验方法
	N	c	m	M	
大肠菌群/(CFU/g)	5	2	10	10^2	GB 4789.3—2016 平板计数法

注：* 样品的分析及处理按 GB 4789.1—2016 和 GB/T 4789.22—2003 执行。

食品添加剂的使用应符合 GB 2760—2014 的规定。

2. 配制酱

以纯花生酱为例，依据 QB/T 1733.4—2015《花生酱》，纯花生酱是不加入任何其他添加物的花生酱。

（1）纯花生酱的感官要求和理化指标见表 8-13 和表 8-14。

表 8-13 纯花生酱感官要求

项目	指标
色泽	酱体金黄色至黄褐色
气味和滋味	具有浓郁的花生香味，无其他异味
组织形态	浓稠状酱体，可有油脂析出
杂质	无正常视力可见外来异物

表 8-14 纯花生酱理化指标

项目		指标
蛋白质/(g/100g)	≥	25.0
水分/(g/100g)	≤	1.5
灰分/(g/100g)	≤	3.0
脂肪/(g/100g)	≥	40.0
酸价（以脂肪计）（KOH）/(mg/g)	≤	3.0
过氧化值（以脂肪计）/(g/100g)	≤	0.25
细度/(g/100g)	≥	98

（2）纯花生酱的其他指标　污染物限量应符合 GB 2762—2017 的规定。真菌毒素限量应符合 GB 2761—2017 的规定。

微生物限量应符合 GB 19300—2014 的规定。食品添加剂的使用应符合 GB 2760—2014 的规定。

三、酱类的掺伪鉴别检验

1. 酱类的感官检验

酱类的感官检验依据 GB 2718—2014《食品安全国家标准　酿造酱》，具体可见本模块“实训十　酿造酱的感官检验”。

2. 酱类质量优劣的感官鉴别

良质酱类：色泽为红褐色或棕红色，油润发亮鲜艳而有光泽；有酱香、酯香气味，酱香醇厚；滋味鲜美，入口酥软，咸淡适口，有酱独特的滋味；体态黏稠适度，不干不稀、不黏稠；无霉花、无杂质、无杂菌。

次质酱类：色泽较深或较浅；固有香气不浓，平淡；体态过干或过稀；滋味有少许苦涩味、焦煳味、酸味或其他异味。

劣质酱类：色泽灰暗，无光泽；气味有酸败味、霉味等不良气味；滋味有酸败、苦、涩等异味；有霉花、杂质甚至有蛆虫等。

3. 酱类的掺伪鉴别和检验

酱类的主要问题有氨基酸态氮项目不合格等。酱类的氨基酸态氮的测定依据 GB 5009.235—2016《食品安全国家标准　食品中氨基酸态氮的测定》中“酱油中氨基酸态氮的测定”，具体可见本模块“项目二　酱油掺伪的鉴别检验”。

项目六

香辛料掺伪的鉴别检验

一、大料的掺伪鉴别检验

大料学名八角茴香、大茴香，是木兰科植物八角茴香树的干燥成熟果实；是人们生活中常用的芳香调味料。

近年来，随着人民生活水平的提高，大料的用量也不断增大，市场上已发现以莽草充当大料的现象。莽草中含有莽草毒素等，误食易引起中毒，为了保护消费者的身心健康，有必要对假大料进行鉴别。

1. 感官检验

大料与假大料的果实形状不一样，如图 8-1 所示。正品果实多由 8 个骨朵果组成，呈放射性排列于中轴上，骨朵果长 1~2cm，宽 0.3~0.5cm，高 0.6~1cm。

外表呈红棕色，有不规则皱纹，顶端呈鸟啄状，上侧呈开裂状。内表面比外表面颜色略淡，质硬而脆，气味芳香，有辛、甜味。假大料果实常由 7~8 个较瘦小的骨朵果组成，呈轮状排列聚合。单一的骨朵果长约 1.5cm，宽 0.4~0.7cm，前端渐尖，略变曲，果皮较薄。具有特异香气，味先微酸而后甜。

1—大料；2—莽草；3—红茴香；4—大八角。

图 8-1　大料及其他假大料的果实形状

大料与莽草的感官有明显差别。

八角茴香（大料）外观瓣角整齐，一般为 8 个角，瓣纯厚，尖角平直，蒂柄向上弯曲；口感味甘甜，有强烈而特殊的香气。

莽草（假大料）瓣角不整齐，大多为 8 瓣以上，瓣瘦长，尖角呈鹰嘴状，外表极皱缩，蒂柄平直；味稍苦，无八角茴香特有的香气味。

单凭感官判断八角茴香与莽草，有困难也不准确，最好进行理化检验。

2. 理化检验

（1）色泽　取 5g 试样粗粉，加水 200mL，煮沸 40min，过滤后加热浓缩至 50mL，八角茴香溶液为棕黄色，莽草溶液为浅黄色。

（2）pH　取上述浓缩液，用酸度计测定，八角茴香溶液 pH 为 4.0 左右，莽草溶液 pH 为 3.5。

（3）乙醇溶液混浊度　取试样粉末 1g，置于试管中，加乙醇 5mL，置于水浴中加热煮沸。2min 后取出，冷却、过滤。取滤液 1mL，加蒸馏水 25mL 稀释。八角茴香稀释液呈乳白色混浊状，有浓厚的茴香味。莽草稀释液则为无色透明，有松木臭气。

（4）氯化铁呈色反应　取上述混浊的稀释液 10mL，置于小分液漏斗中，加等量低沸点石油醚，振摇分层，取出石油醚，挥发干。向残渣中加入 2.5g/L 氯化铁的冰醋酸溶液 1mL，然后缓缓倾入装有 1~2mL 浓硫酸的试管中，八角茴香的冰醋酸溶液与浓硫酸接触面呈棕色环，而莽草的冰醋酸溶液与浓硫酸的接触面呈绿色环。

红茴香的冰醋酸溶液与浓硫酸的接触面也呈绿色环。

（5）氧化钾呈色反应　取试品粉末 0.1g，置于大试管中，加 20g/L 氢氧化钾溶液 10mL，小火煮沸 1min，放冷后立即观察。大料溶液呈血红色，假大料溶液为棕黄色。

二、辣椒粉的掺假鉴别检验

辣椒粉是由红辣椒、黄辣椒、辣椒种子和部分辣椒柄碾细混合而成的。近年来在市场上发现的掺假辣椒粉主要掺假物有麦麸、玉米粉、干菜叶粉，更有甚者掺入红砖粉来增加分量以牟取暴利。为了掩盖色泽上的差异，有的还加入人工合成色素，“苏丹红”事件为人们再次敲响了警钟。

1. 感官检验

正常辣椒粉呈深红色或红黄色，粉末均匀、松散，有辣椒固有的香辣味，无染手的红色。加有麸皮等杂物的辣椒粉一般颜色深浅不均匀，闻之辣味不浓。

2. 灼烧检验

取少许试样（0.5~1g）置于瓷坩埚中，在调温电炉或电热板上徐徐加热灼烧至冒烟，正常辣椒粉发出浓厚的呛人气味，闻之会咳嗽、打喷嚏。掺假的辣椒粉则只见青烟，呛人的气味不浓。

3. 红砖粉的检验

（1）原理　辣椒粉的相对密度小，饱和食盐水能将它浮起。红砖粉的相对密度大，即使是饱和食盐水也不能将它浮起。

（2）检验方法　将少许样品粉末置于大试管中，加入饱和食盐水溶液10~15mL，充分振摇，放置片刻，辣椒粉因相对密度小而浮于上面，红砖粉因相对密度大而沉于试管底部。如果试管底部有红色沉淀，则说明掺有红砖粉。

4. 纤维素的检验

（1）原理　麸皮等杂质中含有纤维素成分，纤维素与碘反应生成蓝色化合物。

（2）试剂、方法、具体操作　见本模块“实训十一　辣椒粉掺纤维素的鉴别检验”。

5. 色素的检验

（1）原理　辣椒的红色由天然的辣椒红色素和辣椒黄色素组成，它们属胡萝卜素，是脂溶性的，能溶于石油醚中。掺入的人工合成色素，大都是水溶性的，不溶于石油醚中。

（2）检验方法　取适量样品粉末置于试管中，加水5~6mL，加石油醚2~3mL，用手指压住管口，充分振摇，静置分层，观察石油醚层是否呈色。如石油醚层无色或呈色很淡，而水层呈红色，即为假辣椒粉或掺伪辣椒粉。同时应做空白对照。

三、花椒粉掺伪的检验

常见花椒粉的掺假物有麦麸皮、玉米粉等。

1. 感官检验

正常花椒粉呈棕褐色，颗粒状，具有花椒粉固有的香味，品尝有花椒味，舌尖有发麻的感觉。掺假花椒粉多呈土黄色，粉末状，有时霉变、结块，花椒味很淡，口尝除舌尖有微麻的感觉外还带有苦味。

2. 淀粉的检验

（1）原理　淀粉可与碘生成蓝色化合物。

（2）主要试剂　碘–碘化钾溶液（1~2 片碘溶于 20mL 10g/L 碘化钾溶液中）。

（3）检验方法　取检验样品 1g 左右置于试管中，加水 10mL，于水浴中加热煮沸，放冷后，加碘–碘化钾溶液 2~3 滴，如溶液变蓝紫，则说明掺入了淀粉类物质。

3. 显微镜检验

（1）原理　在显微镜下观察，正常花椒粉具有特征组织细胞，而掺假者可检出麦麸的粉层细胞、果皮细胞。

（2）主要仪器　显微镜。

（3）主要试剂　水合氯醛溶液（1+1）。

（4）检验方法　取少许样品置于载玻片上，滴加水合氯醛溶液 2~3 滴，缓缓加热至近沸，离开火焰片刻，并随时加水合氯醛溶液以免蒸干，如此操作 2~3 次，使之透明，加盖玻片，于低倍显微镜下观察。与正品花椒粉对照。

四、胡椒粉掺伪的鉴别检验

常见的胡椒粉掺假物有辣椒粉、麦麸皮等。

1. 白胡椒粉的感官检验

正品白胡椒粉是用白胡椒压磨而成的，不掺任何辅料。伪劣品是用少量白胡椒粉掺和低价辛辣调料或辣味调料的下脚料以及麦麸皮等混合而成的。

手感：正品手感微细，颗粒均匀。伪劣品无微细颗粒感，粗细不均。

口感：正品呈浅棕色，口感辛辣纯正，香气浓郁。伪劣品口感激辣，味道不正，无香味。

2. 黑胡椒粉的掺伪检验

（1）感官检验

色泽：正常黑胡椒粉为棕褐色，而掺假黑胡椒粉为黑褐色。

气味：正常黑胡椒粉有香辣味，而掺假黑胡椒粉有刺鼻辣味。

（2）水溶性煮沸实验　取少许样品，放入试管中，加水 5mL，放在酒精灯上煮沸。正常胡椒粉上层液为褐色，下层有棕褐色颗粒沉淀。掺假者上层液为淡褐色，下层有黄橙色或黑褐色颗粒沉淀。

（3）组织结构检验　取少量样品加 10g/L 氢氧化钠溶液浸泡 0.5h，移置载玻片上，在显微镜下，用低倍镜观察颗粒的组织结构。正常的胡椒粉有杆状结晶，两端较圆，绿色亮光及其他组织。掺假者有少量杆状结晶和梳状纤维组织，类似糠皮的组织结构，还有黄色粗纤维。

（4）淀粉的检验　取少许样品置于载玻片上，滴加碘-碘化钾溶液（同“三、花椒粉掺伪的检验”中“2. 淀粉的检验”）2~3 滴。正常的黑胡椒粉应慢慢变黑，镜检无碘淀粉的蓝色；掺假者很快变为蓝黑色碘淀粉颗粒。

思考题

1. 简述食盐的感官检验方法。
2. 如何鉴别食盐与亚硝酸盐？
3. 简述食用盐和农用盐的鉴别。
4. 怎样检验食盐中是否有碘？
5. 简述酱油的感官要求和感官检验方法。
6. 如何鉴别酿造酱油与化学酱油、配制酱油？
7. 简述酱油中 4-甲基咪唑的检验原理和方法。
8. 简述味精的感官要求和感官检查方法。
9. 简述味精中掺食盐的检验方法。
10. 简述食醋的感官要求和感官检验方法。
11. 举例说明食醋掺假的检验方法。
12. 简述食醋中掺入游离矿酸的检验。
13. 简述酱的感官要求和感官检验方法。
14. 简述酱的氨基酸态氮的测定原理、方法。
15. 分别举例说明辣椒粉、花椒粉、胡椒粉掺假的检验方法。

实训内容

实训一

食盐的感官检验

一、实训目的

了解并掌握食盐的感官要求和检验方法。

二、实训原理

感官要求依据 GB 2721—2015《食品安全国家标准　食用盐》，可见本模块“项目一　食盐掺伪的鉴别检验”。

三、实训方法

食盐的感官检验方法依据 GB 2721—2015《食品安全国家标准　食用盐》。取适量试样于白色洁净浅盘中，在自然光下观察其色泽和状态，闻其气味，用温开水漱口后品其滋味。

注意：检验场所应光线充足，通风良好，清洁、卫生、无异味；检验台台面应光滑平整，耐腐蚀、易于清洗、消毒，保持清洁卫生。

四、实训要求

叙述特征，进行总结，写出结论。

实训二

食盐与亚硝酸盐的鉴别

一、实训目的

了解并掌握食盐与亚硝酸盐区别及鉴别方法。

二、实训原理

食盐与亚硝酸盐的鉴别有色泽检验、水验、高锰酸钾实验三种方法。

1. 色泽检验

从外观上看，食盐是白色不透明的结晶性粉末，无挥发性气味；亚硝酸钠一般是黄色或浅黄色的透明结晶体。

2. 水验

原理：亚硝酸钠溶解时吸收的热量比食盐大，而且吸热速率快；水温急剧下降的为亚硝酸钠。

3. 高锰酸钾实验

原理：亚硝酸盐与高锰酸钾反应，使高锰酸钾的紫色退去。如高锰酸钾的颜色由紫变浅，则说明该样品是亚硝酸盐；如果高锰酸钾的颜色不改变，则是食盐。

三、实训方法

1. 色泽检验方法

色泽检验方法同本模块“实训一　食盐的感官检验”。

2. 水验的检验方法

取 5g 试样放入瓷碗中，加冷水 250mL，同时用手搅拌，观察水温变化。

3. 高锰酸钾实验方法

取 1 粒蚕豆大小的样品，用大约 20 倍的水使其溶解，然后在溶液内加入 1 粒小米般大小的高锰酸钾。观察高锰酸钾的颜色变化。

四、实训要求

叙述特征，进行总结，写出结论。

实训三

酱油质量优劣的感官鉴别

一、实训目的

了解并掌握酱油质量优劣的感官鉴别方法。

二、实训原理

可从色泽、香气、滋味、含杂质等方面进行鉴别检验。

香气：优质酱油具有一种引起食欲的酱油固有的酱香或酯香气味；劣质酱油酱香或酯香气味淡，甚至有霉味、焦味、酸味等。

色泽：优质酱油明亮、透明，呈鲜艳的红褐色或棕褐色，有光泽；劣质酱油颜色发黑、发暗，无光泽，不透明。

口味：优质酱油很快在口中扩散，滋味鲜美，咸淡适口，味醇厚、柔和，余味清爽；劣质酱油会感到甜味或酸味、苦涩味，舌尖上留有令人厌恶的味道。

黏性：优质酱油有发黏的感觉；劣质酱油全部滑过或过黏。优质酱油慢慢扩散；劣质酱油很快扩散或不易扩散。

体态：优质酱油体态澄清，浓度适中，无沉淀，不混浊，无霉花、无浮膜；劣质酱油体态混浊，有沉淀、霉花、浮膜等。

三、实训方法

1. 香气

取少量酱油置于碟中，闻味。

2. 色泽

取 2mL 酱油于 25mL 具塞比色管中，加水至刻度，振摇观察。

3. 口味

取 30mL 样品于 50mL 烧杯中，用玻璃棒搅拌；漱口后，口含少量酱油片刻，吐出。

4. 黏性

取少量酱油置于碟中，慢慢倾斜，观察。再滴 1 滴酱油于玻璃杯中，继续观察。

四、实训要求

叙述特征，进行总结，写出结论。

实训四

酱油中总酸度的测定

一、实训目的

了解酱油中总酸度的测定原理和方法，学会 pH 计的使用，掌握电位滴定法的操作。

二、实训原理

酱油中含有一系列的有机酸，如乙酸、乳酸、柠檬酸等，但其总量一般不超过 2.5%。在此范围内，品质较高的酱油总酸度也较大。酸度值如大于 2.5%，可作为酱油酸败的证明。

依据 GB 12456—2021《食品安全国家标准　食品中总酸的测定》，可采用 pH 计电位滴定法。

三、实训方法

1. 主要仪器

分析天平；pH 计；磁力搅拌器。

2. 试剂

（1）氢氧化钠标准滴定溶液［c（NaOH）= 0.1mol/L］按 GB/T 5009.1—2003《食品卫生检验方法　理化部分　总则》配制。

（2）标定　准确称取在 105～110℃ 干燥至恒量的基准邻苯二甲酸氢钾约 6g，加新煮沸过的冷水 80mL，使之尽量溶解。加 2 滴酚酞指示剂，用本溶液滴定至氧化钠溶液呈粉红色并保持 30s 不褪色。同时做空白实验。

（3）计算　氢氧化钠标准滴定溶液的浓度按下式计算。

$$c(\mathrm{NaOH}) = \frac{m}{(V_1 - V_2) \times 0.2042}$$

式中　c(NaOH)——氢氧化钠标准滴定溶液的实际浓度，mol/L；

m——基准邻苯二甲酸氢钾的质量，g；

V_1——氢氧化钠标准滴定溶液用量，mL；

V_2——空白实验中氢氧化钠标准滴定溶液用量，mL；

0.2042——与 1.00mL 氢氧化钠标准滴定溶液［c(NaOH) = 1.000mol/L］相当的邻苯二甲酸氢钾的质量，g。

（4）pH=8.0 缓冲溶液：取磷酸氢二钾 5.59g 和磷酸二氢钾 0.41g 用水定容至 1000mL。

3. 分析步骤

根据试样总酸的可能含量，使用移液管吸取 25mL、50mL 或者 100mL 试液，置于 150mL 烧杯中，将酸度计电源接通，用 pH8.0 缓冲溶液校正 pH 计。将装有试液的烧杯放到磁力搅拌器上，浸入酸度计电极，按下 pH 读数开关，开动搅拌器，迅速用 0.1mol/L 氢氧化钠标准溶液滴定，随时观察 pH 变化。记录消耗的氢氧化钠溶液体积。

用无二氧化碳的水做空白对照，记下消耗的氢氧化钠标准溶液体积。

四、实训要求

1. 计算结果

$$总酸度（以乳酸计，g/100mL）=\frac{(V_1-V_2)\ c\times0.09\times5}{10}\times100$$

式中 c——氢氧化钠浓度，mol/L；

V_1——滴定时试样消耗的氢氧化钠体积，mL；

V_2——空白对照消耗的氢氧化钠标准溶液体积，mL；

0.09——1mL1mol/L 氢氧化钠相当于乳酸的质量，g；

5/10——稀释系数。

2. 进行总结

实训五

酱油中氨基酸态氮含量测定

一、实训目的

了解酱油中氨基酸态氮含量测定原理和方法，掌握酸度计法的操作。

二、实训原理

按 GB 5009.235—2016《食品安全国家标准　食品中氨基酸态氮的测定》。

酸度计法原理：利用氨基酸呈两性，加入甲醛以固定氨基的碱性，使羧基显示出酸性，用氢氧化钠标准溶液滴定后定量，以酸度计测定终点。

三、实训方法

1. 主要试剂

硼砂（pH 9.2）；酸碱缓冲溶液（pH 6.86）；甲醛溶液（36%~38%）；酚酞指示剂（10g/L）等。

0.050mol/L 氢氧化钠标准滴定溶液［c（NaOH）= 0.05mol/L］：称取 110g 氢氧化钠于 250mL 烧杯中，加 100mL 水，振摇使之溶解成饱和溶液，冷却后置于聚乙烯塑料瓶中，密塞，放置数日，澄清后备用。取上层清液 2.7mL，加新煮沸过的冷蒸馏水至 1000mL，摇匀。

标定：准确称取约 0.36g 在 105~110℃干燥至恒量的基准邻苯二甲酸氢钾，加 80mL 新煮沸过的冷水，使之尽量溶解。加 2 滴酚酞指示剂，用氢氧化钠溶液滴定至溶液呈微红色，30s 不褪色。计下耗用氢氧化钠溶液体积。同时做空白实验。

氢氧化钠标准滴定溶液的浓度按下式计算。

$$c(\mathrm{NaOH})=\frac{m}{(V_1-V_2)\times 0.2042}$$

式中　$c(\mathrm{NaOH})$——氢氧化钠标准滴定溶液的实际浓度，mol/L；
m——基准邻苯二甲酸氢钾的质量，g；
V_1——氢氧化钠标准滴定溶液用量，mL；
V_2——空白实验中氢氧化钠标准滴定溶液用量，mL；
0.2042——与1.00mL氢氧化钠标准滴定溶液［$c(\mathrm{NaOH})=0.1000\mathrm{mol/L}$］相当的邻苯二甲酸氢钾的质量，g。

2. 主要仪器

酸度计、磁力搅拌器、微量碱式滴定管。

3. 分析步骤

吸取5.0mL酱油，置于100mL容量瓶中，加水至刻度，混匀后吸取20.0mL，置于200mL烧杯中，加60mL水，开动磁力搅拌器，用NaOH标准溶液滴定至pH为8.2，记下消耗NaOH标准溶液的体积，可计算总酸含量。

加入10.0mL甲醛溶液，混匀，再用NaOH标准溶液继续滴定至pH为9.2，记下消耗NaOH标准溶液的体积。

同时取80mL水，先用NaOH标准溶液调节至pH为8.2，再加入10mL甲醛溶液，用NaOH标准溶液滴定至pH为9.2，记下消耗碱的体积，为试剂空白实验。

四、实训要求

1. 计算分析结果

按下式计算样品中氨基酸态氮含量。

$$X=(V_1-V_2)\times c\times 0.014\times 100/V$$

式中　X——试样中氨基酸态氮含量，g/100mL；
c——NaOH标准液的浓度，mol/L；
V_1——试样消耗氢氧化钠标准滴定溶液体积，mL；
V_2——空白实验中氢氧化钠标准滴定溶液体积，mL；
V——试样体积，mL；
0.014——与氢氧化钠标准滴定溶液相当的氮的质量，g；
100——换算系数。

2. 进行总结，写出结论

实训六

味精的谷氨酸钠含量的测定

一、实训目的

了解味精的谷氨酸钠含量的测定原理和方法，掌握旋光法的操作。

二、实训原理

谷氨酸钠分子结构中含有1个不对称碳原子，具有光学活性，能使偏振光面旋转一定角度，因此可用旋光仪测定旋光度，根据旋光度换算谷氨酸钠的含量。

三、实训方法

1. 主要仪器

旋光仪。

2. 分析步骤

称取试样10g（精确至0.0001g），置于烧杯中，加少量水溶解，移入50mL容量瓶中再加盐酸20mL，混匀，冷后加水至刻度，摇匀。

于20℃校正仪器，将该溶液置于2dm旋光管内观测其旋光度，同时记录旋光管内溶液的温度。

四、实训要求

1. 计算结果

温度为20℃时，直接按下式计算结果。

$$X=\frac{\alpha\times100}{Lc\times[25.16+0.047(20-t)]}$$

式中 X——样品中谷氨酸钠的含量,%；

α——样品所得的旋光度；

L——旋光管长度，dm；

c——1mL试样中谷氨酸钠的质量，g/mL；

25.16——谷氨酸钠比旋光度；

0.047——温度校正系数；

t——测定时溶液的温度,℃。

2. 进行总结

实训七

味精中掺食盐的检验

一、实训目的

了解并掌握味精中掺食盐的检验方法。

二、实训原理

试液中含有的微量氯离子与硝酸银生成氯化银沉淀，其浊度与标准氯离子产生的氯化银比较，进行目视比浊。

三、实训方法

1. 试剂

硝酸溶液（1+9）、氯化物标准溶液（1mL溶液含有0.1mg氯）、硝酸银标准溶液［$c(AgNO_3)$ = 0.1mol/L］。

2. 仪器

分析天平、纳式比色管、容量瓶。

3. 分析步骤

称取试样 10g，精确至 0.1g，加水溶解并定容至 100mL，摇匀。

吸取试液 10.00mL 于一支 50mL 纳氏比色管中，加水 13mL，摇匀；准确吸取氯化物标准溶液 10.00mL 于另一支 50mL 纳式比色管中，加水 13mL，摇匀；同时向上述两管各加硝酸溶液 1mL、硝酸银标准溶液 1mL，立刻摇匀，于暗处放置 5min 后，取出，立即进行目视比浊。

若样品管浊度不高于标准管浊度，则氯化物含量不大于 0.1%。

四、实训要求

叙述特征，进行总结，写出结论。

实训八

食醋的感官检验

一、实训目的

了解、掌握食醋的感官要求和检验方法。

二、实训原理

依据 GB 2719—2018《食品安全国家标准　食醋》，可见本模块“项目四　食醋掺伪的鉴别检验”中“一、食醋的分类和质量标准”。

三、实训方法

取 2mL 试样置于 25mL 具塞比色皿中，加水至刻度，振摇，观察是否具有产品应有的色泽。取 30mL 试样置于 50mL 烧杯中观察状态是否混浊，可有少量沉淀，是否有可见外来异物。用玻璃棒搅拌烧杯中试样，品尝滋味，闻其是否具有产品应有的滋味和气味，尝味应不涩、无异味。

四、实训要求

叙述特征，进行总结，写出结论。

实训九

食醋中掺入游离矿酸的检验

一、实训目的

了解、掌握食醋中掺入游离矿酸的指示剂法检验的原理和方法。

二、实训原理

按 GB 5009. 233—2016《食品安全国家标准　食醋中游离矿酸的测定》。游离矿酸（硫酸、硝酸、盐酸）存在时，氢离子浓度较大，可改变指示剂的颜色。

百里草酚蓝和甲基紫试纸结果均判定为阳性时，该样品判定含有游离矿酸。

三、实训方法

1. 试剂

（1）百里草酚蓝试纸　取 0. 1g 百里草酚蓝，溶于 50mL 乙醇中，再加 6mL 氢氧化钠溶液（4g/L），加水至 100mL。将此液浸透滤纸后晾干，贮存备用。

（2）甲基紫试纸　称取 0. 1g 甲基紫，溶于 100mL 水中，将滤纸浸于此液中，取出晾干，贮存备用。

2. 分析步骤

用毛细管或玻璃棒沾少许样品，分别点在百里草酚蓝和甲基紫试纸上，观察其变化情况，若百里草酚蓝试纸变为紫色斑点或紫色环（中心淡紫色）表示有游离矿酸存在。

不同浓度的乙酸、冰乙酸在百里草酚蓝试纸上呈现橘黄色环、中心淡黄色或无色。若甲基紫试纸变为蓝绿色，表示有游离矿酸存在。

四、实训要求

叙述特征，进行总结，写出结论。

实训十

酿造酱的感官检验

一、实训目的

了解、掌握酿造酱的感官要求和检验方法。

二、实训原理

按 GB 2718—2014《食品安全国家标准　酿造酱》。

酿造酱的感官要求：具有正常酿造酱的气味和滋味，无异味，无异嗅。无正常视力可见霉斑、外来异物。

三、实训方法

取适量试样于白色瓷盘中，在自然光下观察其状态，闻其气味，用温开水漱口，品其滋味。

四、实训要求

叙述特征，进行总结，写出结论。

实训十一
辣椒粉掺纤维素的鉴别检验

一、实训目的

了解并掌握辣椒粉掺纤维素的检验方法。

二、实训原理

麸皮等杂质中含有纤维素成分，纤维素与碘反应呈蓝色。如果有蓝色网状细胞壁，有时也见蓝色或深紫色颗粒，即可证明掺有麸皮纤维素等杂物。

三、实训方法

1. 试剂

10g/L 碘溶液；硫酸溶液（2+1）。

2. 仪器

显微镜。

3. 操作方法

取少许样品粉末于蒸发皿中，加少量水混匀。取 1 小块载玻片，将混匀的辣椒粉在载玻片上摊成薄层，并加盖玻片，沿盖玻片加 10g/L 碘液 1 滴，再加硫酸溶液 1 滴，在显微镜下观察。

四、实训要求

叙述特征，进行总结，写出结论。

模块九

食用菌及农副产品干货掺伪鉴别检验

学习目标与要求

了解食用菌及农副产品干货，如黑木耳、银耳、菇类、黄花菜、笋干和芦笋的质量标准，掌握这些食用菌及农副产品干货掺伪鉴别检验。领会工匠精神，树立自信心和终身学习的理念。坚持‘学’字当头、‘干’字为先、‘实’字为要，立足本职岗位敬业奉献，努力推动食品企业改革创新发展。

学习重点与难点

重点：黑木耳、银耳、菇类、笋干和芦笋、黄花菜质量标准及其常见掺假检验方法。

难点：常见黑木耳、银耳、菇类、笋干和芦笋、黄花菜掺假的鉴别检验方法。

学习内容

食用菌及农副产品干货如黑木耳、银耳、菇类、黄花菜、笋干和芦笋等是一类营养丰富并具有一定保健功效的食用农产品。但是因为食用菌及农副产品干货本身的特性和在深加工及流通环节中的一些违规操作，使食用菌及农副产品干货产品具有一定的安全隐患，因此加大对市场食用菌及农副产品干货的产品质量安全的鉴别检验非常必要。

项目一

食用菌的掺伪鉴别检验

一、食用菌的质量标准

按 GB 7096—2014《食品安全国家标准　食用菌及其制品》。

食用菌是指可食用的大型真菌，多数为担子菌亚如：双孢蘑菇、香菇、草菇、牛肝菌等；少数为子囊菌如羊肚菌、块菌等。

1. 食用菌的感官要求

食用菌应符合表 9-1 的规定。

表 9-1　　食用菌的感官要求

项目	要求	检验方法
色泽	具有产品应有的色泽	取适量试样置于白色瓷盘中，在自然光下观察色泽和状态，闻其气味，用温开水漱口，品其滋味
滋味、气味	具有产品应有的滋味和气味	
状态	具有产品应有的状态，无正常视力可见外来异物，无霉变，无虫蛀	

2. 食用菌的理化指标

食用菌应符合表 9-2 规定。

表 9-2　　食用菌的理化指标

项目		指标	检验方法
水分/(g/100g)			
香菇干制品	≤	13	GB 5009. 3—2016
银耳干制品	≤	15	
其他食用菌干制品	≤	12	
米酵菌酸/(mg/kg)			
银耳及其制品	≤	0. 25	

3. 食用菌的其他要求

污染物限量应符合 GB 2762—2017 的规定。农药残留限量应符合 GB 2763—2021 的规定。

二、黑木耳的掺伪鉴别检验

1. 黑木耳的质量标准

依据 GB/T 6192—2019《黑木耳》。黑木耳属于担子菌门、伞菌纲、木耳目、木耳科、木耳属的一类可食用的大型真菌。

（1）黑木耳的感官要求　黑木耳的感官要求应符合表 9-3 的规定。

表 9-3　黑木耳的感官要求

项目	要求		
	一级	二级	三级
形态	耳片完整均匀，耳瓣舒展或自然卷曲	耳片较完整均匀，耳瓣自然卷曲	耳片较完整均匀
色泽	耳正面纯黑褐色、有光泽，耳背面略呈灰白色，正背面分明	耳正面黑褐色，耳背面灰色	耳片灰色或浅棕色至褐色
气味	具有黑木耳特有的气味，无异味		
最大直径 ϕ_{max}/cm	0.8~2.5	0.8~3.5	0.5~4.5
耳片厚度/mm	≥1.0	≥0.7	—
杂质/%≤	0.3	0.5	1
	不应出现毛发、金属碎屑、玻璃		
霉烂耳	不允许		
虫蛀耳	不允许		

（2）黑木耳的理化指标　黑木耳的理化指标应符合表 9-4 的规定。

表 9-4　黑木耳理化指标

项目		指标
		一级/二级/三级
干湿比	≥	1 : 9
水分/%	≤	14
灰分（以干质量计）/%	≤	6.0
总糖（以转化糖计）/%	≥	22.0
粗蛋白质/%	≥	7.0
粗脂肪/%	≥	0.4
粗纤维/%		3.0~6.0

2. 黑木耳的质量检验

黑木耳的质量检验按 GB/T 6192—2019《黑木耳》执行。

（1）感官检验　具体见本模块“实训一　黑木耳的感官检验”。

（2）干湿比实验

①操作步骤：称取试样 10.0g（精确至±0.1g），在 18~25℃室内，放入水中浸泡 6~8h 后，取出用小型甩干桶甩 30s 后称重。

②计算：

$$Y=1:(m_1/m)$$

式中 Y——样品干湿比；

m_1——样品湿质量，g；

m——样品干质量，g。

3. 黑木耳的掺假鉴别检验

常见的黑木耳掺伪物有糖、硫酸镁、淀粉、碱、矾、食盐等。

（1）正常黑木耳与掺糖和硫酸镁的黑木耳的感官区别 见表 9-5。

表 9-5　正常黑木耳与掺糖和硫酸镁黑木耳的感官区别

	正常木耳	掺伪木耳	
		掺糖	掺糖和硫酸镁
色泽	内面呈暗褐色至黑色，平滑，外面呈淡褐色，密生柔软的短毛	内外面均发黑或棕褐色	内外面均发黑，并有白色附着物
组织形态	质脆易折断，松散，个体分散性好，组织纹理清晰	质地发酥，易受潮，分散性差，有粘连现象，组织纹理不清晰	质地坚硬，易受潮，分散性差，有粘连现象，组织纹理不清晰
味觉	口尝无涩味，无异味，气味微香	口尝有甜味	鼻嗅有咸味，口尝有苦涩味

（2）黑木耳中掺淀粉的检验

①原理：植物淀粉分直链淀粉和支链淀粉两种，其中直链淀粉可与碘络合成蓝色化合物，支链淀粉能吸附碘，形成紫红色产物。如变为蓝紫色，则可认为掺假木耳中有淀粉存在。

②试剂：碘-碘化钾溶液（将 1~2 片碘放入装有 10g/L 碘化钾溶液的研钵内浸没、研磨至完全溶解，加碘化钾溶液至 50mL）。

③操作方法：取木耳检样少许，置于小烧杯中，加水浸泡，煮沸后，迅速冷却。取煮沸液 1mL 于试管中，滴加数滴碘-碘化钾溶液。如变为蓝紫色，则可认为有淀粉存在。

④注意：处理样品时，浸泡液的 pH 至关重要，一般 pH＝2~6 较好；pH≤2，则淀粉容易水解；pH≥9，则碘变成碘酸盐。

加热后应迅速冷却，不可在加热过程中同时加入碘-碘化钾溶液，否则，灵敏度将下降。

有时加入碘-碘化钾溶液后呈紫红色，也可以认为样品中掺入了淀粉。

（3）黑木耳掺糖的检验

①α-萘酚反应。

原理：糖类在浓硫酸作用下，生成糠醛类化合物。该化合物在硫酸存在下，与α-萘酚结合生成紫红色化合物。正常黑木耳的α-萘酚反应为草绿色环，振摇后变为粉红色。

主要试剂：150g/L α-萘酚的乙醇溶液。

检验方法：称取混匀样品20g置于500mL烧杯中，加适量水浸泡搅拌，将木耳夹出，过滤剩下的溶液。取滤液1～2mL，置于试管中，加α-萘酚溶液2～3滴，混匀后沿管壁缓缓加入浓硫酸2～3mL。

若在两液相的界面处出现紫色环，则说明有糖存在。再缓缓地振摇，液体全部变为紫红色或深紫色。同时做蒸馏水空白对照。

②蒽酮反应。

原理：糖与硫酸反应，脱水生成羟甲基呋喃甲醛，再与蒽酮缩合生成蓝绿色化合物。而正常的黑木耳反应产物呈浅绿色。

主要试剂：0.2%蒽酮的浓硫酸溶液（取蒽酮0.2g溶于100mL浓硫酸中。现用现配）。

检验方法：取上述“①α-萘酚反应。”中的滤液1mL于小试管内，沿管壁缓缓加入新鲜配制的2g/L蒽铜浓硫酸溶液2mL。

若在两液相的界面处出现深绿色环则表示有糖存在，颜色逐渐加深变为暗蓝绿色。同时做空白对照。

③掺糖的快速定量检验。

原理：通过不同浓度的含糖溶液具有不同的折射率进行测定。

主要仪器：手持糖量折射仪。

检验方法：称取试样5～10g（含糖量不得小于0.5g），加水100mL，不断搅拌，溶解，于室温下放置30min后，蘸取溶液2～3滴于糖量计上直接观测其浓度。

（4）黑木耳掺食盐的检验

①原理：食盐中氯离子与银离子反应生成白色氯化银沉淀，此沉淀不溶于任何酸而溶于氨水。溴、碘等离子也能与银离子作用形成沉淀，但只有氯化银沉淀在氨水中能溶解，生成银氨络离子。

②主要试剂：50g/L硝酸银溶液。

③检验方法：取上述“①α-萘酚反应。”中的滤液1～2mL，置于洁净的小试管中，加硝酸2滴，然后加50g/L硝酸银溶液2滴。如有氯离子存在，则有白色沉淀生成。加入数滴氨水后，沉淀可溶解。如再加入数滴硝酸，白色沉淀再次析出。

（5）黑木耳掺盐卤的检验　盐卤又称卤水，其化学组成为硫酸镁、氯化镁等。掺盐卤的黑木耳口尝苦咸，质地坚硬。可检验镁离子和硫酸根离子，并按上法检验其中的氯离子。如果3种离子的检出均为阳性，则说明黑木耳中掺有卤水。

①SO_4^{2-} 的检验。

原理：硫酸根离子与钡离子反应，生成白色沉淀，不溶于任何强酸。正常黑木耳此反应为阴性。

主要试剂：50g/L 氯化钡溶液。

检验方法：取上述“①α-萘酚反应。”中的滤液1~2mL，置于洁净的小试管内，滴加数滴盐酸，然后加入50g/L氯化钡溶液1~2滴。若溶液出现白色混浊或沉淀，则说明有 SO_4^{2-} 存在。同时做空白对照。

②Mg^{2+}的检验。

原理：镁离子与碱反应生成白色的氢氧化镁沉淀，在过量的氢氧化钠溶液中不溶解，但在氯化铵溶液中溶解。

主要试剂：100g/L 氢氧化钠溶液、饱和氯化铵溶液。

检验方法：取上述“①α-萘酚反应。”中的滤液2mL置于干净的试管中，加入100g/L氢氧化钠溶液数滴。如有 Mg^{2+}存在，则生成白色沉淀，再加入氯化铵饱和溶液2~3mL，白色沉淀即溶解。

（6）黑木耳掺矾的检验　矾系指硫酸铝钾。掺矾黑木耳质硬、水浸泡液味酸涩。

可进行铝离子和硫酸根离子的检验。硫酸根离子的检验同上。Al^{3+}的检验如下。

①原理：在中性或醋酸酸性条件下，铝离子可与桑色素反应生成胶态的内络盐，在阳光或紫外灯下，可以呈现很强的绿色荧光。

②主要试剂：桑色素甲醇饱和溶液、2mol/L NaOH 溶液、2mol/L HAc 溶液。

③检验方法：取上述“①α-萘酚反应。”中的滤液5mL，置于洁净的大试管中，加入过量NaOH溶液，振摇，过滤除去杂质。取滤液0.5mL于小试管中，加HAc溶液酸化，再加桑色素溶液2~3滴。如有 Al^{3+}存在时，在紫外灯照射下，可见到很强的绿色荧光。

（7）黑木耳掺碳酸盐的检验　掺碳酸盐的木耳发黏，水发体积小，易破碎。

①原理：碳酸根离子遇强酸，可产生二氧化碳气体。

②主要试剂：100g/L 盐酸溶液。

③检验方法：取上述“①α-萘酚反应。”中的滤液2mL，置于试管中，加100g/L盐酸溶液数滴。如有碳酸根离子存在，则立即产生大量气泡，说明此试样中掺入了碳酸盐。

（8）黑木耳掺含氮化肥的检验　含氮化肥包括尿素、硫酸铵等，含铵离子。

①原理：铵离子与纳氏试剂反应，生成深黄-红色产物。

②主要试剂：纳氏试剂（溶解50g碘化钾于35mL无氨蒸馏水中，加入饱和二氯化汞，并搅拌，直至产生猩红色沉淀不溶解为止。向其中加入350g/L NaOH溶液400mL，最后加入无氨蒸馏水定容至1000mL，静置24h，取上清液于棕色瓶中

保存备用）。

③检验方法：取黑木耳样少许置于烧杯中，加蒸馏水浸泡 2min。取 1mL 浸泡液置于试管中，加入数滴纳氏试剂。如有铵离子存在，则溶液变成深黄-红棕色。同时做试剂空白。

并且掺含氮化肥的黑木耳外形大，表面凹皱部位有少量粉霜物，味淡苦。

（9）pH 的检测

①原理：正常木耳浸泡液多数在 pH5.5~6.8，掺假黑木耳 pH 不在此范围。

②检验方法：取 5g 木耳加入蒸馏水或纯净水 50mL，浸泡 20min，取浸泡液用精密 pH 试纸测定 pH。

三、银耳掺伪鉴别检验

1. 银耳质量标准

银耳又称雪耳、白木耳。它是人工合成料栽培银耳、人工段木栽培银耳和野生银耳的干成品。

银耳的质量应符合 GB 7096—2014《食品安全国家标准　食用菌及其制品》。

（1）银耳的感官要求　银耳的感官要求应符合表 9-6 的规定。

表 9-6　银耳的感官要求

项目	指标		
	外形	色泽	气味
干成品	朵形完整，合成料栽培银耳直径≥3cm；段木栽培银耳直径≥1cm	叶片浅黄色，表面有光泽，耳基部呈米黄色或橙色，无霉点、霉斑	应具有银耳正常芳香气味，无异味、异嗅
干成品浸泡（40℃，300min）	朵形完整，直径明显增大，叶片应完全展开或基本展开，边缘整齐，有弹性，无发黏，软塌现象		

（2）银耳的理化指标　银耳的理化指标应符合表 9-7 的规定。

表 9-7　银耳的理化指标

项目	指标	项目	指标
水分（干成品）/(g/100g)	≤12	总汞（以 Hg 计）/(mg/kg)	≤0.6
铅（Pb）/(mg/kg)	≤2	米酵菌酸/(mg/kg)	≤0.25
总砷（以 As 计）/(mg/kg)	≤1.5		

2. 银耳质量的感官检验

银耳质量的感官鉴别主要是看、闻、尝。

（1）看　朵形似菊花，瓣大而松，质地轻者为上品；朵形小或未长成菊花形者为下品。

色泽白如银，透明，有鲜亮光泽者为上品；色泽发黄或色泽不匀，有黑点，不透明者为下品。

组织形态个大如碗，朵片肉质肥厚，胶质多，蒂小，水分适中者为上品；朵片肉质单薄，无弹性，蒂大者为下品。

无碎片、无杂质者为上品；碎片多、杂质多者为下品。

（2）闻　品质新鲜的银耳，应无酸味、臭味、异味等。存放时间较久的陈银耳，不但色泽逐渐变黄，而且会因蛋白质、脂肪成分的变性而有酸气或其他不爽的异味。

若有霉味则说明已经受潮，发霉变质。轻度发霉的银耳经晾晒并除去发霉部分后，仍可食用。严重发霉变质的不宜再食用。银耳具有焦味，大多数是因鲜银耳在加工脱水时烘干过火所致，此种银耳虽可食用，但品质、风味较差。

（3）尝　银耳的色泽并非越洁白品质越好。因为银耳可经硫黄熏制而去掉黄色，使之看起来色泽洁白。但这种银耳存放时间稍长，过 10~20d，又会因与空气接触而氧化还原为原来的黄色进而发红，涨发性降低，难煮软。银耳本身应无味道，选购时可取少许尝试，如舌头感到刺激或有辣味，则可证明这种银耳是用硫黄熏制的。

3. 硫黄熏蒸银耳的鉴别

银耳有“菌中之冠”的美称，但是个别不法商贩为吸引消费者，将银耳用硫黄进行熏制后销售。

硫黄燃烧后能产生二氧化硫。银耳经过硫黄熏蒸以后，二氧化硫会直接吸附在银耳中，过量的二氧化硫对人体有危害，使人产生呕吐、腹泻、恶心等症状。

辨别是否硫黄熏蒸银耳时，可以采取四种方法识别真伪：一是看色泽，没有经硫黄熏蒸的银耳，颜色是很自然的淡黄色，如果颜色很白，就要当心；二是看形状，好的银耳朵形是完整的，泡过以后不蔫、不软；三是闻气味，好的银耳气味应该是自然芳香，如果能闻到刺激的气味，建议不要购买；四是尝味道，银耳本身无味道，选购时可取少许尝试，如有刺激或辣的感觉，很可能就是用硫黄熏蒸过的。

必要时可测定银耳中硫黄的含量。银耳中硫黄含量的测定可见本模块“实训二　银耳中 SO_2（漂白剂）含量的测定”。

四、菇类的掺伪鉴别检验

菇类的掺伪鉴别检验以香菇为代表介绍。

依据 GB/T 38581—2020《香菇》，香菇是隶属真菌界、担子菌门、伞菌纲、脐菇科、小香菇属的一类大型真菌。

1. 香菇的分类

香菇的产品可以分为：香菇鲜品、香菇干品。香菇鲜品是采收后直接销售的香菇。香菇干品是经过干燥处理的香菇。

有人认为香菇又名冬菇、香蕈、厚菇、薄菇、花菇等。也有人认为香菇一般分为花菇、冬菇及香信。花菇因顶面有花纹而得名。冬菇顶面呈黑色，菇底淡黄色，肉比较厚，食之爽口、鲜美。香信是香菇中的低级品种，肉较薄，是挑选花菇、冬菇后剩下的余料。还有将干香菇又分为花菇、厚菇、薄菇。花菇是菌盖表面有天然裂纹的干香菇。厚菇是菌盖边缘内卷、菌肉较厚的干香菇。薄菇是菌盖平展、菌肉较薄的干香菇。

2. 香菇的质量标准

依据 GB/T 38581—2020《香菇》。

（1）香菇感官基本要求　无毛发、金属、玻璃、砂石、动物排泄物；无霉烂菇；具有香菇应有的气味，无异味。

（2）香菇鲜品的感官要求　香菇鲜品的感官要求见表 9-8。

表 9-8　香菇鲜品的感官要求

项目	指标		
	一级	二级	三级
形态	形态自然，菌盖呈扁平，球形圆整，内菌幕完好，菌肉组织韧性好	形态自然，菌盖呈扁平，球形或近伞形规整，内菌幕稍有破裂	菌盖呈扁平球形或近平展
色泽	菌盖淡褐色至褐色，菌褶、菌柄乳白色至浅黄色或略带褐色斑点		
杂质/%　≤	1.0		

（3）香菇干品整菇的感官要求　香菇干品整菇的感官要求见表 9-9。

表 9-9　香菇干品整菇的感官要求

项目	指标		
	一级	二级	三级
形态	形态圆整，菌盖呈扁平，球形，菌盖边缘内卷，且贴近菌柄	形态自然，菌盖呈扁平，球形或近伞形规整	菌盖呈扁平球形、伞形或铜锣状
色泽	菌盖淡褐色至褐色，菌褶、菌柄米白色至浅黄色		
杂质/%　≤	0.5		

（4）香菇理化指标　香菇理化指标见表 9-10。

表 9-10　　香菇理化指标

项目		香菇鲜品	香菇干品
水分/%		90.0	13.0
灰分（以干重计）/%	≤	8.0	

3. 香菇感官鉴别检验

按 GB/T 38581—2020《香菇》。

（1）检验条件　香菇鲜品、干品应在常温、清洁、干燥、光线良好、无异味的场所进行感官检验。

（2）形态、色泽、气味　肉眼观察形态、色泽、霉烂菇、毛发、金属、玻璃、砂石、动物排泄物，鼻嗅判断气味。

（3）菌柄长度　随机取不少于 10 个干香菇，用精确度为 0.1cm 的量具量取每个香菇菌盖卷边与菌柄连接处到菌柄末端的长度，计算平均值。肉眼观察菌柄是否与菌盖卷边持平。

4. 菇类掺伪鉴别检验

有商家为吸引消费者，用硫黄将干菇类进行熏制，产品二氧化硫超标。菇类中二氧化硫的检测可参考本模块“实训二　银耳中 SO_2（漂白剂）含量的测定”。

有些菇农为了使菇长得又快又大，常使用尿素，这降低了菇的食用价值，有损于消费者的利益。菇中尿素的检验依据 SN/T 1004—2013《出口罐头食品中尿素残留量的测定》。

具体可见本模块“实训三　菇中尿素的检验”。

项目二

农副产品干货掺伪鉴别检验

一、笋干的掺伪鉴别检验

1. 笋干的质量标准

目前笋干质量无国家标准，参考黔东南州食品行业协会团体标准 T/QDNSX0001—2020《蔬菜干制品　笋干》。

笋干是以鲜毛竹笋为原料，经挑选、清洗、烫漂、干燥、包装等工艺加工而成的产品。

（1）笋干的感官要求　笋干的感官要求见表9-11。

表9-11　笋干的感官要求

项目	要求	检验方法
色泽	具有产品应有的色泽，均匀一致	取适量样品置于白色瓷盘中，在自然光下观察色泽和状态；用目视法、鼻嗅法检查其气味
气味、滋味	具有产品特有的气味和滋味，无霉味，无异味	
组织形态	呈产品应有的形状，整齐、均匀、无碎屑、无虫蛀、无霉变	
杂质	无正常视力可见外来杂质	

（2）笋干的理化指标　笋干的理化指标见表9-12。

表9-12　笋干的理化指标

项目		要求	
		含盐笋干	无盐笋干
水分/(g/100g)	≤	26.0	18.0
氯化钠（以NaCl计）/(g/100g)	≤	19.0	—
无盐灰分/(g/100g)	≤	20.0	
铅（以Pb计）/(g/kg)	≤	0.9	

（3）笋干的其他要求　食品添加剂的使用应符合GB 2760—2014的规定。农药残留限量应符合GB 2763—2021的规定。

2. 笋干的感官鉴别检验

参考黔东南州食品行业协会团体标准T/QDNSX0001—2020《蔬菜干制品　笋干》。

笋干的感官鉴别检验方法：取适量样品置于白色瓷盘中，在自然光下观察色泽和状态；用目视法、鼻嗅法检查其气味。

也可参考福建省地方标准DB 35/T735—2007《闽笋干》，笋干感官实验方法如下。

（1）将样品摊在白纸上，用肉眼观察色泽、组织状态、残缺笋、霉变笋、虫蛀笋和杂质的情况。

（2）用钢板尺测量笋长、节距、厚度。

（3）用鼻嗅或用沸水浸泡后嗅辨气味。

（4）分别切下样品的脑头称量，计算占样品的质量分数。

（5）从样品中检出残缺笋和杂质分别称量，计算各占样品的质量分数。

3. 笋干的掺伪鉴别检验

问题笋干多为用硫黄对笋干进行熏制，使产品二氧化硫超标。笋干中二氧化硫的检测可参考本模块“实训二　银耳中 SO_2（漂白剂）含量的测定”。

二、芦笋的掺伪鉴别检验

1. 芦笋分类

新鲜芦笋依其色泽分为白芦笋、绿芦笋。

芦笋质量等级分为优级、一级、二级。

2. 芦笋感官要求

按 NY/T 760—2004《芦笋》要求，芦笋应清洁、无杂质，感官应符合表 9-13 的规定。

表 9-13　各等级芦笋的感官要求

指标项目	等级		
	优级品	一级品	二级品
颜色特征	具有同一类品种的特征，笋茎非本色部分不超过总长度的 10%；笋茎本色部分不得有杂色，不得有异类品种	基本具有同一类品种的特征，笋茎非本色部分不超过总长度的 20%。异类品种和有杂色的根数不得超过 2%	基本具有同一类品种的特征，笋茎非本色部分不超过总长度的 40%。异类品种和有杂色的根数不得超过 2%
外观	长短、茎粗类型一致，无特细笋和巨型笋；笋长 17～27cm，同包装笋长度相差小于 1cm；无畸形笋、锈斑、裂口和损伤	长短、茎粗类型基本一致，无特细笋和巨型笋；笋长 10～30cm，同包装笋长度相差小于 5cm；无畸形笋、锈斑、裂口和损伤	允许存在两个相邻的茎粗类型；允许有少量锈斑、裂口、损伤或畸形笋存在
组织形态	笋头鳞片特紧密、无空心笋；笋条新鲜、脆嫩、挺直，无萎蔫现象	笋头鳞片紧密、无空心笋；笋条新鲜、脆嫩，允许有轻度弯曲，无萎蔫现象	笋头鳞片较紧密，允许有少量散头；笋条新鲜，无萎蔫现象
可食部	可食部不低于 95%	可食部不低于 95%	可食部不低于 90%
允许误差	允许 5%的一级品芦笋混入	允许 10%的相邻等级芦笋混入	有缺陷笋不超过 10%

3. 感官指标实验方法

芦笋的感官指标应符合 NY/T 760—2004《芦笋》。

（1）品种特征、外形、色泽、清洁度、新鲜度、弯曲、笋头开散、扁平笋、锈斑、空心、腐烂、病虫伤等用目测法检验。对空心、病虫伤如有怀疑者，应用小刀纵向剖开检验。

（2）长度、粗度用标尺直接量取样品。

（3）异味用鼻嗅的方法检测。

（4）脆嫩度用刀切的方法检验。

4. 芦笋与芦苇笋的区别

芦笋是通用名称，又名石刁柏。通常也把芦苇幼嫩的地上茎称为芦笋。但这两种芦笋不同。前者是植物名称芦笋，后者是植物器官名称芦苇。前者是百合科陆生植物，后者属禾本科沼泽植物。

由于两者的嫩茎都能食用，现将其外形进行比较，以区别真假。

芦笋的嫩茎外形像一支蜡烛，上下粗细一致，茎顶呈圆形，一般长 10~30cm，直径大者在 2.5cm 以上；而芦苇的笋（嫩茎）细，大者直径也很少超过 2cm，而且茎顶部尖。

新鲜的芦笋嫩茎呈绿色，茎头带有淡紫色或绿色；而芦苇的嫩笋为乳白色，有的还是淡红色。

芦笋鲜嫩茎上紧贴着生三角形鳞叶，而靠茎头部鳞叶较多，嫩茎为实心；而芦苇的嫩茎没有这种鳞叶，并且嫩茎是空心的。

三、黄花菜的掺伪鉴别检验

黄花菜即金针菜。成品黄花菜指百合科、萱草属，是以含苞未放的植物花蕾经加工而成的干菜。

1. 黄花菜的质量标准

现有企业标准 Q/YSSP 0001 S—2019《干黄花菜》。

（1）感官要求　干黄花菜的感官要求见表 9-14。

表 9-14　　干黄花菜的感官要求

项目	要求
色泽	呈淡黄或棕黄色，条色较均匀，无青条菜
状态	呈细长条形状，条身较肥厚，质地柔韧，允许有个别开花菜和油条菜，无虫蛀、无霉变、无正常视力可见外来异物
气味	具有本品特有的香味，无霉味、无异味

（2）干黄花菜的理化指标　干黄花菜的理化指标应符合表 9-15 规定。

表 9-15　　干黄花菜的理化指标

项目		指标
水分/［%或（g/100g）］	≤	15.0
总酸（以柠檬酸计）/［%或（g/kg）］	≤	30
蛋白质/［%或（g/100g）］	≥	10.0
二氧化硫残留量（以 SO_2 计）		0.2

2. 黄花菜质量优劣感官鉴别检验

（1）看　质量好的黄花菜，其色泽应为浅黄、金黄，质地新鲜，无混杂物，条身紧长、均匀、肥嫩而粗壮。如色泽为深黄且略带微红色，条身长短不一，粗细不匀，则为中品；色泽微黄带褐，条身短、瘦弱而卷缩不匀，混有杂物为下品；色泽带黑，有霉烂变质，混有杂物的为劣品。

（2）捏　黄花菜的含水量不应超过15%。抓一把黄花菜捏成团，手感应柔软而有弹性，松手后，每根黄花菜都能很快自动伸展成原形的为质优；如松手后仍成团形，久不散开，不能恢复原状的，则说明含水量较大，容易长霉；如质硬易断，则多为变质劣品。

（3）闻　质量好的黄花菜，闻着有爽快的清香气；如有烟味，则是烘焙过度或炉烟污染所致；若有硫黄味，则是熏烤所致；若有霉味，则是变质品。

3. 黄花菜的掺伪鉴别检验

黄花菜的问题多为用硫黄对其进行熏制，产品中的二氧化硫残留物超标。二氧化硫残留物的检验可参考本模块“实训二　银耳中 SO_2（漂白剂）含量的测定”。

思考题

1. 简述一级黑木耳的感官要求和感官检验方法。
2. 正常黑木耳与掺假木耳的感官有何不同？
3. 常见的黑木耳掺伪物有哪些？举例说明其中一种的检验方法。
4. 简述银耳的感官要求及其感官检验方法。
5. 举例说明香菇的感官要求及其感官检验方法。
6. 简述香菇中尿素的检验方法原理。
7. 举例说明笋干的感官要求及其感官检验方法。
8. 举一例说明食用菌或者农副产品干货中 SO_2 含量的测定方法原理。
9. 举例说明黄花菜的感官要求及其感官检验方法。

实训内容

实训一
黑木耳的感官检验

一、实训目的

了解并掌握黑木耳的感官要求和检验方法。

二、实训原理

依据 GB/T 6192—2019《黑木耳》，可见本模块“项目一　食用菌的掺伪鉴别检验”中黑木耳的感官要求内容。

三、实训方法

1. 形态、色泽、霉烂耳、虫蛀耳、气味

（1）肉眼观察形态、色泽、霉烂耳、虫蛀耳；鼻嗅判断气味。

（2）目测：观察朵片大小，形态、完整程度，看色泽深浅，光亮情况。注意流耳、拳耳；看有无霉烂耳、虫蛀耳、流失耳。

（3）鼻嗅：不允许有异味。

（4）手握、耳听：握之声脆，扎手，具有弹性，耳片不碎为含水适当，握之咯吱声响、扎手易碎，为干燥过度，握之无声，不扎手，手感柔软为含水过多。

2. 最大直径

随机取不少于 10 片黑木耳，用游标卡尺测量每片黑木耳最大直径，计算平均值。

3. 耳片厚度

随机取不少于 10 片黑木耳，用读数值 0.05mm 的游标卡尺测量每片黑木耳中间厚度，计算平均值。

4. 杂质

按 GB/T 12533—2008《食用菌杂质测定》规定的方法测定。

（1）杂质　从样品中分离得到的除食用菌及其干制品以外的一切有机物和无机物。

（2）仪器　分样筛（20 目，带盖）、镊子、天平（感量 0.001g、0.1g）、表面皿。

（3）测定步骤

①取样：取样方法和数量：在整批货物中，包装产品以同类货物的小包装袋（盒、箱等）为基数，散装产品以同类货物的质量（kg）或件数为基数，从整批货物的不同位置按下列整批货物件数的基数进行随机取样：整批货物 50 件以下，抽样基数为 2 件；整批货物 51～100 件，抽样基数为 4 件；整批货物 101～200 件，抽样基数为 5 件；整批货物 201 件以上，以 6 件为最低限度，每增加 50 件加抽 1 件；小包装质量不足检验所需质量时，适当加大抽样量。

缩减样品和实验样品：样品量过大时，将样品混合，均匀平铺成方形，随机取样缩减。实验样品从缩减样品中获得，按照检验项目所需样品量的 4 倍取样，其中一份作检样，两份作复检样，一份作存样。

②测定：称取样品 500～1000g，精确至 0.001g，先用分样筛筛分出肉眼不容易发现的细小杂质；再用镊子拣出样品中大块杂质（包括非实验样品种的杂菌），并分离黏附在食用菌上的杂质。仔细收集上述所有杂质，放入表面皿中，称量，

精确至0.001g。

5. 拳耳、薄耳、流失耳、虫蛀耳、霉烂耳

随机抽取样品500g（精确至0.1g），分别拣出拳耳、薄耳、流失耳、虫蛀耳、霉烂耳，用感量为0.1g的天平称其质量，进行计算。

四、实训要求

1. 结果计算

（1）杂质含量　杂质含量按下式计算。

$$X=\frac{(m_2-m_1)}{m}\times 100\%$$

式中　X——样品中杂质的含量，%；

m_2——表面皿和杂质的质量，g；

m_1——表面皿的质量，g；

m——样品的质量，g。

（2）拳耳、薄耳、流失耳、虫蛀耳、霉烂耳含量按下式计算。

$$X=\frac{m_1}{m}\times 100\%$$

式中　X——拳耳、薄耳、流失耳、虫蛀耳、霉烂耳的质量分数，%；

m_1——拳耳、薄耳、流失耳、虫蛀耳、霉烂耳的质量，g；

m——样品的质量，g。

2. 进行总结

实训二

银耳中SO_2（漂白剂）含量的测定

一、实训目的

了解并掌握食品中SO_2（漂白剂）的检验方法。

二、实训原理

SO_2遇水生成亚硫酸。以碘标准液滴定亚硫酸至呈现蓝色，根据消耗碘标准溶液的体积计算SO_2含量。

三、实训方法

1. 试剂

1mol/L氢氧化钾溶液、1∶3硫酸溶液、0.01mol/L碘标准溶液、1g/L淀粉溶液。

2. 操作方法

在小烧杯内称取试样20g（准确至小数点后第2位），用蒸馏水将试样洗入250mL容量瓶中，加蒸馏水至总容量的1/2，加塞振荡，再加蒸馏水至刻度，

摇匀。

待瓶内液体澄清后，用移液管吸取澄清液 50mL，注入 250mL 碘量瓶中，再加入 1mol/L 氢氧化钾溶液 25mL。将瓶内混合液用力振荡后放置 10min，然后一边振荡，一边加入 1∶3 硫酸溶液 10mL 和 1g/L 淀粉液 1mL。以碘标准液滴定至呈现蓝色并 0.5min 不褪色为止。

同时，按上述方法做一空白实验。

四、实训要求

1. 计算结果

$$\text{二氧化硫}(\%)=\frac{(V_1-V_2)\times c\times 0.032\times 5}{m}\times 100\%$$

式中 V_1——滴定样品时消耗碘标准溶液的体积，mL；

V_2——空白实验消耗碘标准溶液的体积，mL；

c——碘标准溶液的浓度；

m——样品的质量，g；

0.032——二氧化硫的摩尔质量，mg/mol。

2. 进行总结

实训三

菇中尿素的检验

一、实训目的

了解并掌握菇中尿素的光度法检验。

二、实训原理

依据 SNT 1004—2013《出口罐头食品中尿素残留量的测定》。菇中尿素的检验可采用光度法。其方法原理：试样采用蛋白质沉淀剂去除蛋白质，用活性炭脱色，尿素与二乙酰一肟在酸性条件下，经催化产生缩合，并在硫铵脲存在下生成 4，5 二甲基-2-咪唑化合物，525nm 的吸光度与尿素含量成正比，分光光度计测定，外标法定量。

三、实训方法

1. 试剂

（1）醋酸锌溶液（称取 22g 乙酸锌溶解于水中，加入 3mL 冰醋酸，用水稀释并定容至 100mL）。

（2）亚铁氰化钾溶液（称取 10.6g 亚铁氰化钾溶解于水中，稀释并定容至 100mL）。

（3）二乙酰一肟溶液（2%）。

（4）酸性试剂：在 1L 容量瓶中加入蒸馏水约 100mL，然后加入浓硫酸 44mL，及 85%磷酸 66mL，冷却至室温后加入硫铵脲 80mg，硫酸高铁铵 2g，溶解后用蒸馏水稀释并定容至 1000mL。

（5）尿素反应液：取酸性试剂 90mL，加二乙酰-肟溶液 10mL，混匀备用。

（6）尿素标准储备溶液（1g/L）：准确称取 0.1g 尿素于 100mL 容量瓶中，用蒸馏水溶解定容至刻度。

（7）尿素标准工作溶液：准确吸取尿素标准储备溶液 0，1.0，2.0，3.0，4.0，5.0mL 分别置于 100mL 容量瓶中，用蒸馏水定容至刻度，配制成浓度分别为 0，10，20，30，40，50μg/mL 的标准工作溶液。

2. 仪器

分光光度计，振荡器，比色皿，水浴锅。

3. 分析步骤

标准曲线的绘制：准确吸取不同浓度尿素标准工作溶液各 5mL，分别置于 20mL 比色皿中，再分别向各管加入 5mL 尿素反应液，于 95℃水浴中反应 20min，用中速滤纸过滤后，以尿素浓度为零的标准工作溶液作参比，于波长 525nm 处测定吸光度值，绘制标准曲线。

称取试样 20.0g，置于 100mL 容量瓶中，加入亚铁氰化钾溶液和醋酸锌溶液各 5mL，加入活性炭 2.5g，摇匀，加 50mL 水，振荡 30min，加水至刻度，摇匀，静置 1min，用中速滤纸过滤，收集滤液待测定。

准确吸取滤液 5mL 于 20mL 比色皿中，按标准曲线的绘制步骤进行比色测定，并在标准曲线上查得尿素含量。

四、实训要求

1. 计算结果

按下式进行计算。

$$X=\frac{M}{m}\times 1000$$

式中 X——尿素含量，mg/kg；

M——从标准曲线中查得到的尿素量，mg；

m——测定时所取 5mL 溶液相当于试样的质量，g。

2. 进行总结，写出结论

实训四

厚菇或薄菇的感官要求和检验方法

一、实训目的

了解并掌握菇的感官要求和检验方法。

二、实训原理

原理参见本模块“项目一　食用菌的掺伪鉴别检验”中“四、菇类的掺伪鉴别检验”。

三、实训方法

上网或者到企业调查。

四、实训要求

自拟内容，叙述特征，进行总结，老师修改，写出结论。

模块十

食品标签、接触材料的掺伪鉴别检验

学习目标与要求

了解食品标签的基本要求，食品标签的鉴别检验；《食品生产许可管理办法》；无公害食品、绿色食品、有机食品；真、伪食品接触材料鉴别。联系实际，切实将理论知识转化为工作能力，以新担当、新作为推动食品企业高质量发展。

学习重点与难点

重点：真、伪食品接触材料鉴别。

难点：优、劣食品接触材料的鉴别。

学习内容

《食品生产许可管理办法》是为了保障食品安全，加强食品生产监管，规范食品生产许可活动而制定的，必须充分掌握。

食品原料在种植过程中使用农药等人工合成化学物，可能会影响人类健康，安全无污染、高品质的食品已成为众多消费者关注的热点，因此无公害食品、绿色食品及有机食品市场广阔。

近年来因食品标签不明确导致的食品安全问题时有发生，消费者对标签上标注的信息不理解、不明白，也对其选购食品造成了一定的影响。食品标签的检验也是食品掺伪鉴别检验的一项重要内容。

食品接触材料及制品是食品生产、运输、销售、食用过程中不可或缺的重要组成部分，其主要功能是确保食品在产、销、食链条上处于相对安全的接触环境之中，尽可能规避污染、质量下滑和营养流失等不利因素，以确保食用安全和产品商业价值。

作为食品生产、流通重要的组成部分，食品接触材料及制品的安全性能越来越受到消费者的关注。食品接触材料也可能会带来安全隐患，如塑料、橡胶、着色剂等食品接触材料及制品可能会在与食品接触的过程中影响食品的气味、味道以及颜色，更可能会释放出一定量的有毒害化学成分，这些化学成分会迁移到食品中而被人体摄入，危害人类健康。掌握食品接触材料鉴别方法势在必行。

项目一

食品标签的鉴别检验

食品标签是指食品包装上的文字、图形、符号及一切说明物。食品生产者通过食品标签向消费者显示或说明食品的特征及性能，以引导消费。食品标签的标注内容应该规范、正确，既发挥商品标签的功能，又保护消费者的健康、利益及生产者的合法权益。

GB 7718—2011《食品安全国家标准　预包装食品标签通则》是规范食品标签的通用标准。

预包装食品，是指预先定量包装或者制作在包装材料和容器中的食品，包括预先定量包装以及预先定量制作在包装材料和容器中，并且在一定量限范围内具有统一的质量或体积标识的食品。

一、预包装食品标签的基本要求

（1）应符合国家法律、法规的规定，并符合相应产品标准的规定。

（2）应清晰、醒目、持久，应使消费者购买时易于辨认和识读。

（3）应通俗易懂、有科学依据，不得标示封建迷信、色情、贬低其他食品或违背科学营养常识的内容。

（4）应真实、准确，不得以虚假、夸大、使消费者误解或欺骗性的文字、图形等方式介绍食品，也不得利用字号大小或色差误导消费者。

（5）不应直接或以暗示性的语言、图形、符号，误导消费者将购买的食品或食品的某一性质与另一产品混淆。

（6）不应标注或者暗示具有预防、治疗疾病作用的内容，非保健食品不得明示或者暗示具有保健作用。

（7）不应与食品或者其包装物（容器）分离。

（8）应使用规范的汉字（商标除外）。具有装饰作用的各种艺术字应书写正确，易于辨认。

可以同时使用拼音或少数民族文字，拼音不得大于相应汉字。

可以同时使用外文，但应与中文有对应关系（商标、进口食品的制造者和地址、国外经销者的名称和地址、网址除外）。所有外文不得大于相应的汉字（商标除外）。

(9) 预包装食品包装物或包装容器最大表面面积大于 $35cm^2$ 时，强制标示内容的文字、符号、数字的高度不得小于 1.8mm。

(10) 一个销售单元的包装中含有不同品种、多个独立包装可单独销售的食品，每件独立包装的食品标识应当分别标注。

(11) 若外包装易于开启识别或透过外包装物能清晰地识别内包装物（容器）上的所有强制标示内容或部分强制标示内容，可不在外包装物上重复标示相应的内容；否则应在外包装物上按要求标示所有强制标示内容。

二、预包装食品标签标示内容

1. 直接向消费者提供的预包装食品标签标示内容

(1) 一般要求　直接向消费者提供的预包装食品标签标示应包括食品名称、配料表、净含量和规格、生产者和（或）经销者的名称、地址和联系方式、生产日期和保质期、贮存条件、食品生产许可证编号、产品标准代号及其他需要标示的内容。

(2) 食品名称　应在食品标签的醒目位置，清晰地标示反映食品真实属性的专用名称。

当国家标准、行业标准或地方标准中已规定了某食品的一个或几个名称时，应选用其中的一个，或等效的名称。

无国家标准、行业标准或地方标准规定的名称时，应使用不使消费者误解或混淆的常用名称或通俗名称。

标示“新创名称”“奇特名称”“音译名称”“牌号名称”“地区俚语名称”或“商标名称”时，应在所示名称的同一展示版面标示规定的名称。

当“新创名称”“奇特名称”“音译名称”“牌号名称”“地区俚语名称”或“商标名称”含有易使人误解食品属性的文字或术语（词语）时，应在所示名称的同一展示版面邻近部位使用同一字号标示食品真实属性的专用名称。

当食品真实属性的专用名称因字号或字体颜色不同易使人误解食品属性时，也应使用同一字号及同一字体颜色标示食品真实属性的专用名称。

为不使消费者误解或混淆食品的真实属性、物理状态或制作方法，可以在食品名称前或食品名称后附加相应的词或短语，如干燥的、浓缩的、复原的、熏制的、油炸的、粉末的、粒状的等。

（3）配料表

①预包装食品的标签上应标示配料表，配料表中的各种配料应按要求标示具体名称，食品添加剂按照要求标示名称。

配料表应以“配料”或“配料表”为引导词。当加工过程中所用的原料已改变为其他成分（如酒、酱油、食醋等发酵产品）时，可用“原料”或“原料与辅料”代替“配料”“配料表”，并按本标准相应条款的要求标示各种原料、辅料和食品添加剂。加工助剂不需要标示。

各种配料应按制造或加工食品时加入量的递减顺序一一排列；加入量不超过2%的配料可以不按递减顺序排列。

如果某种配料是由两种或两种以上的其他配料构成的复合配料（不包括复合食品添加剂），应在配料表中标示复合配料的名称，随后将复合配料的原始配料在括号内按加入量的递减顺序标示。当某种复合配料已有国家标准、行业标准或地方标准，且其加入量小于食品总量的25%时，不需要标示复合配料的原始配料。

食品添加剂应当标示其在 GB 2760—2014《食品安全国家标准　食品添加剂使用标准》中的通用名称。食品添加剂通用名称可以标示为食品添加剂的具体名称，也可标示为食品添加剂的功能类别名称并同时标示食品添加剂的具体名称或国际编码。在同一预包装食品的标签上，应标示食品添加剂。当采用同时标示食品添加剂的功能类别名称和国际编码的形式时，若某种食品添加剂尚不存在相应的国际编码，或因致敏物质标示需要，可以标示其具体名称。食品添加剂的名称不包括其制法。加入量小于食品总量25%的复合配料中含有的食品添加剂，若符合 GB 2760—2014 规定的带入原则且在最终产品中不起工艺作用的，不需要标示。

在食品制造或加工过程中，加入的水应在配料表中标示。在加工过程中已挥发的水或其他挥发性配料不需要标示。

可食用的包装物也应在配料表中标示原始配料，国家另有法律法规规定的除外。

②下列食品配料，可以选择按下列方式标示。

各种植物油或精炼植物油，不包括橄榄油，标示方式：“植物油”或“精炼植物油”；如经过氢化处理，应标示为“氢化”或“部分氢化”。

各种淀粉，不包括化学改性淀粉，标示方式：“淀粉”。

加入量不超过2%的各种香辛料或香辛料浸出物（单一的或合计的），标示方式：“香辛料”“香辛料类”或“复合香辛料”。

胶基糖果的各种胶基物质制剂，标示方式：“胶姆糖基础剂”“胶基”。

添加量不超过10%的各种果脯蜜饯水果，标示方式：“蜜饯”“果脯”。

食用香精、香料，标示方式：“食用香精”“食用香料”“食用香精香料”。

（4）配料的定量标示

①如果在食品标签或食品说明书上特别强调添加了或含有一种或多种有价值、

有特性的配料或成分，应标示所强调配料或成分的添加量或在成品中的含量。

②如果在食品的标签上特别强调一种或多种配料或成分的含量较低或无时，应标示所强调配料或成分在成品中的含量。

③食品名称中提及的某种配料或成分而未在标签上特别强调，不需要标示该种配料或成分的添加量或在成品中的含量。

（5）净含量和规格

①净含量的标示应由净含量、数字和法定计量单位组成。

②应依据法定计量单位，按以下形式标示包装物（容器）中食品的净含量：

液态食品：用体积升（L）、毫升（mL），或用质量克（g）、千克（kg）。

固态食品：用质量克（g）、千克（kg）。

半固态或黏性食品：用质量克（g）、千克（kg）或体积升（L）、毫升（mL）。

③净含量的计量单位应按下列方式标示。

体积：按净含量（Q）的范围，$Q<1000$mL，计量单位毫升（mL）；$Q\geqslant 1000$mL，计量单位升（L）。

质量：按净含量（Q）的范围，$Q<1000$g，计量单位克（g）；$Q\geqslant 1000$g，计量单位千克（kg）。

④净含量字符的最小高度应符合下列规定。

净含量（Q）的范围 $Q\leqslant 50$mL 或 $Q\leqslant 50$g，字符的最小高度 2mm。

50mL$<Q\leqslant$200mL 或 50g$<Q\leqslant$200g，字符的最小高度 3mm。

200mL$<Q\leqslant$1L 或 200g$<Q\leqslant$1kg，字符的最小高度 4mm。

$Q>$1kg 或 $Q>$1L，字符的最小高度 6mm。

⑤净含量应与食品名称在包装物或容器的同一展示版面标示。

⑥容器中含有固、液两相物质的食品，且固相物质为主要食品配料时，除标示净含量外，还应以质量或质量分数的形式标示沥干物（固形物）的含量。

⑦同一预包装内含有多个单件预包装食品时，大包装在标示净含量的同时还应标示规格。

⑧规格的标示应由单件预包装食品净含量和件数组成，或只标示件数，可不标示“规格”二字。单件预包装食品的规格即指净含量。

（6）生产者、经销者的名称、地址和联系方式

①应当标注生产者的名称、地址和联系方式。生产者名称和地址应当是依法登记注册、能够承担产品安全质量责任的生产者的名称、地址。有下列情形之一的，应按下列要求予以标示。

依法独立承担法律责任的集团公司、集团公司的子公司，应标示各自的名称和地址。

不能依法独立承担法律责任的集团公司的分公司或集团公司的生产基地，应标示集团公司和分公司（生产基地）的名称、地址；或仅标示集团公司的名称、

地址及产地，产地应当按照行政区划标注到地市级地域。

受其他单位委托加工预包装食品的，应标示委托单位和受委托单位的名称和地址；或仅标示委托单位的名称和地址及产地，产地应当按照行政区划标注到地市级地域。

②依法承担法律责任的生产者或经销者的联系方式应标示以下至少一项内容：电话、传真、网络联系方式等，或与地址一并标示的邮政地址。

③进口预包装食品应标示原产国国名或地区区名（如香港、澳门、台湾），以及在中国依法登记注册的代理商、进口商或经销者的名称、地址和联系方式，可不标示生产者的名称、地址和联系方式。

（7）日期标示

①应清晰标示预包装食品的生产日期和保质期。如日期标示采用“见包装物某部位”的形式，应标示所在包装物的具体部位。日期标示不得另外加贴、补印或篡改。

②当同一预包装内含有多个标示了生产日期及保质期的单件预包装食品时，外包装上标示的保质期应按最早到期的单件食品的保质期计算。外包装上标示的生产日期应为最早生产的单件食品的生产日期，或外包装形成销售单元的日期；也可在外包装上分别标示各单件装食品的生产日期和保质期。

③应按年、月、日的顺序标示日期，如果不按此顺序标示，应注明日期标示顺序。

（8）贮存条件　预包装食品标签应标示贮存条件。

（9）食品生产许可证编号　预包装食品标签应标示食品生产许可证编号的，标示形式按照相关规定执行。

（10）产品标准代号　在国内生产并在国内销售的预包装食品（不包括进口预包装食品）应标示产品所执行的标准代号和顺序号。

（11）其他标示内容

①辐照食品：经电离辐射线或电离能量处理过的食品，应在食品名称附近标示“辐照食品”。经电离辐射线或电离能量处理过的任何配料，应在配料表中标明。

②转基因食品：转基因食品的标示应符合相关法律、法规的规定。

③营养标签：特殊膳食类食品和专供婴幼儿的主辅类食品，应当标示主要营养成分及其含量，标示方式按照 GB 13432—2013《食品安全国家标准　预包装特殊膳食用食品标签》执行。其他预包装食品如需标示营养标签，标示方式参照相关法规标准执行。

④质量（品质）等级：食品所执行的相应产品标准已明确规定质量（品质）等级的，应标示质量（品质）等级。

2. 非直接提供给消费者的预包装食品标签标示内容

非直接提供给消费者的预包装食品标签应按照上述项的相应要求标示食品名称、规格、净含量、生产日期、保质期和贮存条件，其他内容如未在标签上标注，则应在说明书或合同中注明。

3. 标示内容的豁免

(1) 下列预包装食品可以免除标示保质期：酒精体积分数≥10%的饮料酒；食醋；食用盐；固态食糖类；味精。

(2) 当预包装食品包装物或包装容器的最大表面面积小于 $10cm^2$ 时，可以只标示产品名称、净含量、生产者（或经销商）的名称和地址。

4. 推荐标示内容

(1) 批号　根据产品需要，可以标示产品的批号。

(2) 食用方法　根据产品需要，可以标示容器的开启方法、食用方法、烹调方法、复水再制方法等对消费者有帮助的说明。

(3) 致敏物质　以下食品及其制品可能导致过敏反应，如果用作配料，宜在配料表中使用易辨识的名称，或在配料表邻近位置加以提示：

含有麸质的谷物及其制品（如小麦、黑麦、大麦、燕麦、斯佩耳特小麦或它们的杂交品系）；甲壳纲类动物及其制品（如虾、龙虾、蟹等）；鱼类及其制品；蛋类及其制品；花生及其制品；大豆及其制品；乳及乳制品（包括乳糖）；坚果及其果仁类制品。

如加工过程中可能带入上述食品或其制品，宜在配料表临近位置加以提示。

5. 特殊膳食用食品标签

依据 GB 13432—2013《食品安全国家标准　预包装特殊膳食用食品标签》。

特殊膳食食品在食品生产许可分类目录中属于单独的一类食品，产品范围很广，包括婴幼儿配方食品、婴幼儿辅助食品、特殊医学用途配方食品、其他特殊膳食食品等几个大类，其中特殊医学用途配方食品又可以分为特殊医学用途配方食品和特殊医学用途婴儿配方食品，其他特殊膳食食品包括辅食营养补充品、运动营养食品、孕妇及乳母营养补充食品及其他有相应的国家标准的特殊膳食用食品。

针对不同的特殊膳食食品，在产品标签标识上也有不同的要求。GB 13432—2013 规定了特殊膳食用食品标签标识的基本要求、强制标示的内容、可选择标识的内容。

预包装特殊膳食用食品标签的标示内容应符合 GB 7718—2011《食品安全国家标准　预包装食品标签通则》中相应条款的要求。强制标示的内容有：食品名称、能量和营养成分的标示、食用方法和适宜人群、贮存条件。只有符合特殊膳食食品的定义才可命名为“特殊膳食用食品”。可选择标识的内容有：能量和营养成分占推荐摄入量或适宜摄入量的质量百分比、能量和营养成分的含量、能量和营养成分的功能。

三、预包装食品营养标签

自 2013 年 1 月 1 日起，我国第一个强制执行食品营养标签的标准 GB 28050—2011《食品安全国家标准　预包装食品营养标签通则》正式实施。这意味着，预包装食品必须标注其营养成分，不标或标识不合格的产品不得销售。消费者在购买预包装食品时，不但可以通过比较生产日期、净含量、配料等进行挑选，还可以通过对比同类产品的营养价值，根据自身需要做出更健康的选择，更为科学地调节饮食。

营养标签是预包装食品标签上向消费者提供食品营养信息和特性的说明，包括营养成分表、营养声称和营养成分功能声称。营养标签是预包装食品标签的一部分。预包装食品营养标签通则适用于预包装食品营养标签上营养信息的描述和说明。本标准不适用于保健食品及预包装特殊膳食用食品的营养标签标示。

1. 基本要求

（1）预包装食品营养标签标示的任何营养信息，应真实、客观，不得标示虚假信息，不得夸大产品的营养作用或其他作用。

（2）预包装食品营养标签应使用中文。如同时使用外文标示的，其内容应当与中文相对应，外文字号不得大于中文字号。

（3）营养成分表应以一个“方框表”的形式表示（特殊情况除外），方框可为任意尺寸，并与包装的基线垂直，表题为“营养成分表”。

（4）食品营养成分含量应以具体数值标示，数值可通过原料计算或产品检测获得。

（5）食品企业可根据食品的营养特性、包装面积的大小和形状等因素选择使用其中的一种格式。

（6）营养标签应标在向消费者提供的最小销售单元的包装上。

2. 强制标示内容

（1）所有预包装食品营养标签强制标示的内容包括能量、核心营养素的含量值及其占营养素参考值（NRV）的百分比。当标示其他成分时，应采取适当形式使能量和核心营养素的标示更加醒目。

（2）对除能量和核心营养素外的其他营养成分进行营养声称或营养成分功能声称时，在营养成分表中还应标示出该营养成分的含量及其占营养素参考值（NRV）的百分比。

（3）使用了营养强化剂的预包装食品，在营养成分表中还应标示强化后食品中该营养成分的含量值及其占营养素参考值（NRV）的百分比。

（4）食品配料含有或生产过程中使用了氢化和（或）部分氢化油脂时，在营养成分表中还应标示出反式脂肪（酸）的含量。

（5）上述未规定营养素参考值（NRV）的营养成分仅需标示含量。

3. 下列预包装食品可以不标示营养标签

（1）食品每日食用量不足 10 克（g）或 10 毫升（mL）。

（2）包装的生肉、生鱼、生蔬菜和水果。

（3）包装的总表面积小于 100 平方厘米（cm^2）的食品。

（4）现制现售的食品。

（5）酒精含量≥0.5%的产品。

（6）其他法律、行政法规、标准规定可以不标示标签的食品。

项目二

了解《食品生产许可管理办法》

一、《食品生产许可管理办法》的实施

在我国，从事食品生产活动，应当依法取得食品生产许可。为规范食品、食品添加剂生产许可活动，加强食品生产监督管理，保障食品安全，国家市场监督管理总局制定了《食品生产许可管理办法》。《食品生产许可管理办法》已于2019年12月23日经国家市场监督管理总局2019年第18次局务会议审议通过，自2020年3月1日起施行。

摘录重要内容如下：

“第一章　总则

第一条　为规范食品、食品添加剂生产许可活动，加强食品生产监督管理，保障食品安全，根据《中华人民共和国行政许可法》《中华人民共和国食品安全法》《中华人民共和国食品安全法实施条例》等法律法规，制定本办法。

第二条　在中华人民共和国境内，从事食品生产活动，应当依法取得食品生产许可。食品生产许可的申请、受理、审查、决定及其监督检查，适用本办法。

第三条　食品生产许可应当遵循依法、公开、公平、公正、便民、高效的原则。

第四条　食品生产许可实行一企一证原则，即同一个食品生产者从事食品生产活动，应当取得一个食品生产许可证。

……

第七条　省、自治区、直辖市市场监督管理部门可以根据食品类别和食品安全风险状况，确定市、县级市场监督管理部门的食品生产许可管理权限。保健食品、特殊医学用途配方食品、婴幼儿配方食品、婴幼儿辅助食品、食盐等食品的生产许可，由省、自治区、直辖市市场监督管理部门负责。

……

第二十九条　食品生产许可证应当载明：生产者名称、社会信用代码、法定代表人（负责人）、住所、生产地址、食品类别、许可证编号、有效期、发证机关、发证日期和二维码。”

二、“SC”编号证书

1. “QS”更换为“SC”

食品生产许可证编号由“SC”（“生产”的汉语拼音字母缩写）和14位阿

拉伯数字组成，阿拉伯数字从左至右依次为：3 位食品类别编码、2 位省（自治区、直辖市）代码、2 位市（地）代码、2 位县（区）代码、4 位顺序码、1 位校验码。

旧版“QS”标志是质量安全的简称。随着新版《食品安全法》的实施，明确规定食品包装上应当标注食品生产许可证编号，“QS”标志将不再作为食品生产许可的依据，而是启用新的“SC”证。“SC”编码代表着企业唯一许可编码，可以达到识别、查询的目的，实现食品的追溯，增强食品生产企业的安全责任意识（图 10-1）。

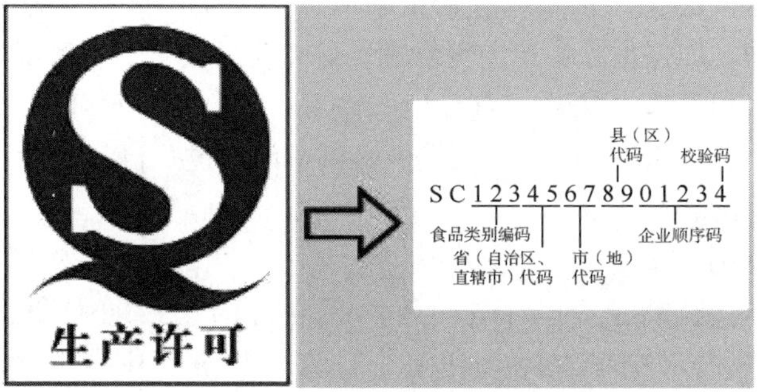

图 10-1　“QS”更换为“SC”

2. 食品、食品添加剂类别编码

（1）食品生产许可证编号编码规则　食品生产许可证编号由“SC”（“生产”的汉语拼音字母缩写）和 14 位阿拉伯数字组成，具体表示形式如图 10-2 所示。

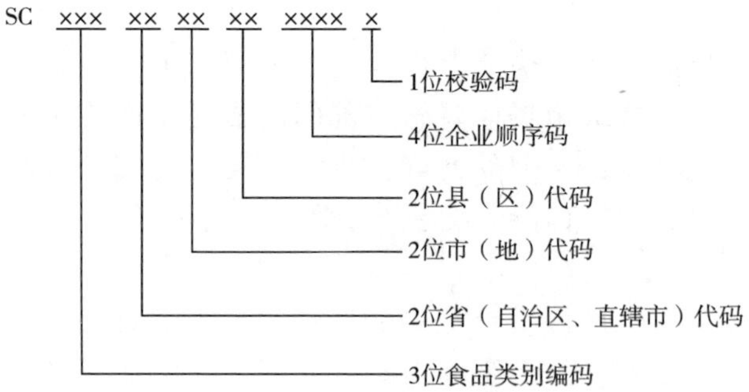

图 10-2　食品生产许可证编号编码构成

（2）食品类别编码　食品类别编码用 3 位数字标识，具体为：101 粮食加工品，102 食用油、油脂及其制品，103 调味品，104 肉制品，105 乳制品，106 饮料，107 方便食品，108 饼干，109 罐头，110 冷冻饮品，111 速冻食品，112 薯类和膨化食品，113 糖果制品，114 茶叶及相关制品，115 酒类，116 蔬菜制品，117

水果制品，118 炒货食品及坚果制品，119 蛋制品，120 可可及焙烤咖啡产品，121 食糖，122 水产制品，123 淀粉及淀粉制品，124 糕点，125 豆制品，126 蜂产品，127 保健食品，128 特殊医学用途配方食品，129 婴幼儿配方食品，130 特殊膳食食品，131 其他食品，201 食品添加剂，202 食品用香精，203 复配食品添加剂。

（3）地区编码　地区编码为 6 位。分别为 2 位省（自治区、直辖市）代码、2 位市（地）代码、2 位县（区）代码，编码规则按照中华人民共和国民政部官方网站公布的最新的中华人民共和国行政区划编写。省级行政区划代码、市级行政区划代码、县级行政区划代码按照该表中 6 位“数字码”对应取值。

（4）企业顺序码　企业顺序码为 4 位。县级以上地方市场监督管理部门为本行政区域内的食品生产者发放食品生产许可证时，按照准予许可事项的先后顺序，为企业分配企业顺序码，即许可证的流水号码（0001—9999）。一个企业顺序码只能对应一个生产许可证，且不得出现空号。

项目三

无公害食品、绿色食品、有机食品的标识

抓好农产品质量安全工作，对于满足城乡居民对安全优质农产品快速增长的需求，具有十分重要的意义。现阶段我国农产品质量安全工作，以全面推进无公害食品行动计划为切入点，加快无公害农产品、绿色食品和有机食品发展，推动农产品质量安全水平全面提高。

一、无公害食品、绿色食品与有机食品

1. 无公害食品

无公害食品是指产地环境、生产过程、产品质量符合国家有关标准和规范的要求，经认证合格获得认证证书并允许使用无公害农产品标志的优质农产品或初加工的食用农产品。

无公害食品是指产地环境、生产过程和最终产品符合无公害食品的标准和规范。无公害食品是无污染、无毒害、安全优质的食品，这类食品中允许限数量、限品种、限时间地使用人工合成的化学物质（农药、兽药、鱼药、肥料、饲料、添加剂等）。

2. 绿色食品

绿色食品是对具有无污染的安全、优质、营养类食品的总称，是指按特定生产方式生产，并经国家有关的专门机构认定，准许使用绿色食品标志的无污染、无公害、安全、优质、营养型的食品。

绿色食品标志的使用权由中华人民共和国农业农村部（以下简称农业农村部）审核批准。获得绿色食品标志使用权须符合下列条件：产品或产品原料的产地必

须符合绿色食品的生态环境标准。农作物种植、畜禽饲养、水产养殖及食品加工必须符合绿色食品生产操作规程。产品必须符合绿色食品的质量和卫生标准。

3. 有机食品

有机食品是国家标准上对无污染天然食品比较统一的提法。有机食品通常来自有机农业生产体系，根据国际有机农业生产要求和相应的标准生产加工的。有机食品的主要特点来自生态良好的有机农业生产体系；有机食品的生产和加工，不使用化学农药、化肥、化学防腐剂等合成物质，也不用基因工程生物及其产物，因此，有机食品是一类真正来自自然、富营养、高品质且安全环保的生态食品。

无公害食品、绿色食品、有机食品都是安全食品，安全是这三类食品突出的共性。它们从种植、收获到加工生产、贮藏及运输过程中都采用了无污染的工艺技术，实行了从土地到餐桌的全程质量控制，保证了食品的安全性，都是经过质量认证的安全农产品。

二、有机食品、绿色食品、无公害食品的不同点

1. 标准不同

无公害食品标准主要包括无公害食品行业标准和农产品安全质量国家标准。无公害食品行业标准由农业农村部制定；农产品安全质量国家标准由国家质量技术监督检验检疫总局制定。

绿色食品标准是由中国绿色食品发展中心组织制定的统一标准，其标准介于无公害食品和有机食品之间。绿色食品标志是经国家工商行政管理局注册的质量证明商标。

在我国，国家环境保护总局有机食品发展中心制定了有机产品的认证标准。

质量水平的区别：无公害食品高级，绿色食品更高一级，有机食品最高级。有机食品是目前最高安全级别的食品。无公害食品是有机食品、绿色食品发展的基础；有机食品、绿色食品是在无公害食品基础上的进一步提高。

2. 标识不同

无公害食品的标识在我国因认证机构不同而不同，各省先后分别制定了各自的无公害农产品标识。

绿色食品的标识在我国是统一的，也是唯一的。它是由中国绿色食品发展中心制定的质量认证商标。它由三个部分组成，即上方是太阳，下方是叶片，中心是蓓蕾，正圆形意为保护。有机食品标志采用人手和叶片为创意元素。除绿色食品标志外，还在标签上统一印制绿色食品字样、批准编号及防伪标志。产品的标签必须符合 GB 7718—2011《食品安全国家标准　预包装食品标签通则》及《绿色食品标志设计标准手册》中绿色食品特定包装、装潢和标签规定。

有机食品标识在不同国家和不同认证机构是不同的。在我国，国家环境保护

总局有机食品发展中心注册了有机食品标识，中国农业科学院茶叶研究所亦制定了有机茶的标识。

无公害农产品、绿色食品、有机食品标志见图 10-3。

图 10-3　无公害农产品、绿色食品、有机食品标志

3. 级别不同

有机食品无级别之分，有机食品在生产过程中不允许使用任何人工合成的化学物质，而且需要 3 年的过渡期，过渡期生产的产品为“转化期”产品。

绿色食品分 A 级和 AA 级两个等次。A 级绿色食品产地环境质量要求评价项目的综合污染指数不超过 1，在生产加工过程中，允许限量、限品种、限时间地使用安全的人工合成农药、兽药、鱼药、肥料、饲料及食品添加剂。AA 级绿色食品产地环境质量要求评价项目的单项污染指数不超过 1，生产过程中不得使用任何人工合成的化学物质，且产品需要 3 年的过渡期。

A 级绿色食品标准的标志为绿底白字；AA 级标准的标志为白底。A 级的标准是参照发达国家食品卫生标准和联合国食品法典委员会（CAC）的标准制定的，AA 级的标准是根据 I-FOAM 有机产品的基本原则，参照有关国家有机食品认证机构的标准，再结合我国的实际情况制定的。

无公害食品不分级，在生产过程中允许限品种、限数量、限时间地使用安全的人工合成的化学物质。

无公害食品、绿色食品和有机食品的标准各不相同，但可以分为三个档次，即无公害食品是基本档次，A 级绿色食品是第二档次，AA 级绿色食品和有机食品为最高档次。

4. 认证机构不同

无公害食品：主要是农业农村部农产品质量安全中心和各省级农业行政主管部门。无公害食品的认证机构较多，目前有许多省、市地区的农业管理主管部门都进行了无公害食品的认证工作。但是只有正式注册了标识商标或颁发了省级法规的前提下，其认证才有法律效应。

绿色食品：在我国唯一的一家绿色食品的认证机构是农业农村部绿色食品发展中心，该中心负责全国绿色食品的统一认证和最终审批。

有机食品：最具权威性的是国家环境保护总局有机食品发展中心（OFDC）。

另外也有一些国外有机食品认证机构在我国发展有机食品的认证，如德国的BCS。

5. 认证方法不同

在我国，有机食品和AA级绿色食品的认证实行检查员制度，在认证方法上是以实地检查认证为主，检测认证为辅；有机食品的认证重点是农事操作的真实记录等。A级绿色食品和无公害食品的认证是秉持检查认证和检测认证并重的原则，同时强调从土地到餐桌的全程质量控制，在环境技术条件的评价方法上，采用了调查评价与检验论证相结合的方式。

6. 证书有效期不同

无公害食品、绿色食品证书有效期3年；有机食品证书有效期1年。

7. 目标定位的区别

无公害食品：规范农业生产，保障基本安全，满足大众消费。

绿色食品：提高生产水平，满足更高需求、增强市场竞争力。

有机食品：保持良好生态环境，人与自然的和谐共生。

项目四

真伪食品接触材料鉴别

一、食品接触材料及制品

1. 食品接触材料及制品通用安全要求

近年来，随着人们生活水平的提高与生活节奏的加快，自带食物和外卖、打包等现象越来越多，食品接触材料及制品已成为生活中不可或缺的部分，给生活带来便捷的同时，也大大增加了食品安全的风险。食品接触材料指的是在食品生产制造、加工、贮存、购买和食用过程中，与食品直接或间接接触的材料，涉及的产品包括：食品包装、餐具、厨具、食品加工机械、厨电产品等。而这些材料的主要化学成分、杂质、副产物和降解产物等可能直接迁移至食品中或与食品成分发生反应，引起食品品质下降或对食品造成污染，从而引发食品安全问题。为进一步提升食品安全，保障企业和消费者利益，必须对食品包装、食品接触材料进行严格的检测。以改善公众健康为目的，以科学为基础，实现提高食品接触材料的安全性。使广大消费者能够“买得放心，用得放心”。

依据GB 4806.1—2016《食品安全国家标准　食品接触材料及制品通用安全要求》，食品接触材料（FCM）及制品是指在正常使用条件下，可能与食品有接触或其成分可能转移到食品中的材料和制品。食品接触材料及制品包括用于食品的包装材料、容器、工具和设备，及印刷油墨、黏合剂、润滑油等，如塑料、树脂、橡胶、硅胶、金属、合金、纸张、纸板、玻璃、陶瓷、瓷釉、着色剂等。

该标准适用于各类食品接触材料及制品，规定了食品接触材料及制品的基本要求、限量要求、符合性原则、检验方法、可追溯性和产品信息等。

其基本要求主要有：食品接触材料及制品中使用的物质应符合相应的质量规格要求。并且在推荐使用条件下与食品接触时，迁移到食品中的物质水平不应危害人体健康；不应造成食品成分、结构或色香味等性质的改变。

限量要求主要有：食品接触材料及制品的迁移量、物质的使用量、残留量等应符合相应食品安全国家标准的规定。

符合性原则主要有：食品接触材料及制品中原料的使用、添加剂的使用等应符合相应食品安全国家标准的规定。

检验方法主要应采用国家标准检验方法。

可追溯性主要指：食品接触材料及制品生产企业应建立产品追溯体系。

产品信息主要指：产品标识等信息应清晰、真实，不得误导使用者。

2. 纸制品

纸是最古老、最传统的包装材料，包装使用后可再次回收利用，废弃后在自然环境中可以分解，对环境不利影响小。

但它的安全隐患也不容忽视，其主要原因是造纸过程中需在纸浆中加入化学品如防渗剂（施胶剂）、填料（使纸不透明）、漂白剂、染色剂等。防渗剂主要采用松香皂；填料采用高岭土、碳酸钙、二氧化钛、硫化锌、硫酸钡及硅酸镁；漂白剂采用次氯酸钙、次氯酸、过氧化钠及过氧化氢等；染色剂使用水溶性染料和有着颜料。

纸的溶出物大多来自纸浆的添加剂等化学物质。染色剂中如红色的多用镉系金属，黄色的多用铅系金属。这些金属即使在 10^{-6} 级以下亦能溶出而致病。纸的着色剂中可能含有毒性的荧光染料，《食品安全法》规定，食品包装材料禁止使用荧光染料，对经荧光染料处理着色的纸不能用于包装食品。此外，从纸制品中还能溶出防霉剂或树脂加工时使用的甲醛。

依据 GB 4806.8—2016《食品安全国家标准　食品接触用纸和纸板材料及制品》——该标准适用于食品接触用纸和纸板材料及制品，不适用于再生纤维素薄膜（玻璃纸）制食品接触材料及制品——，食品接触用纸和纸板材料及制品是指在正常或看预见使用条件下，预期与食品接触的各种用纸和纸板材料及制品，包括涂蜡纸、纸浆模塑制品及食品加工烹饪用纸。其基本要求应符合 GB 4806.1—2016 的规定。其感官要求应符合表 10-1 的规定，其理化指标应符合表 10-2 的规定，其微生物限量应符合表 10-3 的规定，添加剂应符合 GB 9685—2016《食品安全国家标准　食品接触材料及制品用添加剂使用标准》的规定。

表 10-1　　食品接触用纸和纸板材料及制品的感官要求

项目	要求
感官	色泽正常，无异臭，霉斑或其他污物
浸泡液	迁移实验所得浸泡液不应有着色、异臭等感官性的劣变

表 10-2　　食品接触用纸和纸板材料及制品的理化指标

项目		指标
铅（Pb）/(mg/kg)	≤	3.0
砷（As）/(mg/kg)	≤	1.0
残留物		
甲醛/(mg/dm^2)	≤	1.0
荧光性物质		阴性
总迁移量/(mg/dm^2)	≤	10
迁移物指标		
高锰酸钾消耗量/(mg/kg)	≤	40
重金属（以铅计）/(mg/kg)	≤	1

表 10-3　　食品接触用纸和纸板材料及制品的微生物限量

项目	限量
大肠菌群/(/$50cm^2$)	不得检出
沙门氏菌/(/$50cm^2$)	不得检出
霉菌/(CFU/g)	≤50

3. 竹、木制品

竹、木制的包装盒常采用“密度纤维板”。这种纤维板使用的黏合剂大多是脲醛树脂胶，如现在流行的密度纤维板制月饼、茶叶包装盒，含游离甲醛等，易被食品吸收，若甲醛超标，会导致眼、鼻、喉和上呼吸道疾病。

竹、木制食品容器表面会有涂料，涂料是化学品，着色颜料也有安全隐患。

竹、木制品可依据 GB 4806.12—2022《食品安全国家标准　食品接触用竹木材料及制品》。食品接触用竹木材料及制品指在正常使用条件下，各种已经或预期可能与食品或食品添加剂（以下简称食品）接触，或其成分可能转移到食品中的，以竹、木或软木为原料制成的材料及制品，包括软木塞和植物纤维板制品等。

食品接触用竹木材料及制品应符合 GB 4806.1—2016 的规定。其要求是：食品接触用竹木材料及制品使用的原料不应对人体健康产生危害。食品接触用竹木材料及制品中油、蜡及其他添加剂的使用应符合 GB 9685—2016 及相关公告的规定。

其感官要求应符合表 10-4 的规定。其理化指标应符合表 10-5 和表 10-6 的规定。

表 10-4　食品接触类竹、木制品感官要求

项目	要求
感官	色泽正常，无毛刺，虫蛀*异臭，霉斑或其他污物
浸泡液	迁移试验所得浸泡液不应有沉淀、异臭、异常着色等感官性能的劣变

注：*不适用于软木材料及制品。

表 10-5　食品接触类竹、木制品迁移物指标

项目		指标
总迁移量/(mg/dm^2)	≤	10
甲醛/(mg/kg)	≤	15
二氧化硫/(mg/kg)	≤	10
五氟苯酚及其盐类（以五氯苯酚计)/(μg/kg)	≤	0. 15

注：婴幼儿专用食品接触竹木材料及制品应根据实际使用中的面积体积比将结果单位换算为 mg/kg，且限量为≤60mg/kg。

表 10-6　食品接触类竹、木制品残留物指标

项目		指标
噻菌灵/(mg/kg)	≤	1. 2
邻苯基苯酚/(mg/kg)	≤	4. 8
抑霉唑/(mg/kg)	≤	0. 4
联苯/(mg/kg)	≤	0. 6

其他理化指标：食品接触用竹木材料及制品应符合 GB 9685—2016 及相关公告对油、蜡及其他添加剂的特定迁移限量（SMI)、特定迁移总量限量［SML（T）］和最大残留量（OM）等理化指标的规定。

微生物限量：预期与食品直接接触，且不经过消毒或清洗直接使用的竹木材料及制品的微生物应符合 GB 14934—2016 的规定。与食用、烹饪或者加工前需经去皮、去壳或清洗的食品接触的竹木材料及制品除外。

添加剂应符合 GB 9685—2016 的规定。

其他技术要求：使用了涂料、油墨和（或）黏合剂等材料的食品接触用竹木材料及制品，还应符合涂料、油墨和（或）黏合剂等相应食品安全国家标准的规定。

4. 金属制品

按 GB 4806. 9—2016《食品安全国家标准　食品接触用金属材料及制品》。食品接触用金属材料及制品是指在正常或看预见使用条件下，预期与食品接触的各

种金属材料及制品，其基本要求应符合 GB 4806.1—2016 的规定。其感官要求应符合表 10-7 的规定。其理化指标应符合表 10-8 的规定。

表 10-7　　食品接触用金属材料及制品的感官要求

项目	要求
感官	接触食品的表面应清洁、镀层不应开裂、剥落，焊接部分应光洁，无气孔、裂缝、毛刺
浸泡液	迁移实验所得浸泡液不应有异臭

表 10-8　　食品接触用金属材料及制品的理化指标

材料	项目		迁移物指标
不锈钢	砷（As）/（mg/kg）	≤	0.04
	镉（Cd）/（mg/kg）	≤	0.02
	铅（Pb）/（mg/kg）	≤	0.05
	铬（Cr）/（mg/kg）	≤	2.0
	镍（Ni）/（mg/kg）	≤	0.5
其他金属材料及制品	砷（As）/（mg/kg）	≤	0.04
	镉（Cd）/（mg/kg）	≤	0.02
	铅（Pb）/（mg/kg）	≤	0.2

铝不锈钢食具、铁质食具材料易于回收、容易处理，其废弃物对环境的污染相对较小。常用的金属材料马口铁和铝广泛用于制造食品和饮料的包装罐。金属材料一般分为箔材和罐材两种，前者使用铝箔；后者多用于镀锡罐。但是使用铝箔时因为存在小气孔，多与塑料薄膜粘合在一起使用。金属罐的表面大部分用塑胶涂覆。

5. 陶瓷、搪瓷、玻璃器

釉涂覆在陶瓷或搪瓷坯料表面，釉含硅酸钠和金属盐，以铅较多，如果烧制温度低，有害金属溶出。已上釉的陶瓷包装容器，如使用鲜艳的红色或黄色彩绘图案，常出现铅或镉的溶出。

（1）陶瓷　GB 4806.4—2016《食品安全国家标准　陶瓷制品》适用于食品接触用陶瓷制品。陶瓷制品基本要求应符合 GB 4806.1—2016 的规定。

其感官要求是：上釉制品釉彩均匀，装饰无脱落现象。

其理化指标应符合表 10-9 的规定。

表 10-9 陶瓷制品的理化指标

项目	指标					
	扁平制品/(mg/dm^2)	贮存罐/(mg/L)	大空心制品/(mg/L)	小空心制品(杯类除外)/(mg/L)	杯类/(mg/L)	烹饪器皿/(mg/L)
铅(Pb) ≤	0.8	0.5	1.0	2.0	0.5	3.0
镉(Cd) ≤	0.07	0.25	0.25	0.30	0.25	0.30

(2) 搪瓷 GB 4806.3—2016《食品安全国家标准 搪瓷制品》适用于食品接触用搪瓷制品。搪瓷制品基本要求应符合 GB 4806.1—2016 的规定。

其感官要求是：搪瓷制品表面应平滑，涂搪均匀，无裂口、缺口、鱼鳞爆、脱瓷、爆点、裂纹、泛沸痕、孔泡、露黑。

其理化指标应符合表 10-10 的规定。

表 10-10 搪瓷制品的理化指标

项目	指标				
	非烹饪用		烹饪用		贮存罐/(mg/dm^2)
	扁平制品/(mg/dm^2)	空心制品(<3L)/(mg/L)	扁平制品/(mg/dm^2)	空心制品(<3L)/(mg/L)	
铅(Pb) ≤	0.8	0.8	0.1	0.4	0.1
镉(Cd) ≤	0.07	0.07	0.05	0.07	0.05

(3) 玻璃 GB 4806.5—2016《食品安全国家标准 玻璃制品》适用于食品接触用玻璃制品，玻璃制品基本要求应符合 GB 4806.1—2016 的规定。

其感官要求是：玻璃制品应无飞边、裂纹、崩损缺口。

其理化指标应符合表 10-11 的规定。

表 10-11 玻璃制品的理化指标

项目	指标					
	扁平制品/(mg/dm^2)	贮存罐/(mg/L)	大空心制品/(mg/L)	小空心制品/(mg/L)	烹饪器皿/(mg/L)	口缘要求/(mg/L)
铅(Pb) ≤	0.8	0.5	0.75	1.5	0.5	4.0
镉(Cd) ≤	0.07	0.25	0.25	0.5	0.05	0.4

牛乳、软性碳酸饮料、酒类和果酱等普遍采用玻璃包装材料，主要优点是美观、卫生、抗腐蚀、成本低，且是惰性材料，对环境污染小，缺点是易碎、笨重。

玻璃容器还存在着来自原料中的溶出物，例如铅（铅结晶玻璃）及砷（消泡剂）的溶出物。啤酒非“B”瓶包装爆炸伤人现象时有发生，直接危害着消费者的人身安全。

玻璃的着色需要用金属盐，如蓝色需要用氧化钴，茶色需要用石墨、竹青色等。

6. 塑料制品

塑料是使用最广泛的食品接触用材料。

（1）主要的塑料材料　主要的塑料材料见表 10-12。

表 10-12　主要的塑料材料

缩写	塑料名称	监测的单体
LDPE	低密度聚乙烯	乙烯
HDPE	高密度聚乙烯	乙烯
PP	聚丙烯	丙烯
PS	聚苯乙烯	苯乙烯、苯同系物
EPS	发泡聚苯乙烯	苯乙烯
PVC	聚氯乙烯	氯乙烯
PVDC	聚偏二氯乙烯	偏氯乙烯
PET	聚对苯二甲酸乙二醇酯	酞酸酯
PC	聚碳酸酯	双酚 A、碳酰氯
AS	AS 树脂	苯乙烯、丙烯腈
ABS	ABS 树脂	苯乙烯、丙烯腈、丁二烯
PA	尼龙	己内酰胺等
MF	密胺树脂	甲醛、密胺
UF	脲树脂	甲醛、尿素
FR	氟树脂	
EVA	EVA 树脂	
PMMA	聚甲基丙烯酸树脂	甲基丙烯酸
PMP	聚甲基戊烯树脂	
PB-1	聚丁烯-1 树脂	
BDR	聚丁二烯树脂	
PT	赛璐玢	

续表

缩写	塑料名称	监测的单体
PVA	聚乙烯醇	
PF	聚砜	
PU	聚氨酯树脂	二异氰酸酯类
PF	酚醛树脂	甲醛、苯酚

（2）常用塑料材料

①“1号”（PET）聚对苯二甲酸乙二醇酯，简称聚酯，是目前使用最广泛的饮料瓶。它的透明度高，耐酸碱，防水性高，不易有渗出的情形。由于聚酯的机械强度较高、耐化学性能较好、阻隔性能较好的特点，被广泛用于食品包装，但它不耐高温、易变形（只能耐69℃以下），变形后易溶出对人体有害的物质。近来国内开发了聚酯材料新用途，利用其耐巴氏消毒的性能灌装酒类产品。由于聚酯在醇类溶液中存在一定量的对苯二甲酸和乙二醇迁出，故用聚酯材料盛装酒类产品应慎重。

②“2号”（HDPE）高密度聚乙烯与“4号”（LDPE）低密度聚乙烯。聚乙烯（PE）是典型的热塑性塑料，它又可分为“2号”高密度聚乙烯（HDPE）和“4号”低密度聚乙烯（LDPE）等。HDPE的硬度、熔点、耐腐蚀力都较LDPE好，但4号（LDPE）多用于塑料膜等其他用具上，其延展性佳，且在生活中使用极为广泛，但不作为饮料容器使用。2号HDPE广泛使用在各种半透明、透明的塑料容器上，因它较耐各种腐蚀性溶液，所以多被用在清洁用品、沐浴产品等的容器中。

③“3号”（PVC）聚氯乙烯，是近年逐渐减少使用的塑料容器。这种材质只能耐热81℃，高温时PVC容易释出有毒物质。

④“5号”（PP）聚丙烯。此种容器常被用于各种果汁，是最轻的塑料容器。聚丙烯具有优良的化学稳定性，它的耐热性极佳，透气性佳，耐热温度可达167℃，聚丙烯是通用塑料中唯一能在水中煮沸，并能经受135℃的消毒温度的品种。聚丙烯的耐低温性能不如聚乙烯，低温下易脆裂是聚丙烯的主要缺点。其综合性能优良，可以用注射成形、挤出成形、中空成形制成各种制品。

⑤“6号”（PS）聚苯乙烯。因它的耐热性好，所以常用来装高温食品，如碗装泡面；它的抗寒性佳，各种剉冰也都爱用此容器装盛。PS遇热或遇强酸、强碱性物质时，会有对人体不好的物质——聚苯乙烯释出，容易致癌。

⑥其他种类塑料制品。如聚偏二氯乙烯（PVDC）：与其他塑料相比，聚偏二氯乙烯对很多气体和溶液具有很低的透过率，故广泛用作包装材料。聚偏二氯乙烯在热、紫外线、离子辐射、碱性试剂、催化金属或盐类作用下容易分

解，分解反应的共同特点是有氯或氢释放出来。聚偏二氯乙烯除作纤维用外，主要用作包装薄膜。但是“7 号”PC（聚碳酸酯）很容易释出有毒物质双酚 A。

（3）塑料制品的标识　塑料制品标识常常在塑料制品底部以三角形等符号标示塑料包装材料类型，如图 10-4 所示。

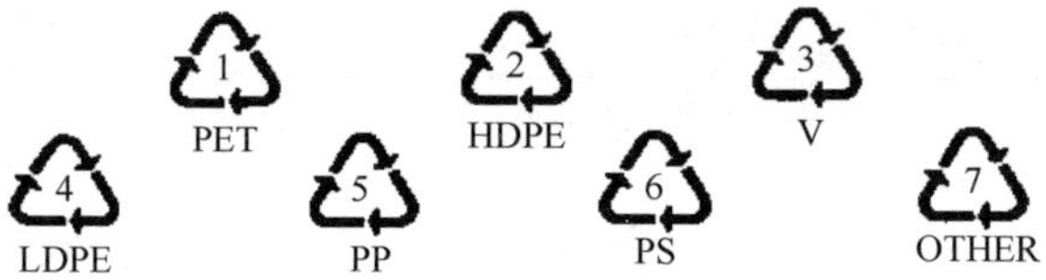

图 10-4　塑料制品的标识

（4）塑料材料安全隐患

①单体：根据不同的树脂使用不同的添加剂以及制作复合材料时使用的黏合剂，UF、PF、MF 的安全隐患在于甲醛，PVC（聚氯乙烯）在于氯乙烯单体，PS 在于甲苯、乙苯、丙苯等化合物。氯乙烯单体含量超标的 PVC 食品保鲜膜，很容易析出有害物质进入人体。

②添加剂：塑料材料的添加剂溶出物是影响食品安全的关键。如稳定剂（抗氧化剂、用于氯乙烯树脂的稳定剂及紫外线吸收剂）、润滑剂、着色剂、抗静电剂、可塑剂等。有些塑料制品中加入了稳定剂，而这些稳定剂主要是硬脂酸铅，其中的铅盐极易析出，一旦吸入人体就会造成积蓄性铅中毒，从而危害消费者的健康。

使用 DEHA 增塑剂的 PVC 保鲜膜遇上油脂或高温时（超过 100℃），增塑剂容易释放出来，随食物进入人体后对健康带来影响。

生产餐盒的主要原料是聚丙烯，工业碳酸钙作为填充料，但容易出现软、渗漏等质量问题。因此，还必须加入石蜡。工业石蜡含有致癌物多环芳烃等有害物质，餐盒中如果有析出物溶解于饭菜中，易被消费者食用。

按 GB 4806.7—2016《食品安全国家标准　食品接触用塑料材料及制品》，其基本要求应符合 GB 4806.1—2016 的规定。其感官要求应符合表 10-13 的规定。其理化指标应符合表 10-14 的规定。

表 10-13　　食品接触用塑料材料及制品感官要求

项目	要求
感官	色泽正常，无异臭，不洁物等
浸泡液	迁移实验所得浸泡液无浑浊、沉淀、异臭等感官性的劣变

表 10-14　食品接触用塑料材料及制品理化指标

项目		指标
总迁移量/(mg/dm²)	≤	10
高锰酸钾消耗量/(mg/kg) 水（60℃，2h）	≤	10
重金属（以 Pb 计）/(mg/kg) 4%乙酸（体积分数）（60℃，2h）	≤	1
脱色实验		阴性

塑料材料使用周期较短，废弃后不易处理，也不易降解，对环境所造成的影响较严重。

7. 橡胶制品

以天然橡胶或合成橡胶为主要原料，配以特定助剂制成的食品用的橡胶制品，如奶嘴、食品输送管带、高压锅垫圈、罐头垫圈、瓶盖垫片等，按 GB 4806.11—2016《食品安全国家标准　食品接触用橡胶材料及制品》，该标准适用于以天然橡胶、合成橡胶和硅橡胶为主要原料加工制成的食品接触材料及制品。其基本要求应符合 GB 4806.1—2016 的规定。其感官要求应符合表 10-15 的规定。其理化指标应符合表 10-16 的规定。

表 10-15　橡胶制品的感官要求

项目	要求
感官	色泽正常，无异臭，污物
浸泡液	迁移实验所得浸泡液不应有着色、浑浊、沉淀、异臭等感官性的劣变

表 10-16　橡胶制品的理化指标

项目		指标
总迁移量/(mg/dm²)	≤	10
高锰酸钾消耗量/(mg/kg) 水（60℃，2h）	≤	10
重金属（以 Pb 计）/(mg/kg) 4%乙酸（体积分数）（60℃，2h）	≤	1

但是，橡胶制品婴儿的奶嘴又有专门特殊的要求，按 GB 4806.2—2015《食品安全国家标准　奶嘴》。该标准适用于以天然橡胶、顺式 1，4-聚异戊二烯橡胶、硅橡胶为主要原料加工制成的奶嘴。其基本要求应符合 GB 4806.1—2016 的规定。其感官要求应符合表 10-17 的规定。其理化指标应符合表 10-18 的规定。

表 10-17　　奶嘴的感官要求

项目	要求
感官	色泽正常，无污物和毛刺等
浸泡液	迁移实验所得浸泡液不应有着色、浑浊、沉淀、异味等感官性的劣变

表 10-18　　奶嘴的理化指标

项目		限量
总迁移量/(mg/kg)		
蒸馏水（40℃，24h）	≤	30
4%（体积分数）乙酸（40℃，24h）	≤	60
50%（体积分数）乙酸（40℃，24h）	≤	60
高锰酸钾消耗量/(mg/kg)		
蒸馏水（40℃，24h）	≤	10
重金属（以铅计）/(mg/kg)		
4%（体积分数）乙酸（40℃，24h）	≤	1
锌（Zn）迁移量/(mg/kg)		
4%（体积分数）乙酸（40℃，24h）	≤	5
2，6-二-叔丁基对甲苯酚迁移量/(mg/kg)		0.3
2，2′-二-亚甲基双-（4-甲基-6-叔丁基对苯酚）迁移量/(mg/kg)	≤	0.15
N-亚硝胺和 *N*-亚硝胺可生成物释放量/(mg/kg)		0.01
人工唾液（40℃，24h）		
N-亚硝胺	≤	0.01
N-亚硝胺可生成物	≤	0.1
挥发性物质/%	≤	0.5

8. 食品接触用材料的发展

食品接触用材料，尤其是包装已成为公司形象的体现，是产品质量的保证，是占领市场的直接手段。随着科技信息的迅速传播和高新技术、新优材料的不断出现，食品接触用材料发展迅速，食品接触用材料正朝着“品质保证”和“创新设计”的方向发展，不断向市场推出新的食品接触用材料。

（1）可食性食品接触用材料　它是以可以消化食用的淀粉等为基料制成的，它不影响食品风味，安全、无毒。可食性材料有一定的营养价值，成本低廉，可降解，在完成包装等功能后，可被人食用或用作动物饲料，符合绿色材料的要求，不会造成环境污染。

如美国克雷姆逊大学研制的谷类薄膜，以玉米、大豆、小麦为原料，提取植物蛋白质加工成薄膜，既能保持水分，又具有较好的防潮隔氧能力，还有一定的抗菌性，适用于香肠等食品的包装，使用后可供家禽食用，或作肥料。

（2）可生物降解食品接触用材料　生物降解材料是指那些使用时具有与普通塑料相同功能，使用后能被微生物分解为低分子化合物，最后分解为水和二氧化碳等无机物的高分子材料。如法国达诺内乳制品公司从甜菜中提取乳酸，制成酸奶盒和杯子。

（3）保鲜包装材料　美国南卡罗来纳的克雷姆逊大学以玉米、大豆、小麦为原料，将玉米蛋白质制成纸状，用于香肠等食品的包装，使用后可供家禽食用，或作肥料。

（4）耐热包装材料　美国开发了食品保温包装纸。保温纸特殊功能的秘密在于像太阳能集热器一样，能够将光能转化为热能。通常人们只需把这种特制的纸放在阳光能照射的地方。该纸所包围的空间就会不断地有热量补充进去，从而使纸内的食物保有一定的热温，供人们在不同的场地、时间方便食用，完全适应时代生活快节奏发展需求。

日本一家公司开发出一种可溶于热水的食品包装材料，既具有可食性，又具有生物分解性。这种食品包装材料，是以多糖类物质为主要原料加工而成。

（5）微波食品接触用材料　瑞典一公司生产了一种扁盘式微波食品接触用材料。该包装选用C-PET，采用PET，多层复合，并压制出加强筋。采用这种包装的食品从冰箱取出就可直接进入微波炉烘烤，耐受230℃高温。

（6）新型高阻隔性材料　国内开发用于食品接触用材料的“尼龙6层状硅酸盐纳米复合材料”，降低了气体的透过率，提高了材料的阻隔能力，透明度更高，使食品的保质期延长。

（7）新型草药、果蔬接触用材料　据报道，美国发明了一种新型环保包装材料，这种新型包装材料完全采用压碎的草莓制成，用其制成的食品包装薄膜同样能够阻止氧气渗入，达到保鲜效果，是可以自然分解的环保材料，符合环保要求。

（8）显色鉴别有害菌食品接触用材料　加拿大科学家目前开发了一种带有抗体和染料涂层的食品接触用塑料材料。用它包装的食品存在一定数量的有害菌时，在包装袋的表面就可以直接地反映出来，使人一眼便能识别。这是用标准的聚乙烯材料制成的，其内表面上放置了特定的抗体，在抗体层上涂有一层凝胶，凝胶中含有同种抗体和用特制化学混合物制成的燃料，凝胶上是一有很多小孔的塑料纸，它将直接与食品接触。当有害菌感染食品，开始繁殖后，它们会穿过最内层包装纸上的小孔，进入凝胶层。这时凝胶层中的抗体被激活并与有害菌结合，产生显色反应，使有害菌着色。

二、食品接触用塑料材料简易鉴别法

要识别塑料制品是何种材质，必须对塑料材质进行鉴别实验。鉴别实验基于各种塑料材质的物理、化学性质。鉴别实验可分为简易鉴别和精密鉴别。

塑料制品及其材质的外观、形状的感官检验，以及对塑料制品硬度、密度、荧光、可燃性、在溶剂中的溶解性能、加热分解产物的测定和判断，是最常用的简易鉴别手段。其鉴别方法如下。

1. 以透明感鉴别

如图 10-5 所示为一些塑料的透明感。

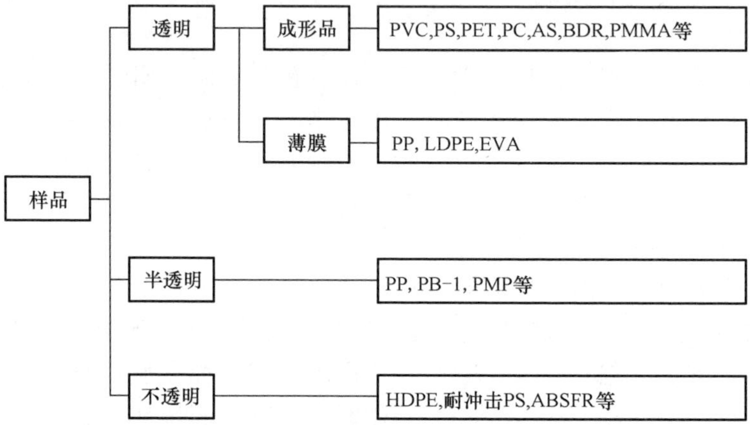

图 10-5　以透明感鉴别塑料示意图

2. 以密度鉴别

简易判断可观察树脂在不同密度溶液中的沉浮判断，见图 10-6。聚乙烯树脂密度为 LDPE 0.91~0.93g/cm^3，HDPE 0.94~0.97g/cm^3，所以浮于水面。

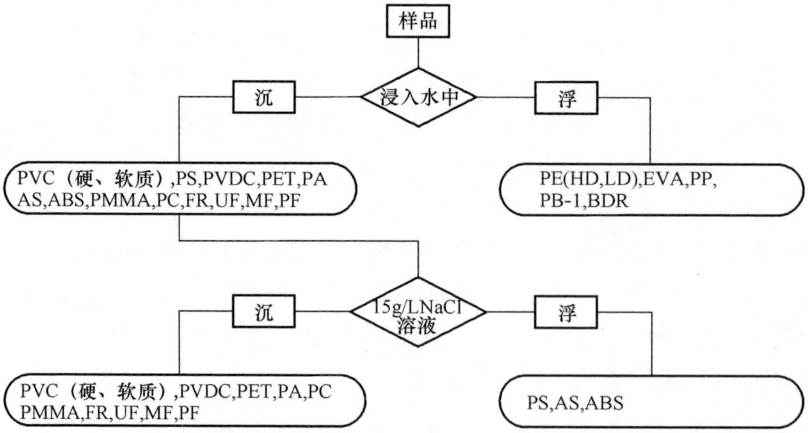

图 10-6　以密度鉴别塑料示意图

3. 以敲击声鉴别

可以通过敲击声鉴别塑料，如图 10-7 所示，聚乙烯塑料敲击声或落地撞击声属于中音。

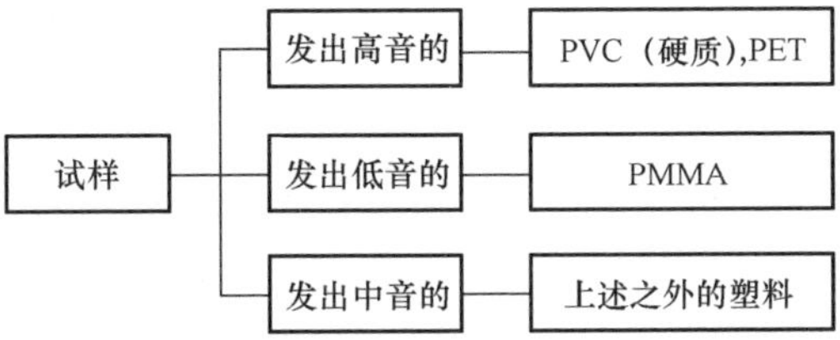

图 10-7　以敲击声鉴别塑料示意图

4. 以铅笔刻划鉴别

塑料的硬度不一样，可通过规定硬度的物体（铅笔）刻划鉴别，如图 10-8 所示为以铅笔刻划鉴别塑料示意图。

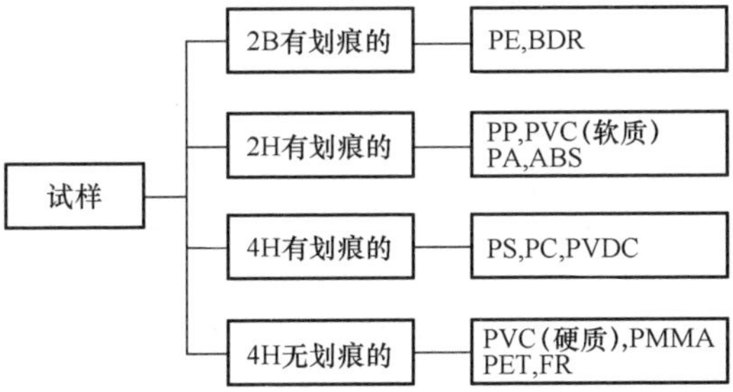

图 10-8　以铅笔刻划鉴别塑料示意图

5. 以燃烧实验鉴别

例如聚乙烯在火焰上加热，会先熔融并呈烛泪状液滴滴落，且剧烈燃烧，离开火焰后仍继续燃烧，火焰上端呈黄色，下端呈蓝色，燃烧时有石蜡样臭气，残渣呈黑色。PE 熔点为 105~136℃。图 10-9 为塑料的燃烧实验鉴别示意图。

6. 有毒与无毒食品接触用塑料材料的简易识别方法

无毒的塑料袋是用聚乙烯、聚丙烯和密胺等原料制成，可以用来包装食品。

聚氯烯制成的塑料袋有毒，不能做食品接触用材料。

识别无毒的塑料包装袋方法如下。

（1）用手抖动塑料袋时，发出“哗哗啦啦”的清脆响声是无毒塑料袋，而声音小而闷的是毒塑料袋。

（2）把塑料袋放到水里，用手将其按到水底，稍等片刻，浮出水面的即为无毒塑料包装袋，沉在水底的即是有毒塑料包装袋。

（3）用手抚摸塑料包装袋表面，很光滑是无毒的，发黏、发涩是有毒的。

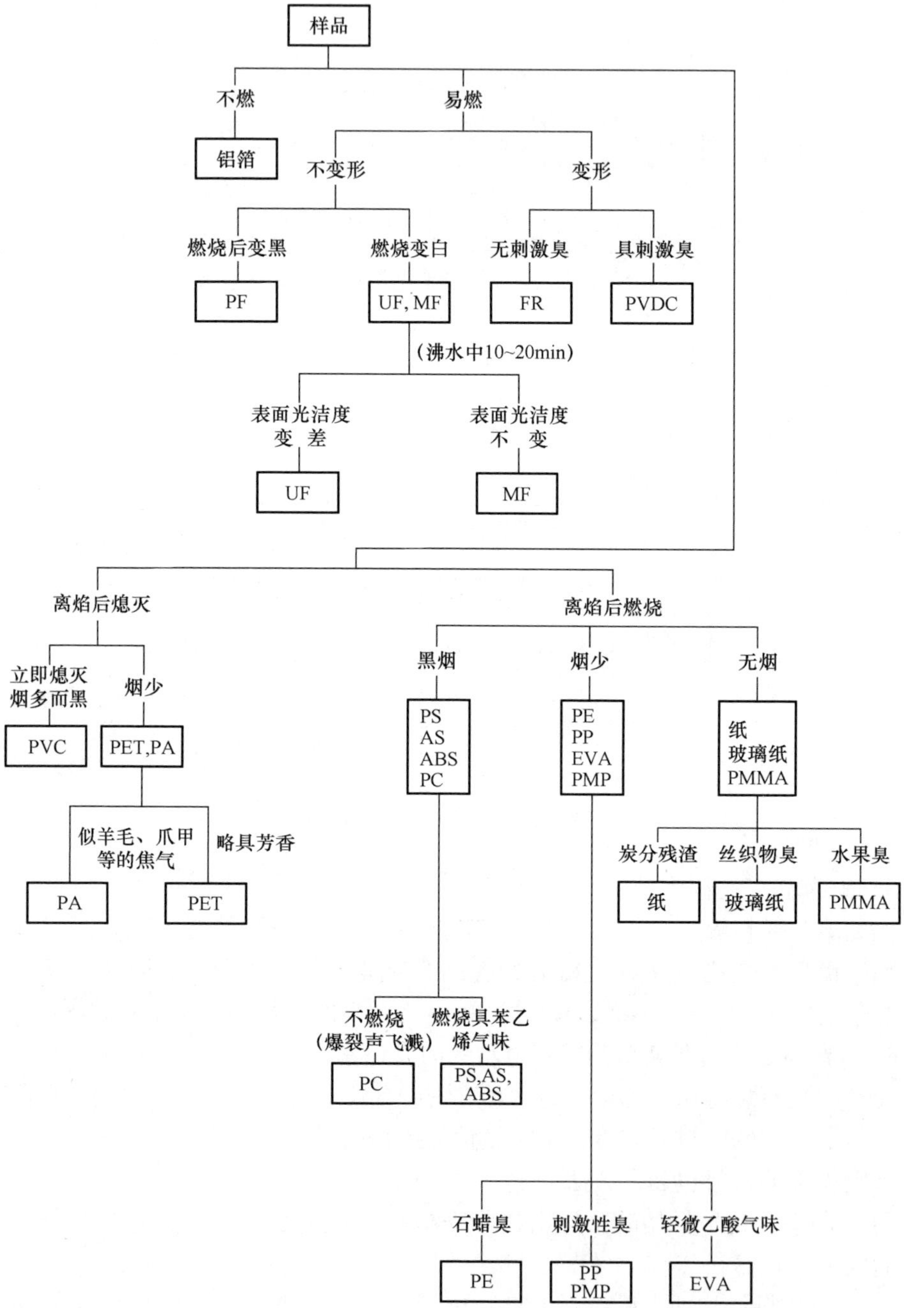

图 10-9　以燃烧实验鉴别塑料示意图

三、真假食品接触用材料的鉴别

市场销售竞争日益激烈化，在激烈的市场竞争下，作为食品生产厂家如何使本厂的产品能够得以畅销，只凭借自家产品的“优质”是远远不够的，产品必须采用某些广告媒体进行自我宣传，达到推销的目的。作为商品来说，最为直接的广告媒体应该是它自身的包装设计。对食品进行包装所采取的一系列保护技术措施，目的是保证食品的原有状态及质量在运输、流通、贮存及使用时不受到损害，并且杜绝假冒伪劣食品。

1. 酒类

（1）真假国家名酒的一般外观鉴别方法

①看瓶形：国家名酒除所用的瓶子用料考究、制作精致外，有许多名酒都采用独特的瓶型。例如茅台酒多年来一直使用乳白色圆柱形玻璃瓷瓶，瓶身洁白光滑，无杂质；五粮液有鼓形瓶和晶质瓶两种，瓶底和瓶身有五粮液酒厂专用字样；泸州老窖特曲使用的是异形瓶，瓶底有泸州老窖酒厂专利瓶字样。其他名酒瓶形外观也各有特点。凡不符合该名酒酒瓶特点者，肯定是假货。

②查瓶盖：国家名酒的瓶盖大都使用金属防盗盖，并且瓶盖的材质优良，制作精湛，形状一致，一扭即断。瓶盖上文字、图案清晰、工整，封口严密，不松、不漏。而假货的瓶盖一般是手工制作的，封口不严密，常有松动漏酒现象，且文字、图案不清晰，易脱落，盖口不易扭断。

③看包装：国家名酒包装精致，纸质优良；包装制作和标贴印制规范精美，凹凸版印刷，图案、文字清晰鲜明，套色准确，裁边整齐。假货一般纸质较粗糙，图案、文字不够清晰，色彩不够协调，套色不正，无凹凸印刷或印刷的凹凸感不明显。

④看防伪标志：国家名酒有些已在包装或瓶盖上使用激光全息防伪标志、荧光防伪标志、温度防伪标志或仿形防伪技术等。例如茅台酒的防伪图案有“飞天”和“五角星”两种，均采用激光全息防伪标志，从不同角度看，会呈现不同的色彩，而且只能使用一次，开启后就不能复原再用。注意用真品上的防伪标志与待鉴品对照比较，就可鉴别其真伪。

（2）真假茅台酒的外观鉴别　茅台酒厂始建于 1704 年，位于贵州省仁怀县茅台镇，所产茅台酒为中国名酒，在国内外均享有盛誉，是高档次的饮料酒。茅台酒是用小麦制曲，经过 8 次发酵精制而成，贮存 2~3 年后方可出厂。已发现的假冒茅台酒有两种形式：一种是仿制茅台酒商标，使用茅台酒酒名、茅台酒商标图案；另一种则是一些不法分子以高价收购旧茅台酒瓶装入假酒出售，甚至伪造茅台酒厂的销售发票、公章和证明，进行批量倒卖活动。需要声明的是，贵州茅台酒厂没有与其他任何厂家联营，没有将其商标许给任何厂家使用，也没有分厂。

凡是注明为联营厂、一厂、二厂、分厂生产的“茅台酒”，均为假冒产品。真品茅台酒不分等级，也没有所谓的正品与次品、原装与非原装之分，如果包装上或酒瓶上有这些字样，则肯定是假货。

怎样从包装识别真假“茅台酒”呢？

①商标不同。真品：茅台酒全瓶贴“贵州茅台酒”注册商标，商标和背标均使用进口 100g 铜版纸印刷。商标瓶贴内外销规格一致，500mL 装的规格（以套金色边计）为 90mm×125mm（四周留白边 2.5mm）。内销图形为从右上方到左下方的 60mm 宽白色斜带，上下分别有 2 条黑色细线和 4 条黑色粗线，中间白带上有套金色的“贵州茅台酒”5 个红字；带左上方相接有 13mm 宽的金色条，上有“中外驰名”4 个黑字，右上方为一大块红色，色块中间有直径为 35mm 的套金色边的白圈，圈内有从上至下的环形麦穗、金色齿轮，中间为红五角星。斜带右下方大红色块上有“中国贵州茅台酒厂出品”10 个白字，下部与斜带相接处有一条细金线。整版图形四周套印金边。外销商标与内销商标的不同之处是：外销商标左上角红底色上为“飞天”注册商标（有英文）。右下方厂名配有白色英文和黑色“浓度、容量”字样，“中外驰名”4 字用英文表示。内销背贴说明规格为 65mm×85mm，以红色套边，红色套边四周留白边 10mm，出厂日期为蓝色阿拉伯数字。外销背贴说明与内销不同，两边是从下至上的金色麦穗，中间上红下白的圆圈内的上半部为中文，下半部为英文，英文用 65mm×35mm 大红色覆盖。商标印刷精美，图案、文字清晰，色彩准确，切边均匀。

假品：内外销均有假冒，内销较为普遍。假冒内销“茅台酒”的商标仿制原版，商标规格是 100mm×140mm，背贴规格为 133mm×85mm。假品商标与背标使用普通纸印刷，图案配色混乱，层次不清晰，颜色偏淡，规格不一致，多数假商标在字体上与真商标有明显区别，出厂日期的字迹有红色和其他颜色。有的仿制很真，要仔细鉴别。

②包装材料不同。真品：内外销包装瓶盖均使用红色扭断式防盗螺旋铝盖，顶上有“贵州茅台酒”5 个白字，瓶体为乳白色玻璃瓶，全瓶装入彩盒中。内销原包装瓶盖为白色 U 形塑料内塞，瓶盖为带边线、竖密纹、平顶红色塑料盖，用平顶红色有“茅台”字样的原质胶帽套封，整瓶酒外包装有一张优质正方形皮纸，装在彩盒中。1992 年后出品的茅台酒，在瓶盖上加封红色火棉胶，瓶盖收口处紧密，下端预留扭断线分明，容易开启。

真品外包装彩金用的是进口白板纸加细瓦楞。盒上字体和色泽与商标、背贴上一致。外包装从 1992 年 1 月 1 日起，扭断盖上加套电脑刺绣彩带和红色胶套。胶套内层有“茅台”暗字，两字围成圆形。“飞天牌”2 条彩带都刺绣“中国贵州茅台酒”7 个字，贵州牌（五星牌）则是一条刺绣“中国贵州茅台酒”，另一条刺绣“中国名酒世界名酒”8 个字。两种牌号的包装均有激光全息防伪标志，瓶口无内塞。

假品：现在市场上出现的假冒茅台酒多是假冒原包装。使用各种深浅色不同的红色胶帽，有透明无字的，也有假造“茅台”两字的。瓶盖有白色、红色，盖边竖纹各异，盖顶各有不同，有黄色扭断式铝盖和塑料盖外套扭断式黄色铝盖；内塞有螺旋式、带腰线、平顶等几种。外包装用的是不合格的劣质牛皮纸或其他纸材。凡包装与以上述真品不同、不一致的，均为假冒。

当然，最好在专售商店购买茅台酒，以防假冒。

（3）真假洋酒的包装鉴别　通常将从国外进口的酒统称为洋酒，如人头马、马爹利、轩尼诗及长颈 FOV 等。由于洋酒价格偏高，有些不法商贩常“以土代洋”，炮制假酒扰乱市场，损害消费者的利益。据报道，假洋酒主要来自一些简陋、狭小、卫生条件差的家庭式小作坊。在这些小作坊里，他们将自己调制的自制酒灌入收购来的空洋酒瓶中，用私自加工的瓶盖封口，装进原装的酒盒和包装箱中，进行批发、销售，混入市场以假乱真。

目前市场上发现的假洋酒主要有：马爹利、人头马、长颈 FOV 及轩尼诗等。从感官上初步鉴别是否为假洋酒，可从洋酒的包装、规格、商标、瓶盖及防伪标志等几方面进行。

①瓶盖：英国、法国等生产的世界名酒，是在电脑控制下进行的，其瓶盖和瓶盖上的铁套造型精细，字迹清晰，色泽均匀一致，套扣牢固紧密。例如人头马等洋酒的开瓶撕条做工精致，形似拉链。

“家庭作坊”中的假洋酒制作者，在制作中所使用的模具大都粗糙，所用的瓶盖和瓶盖上的套扣具有以下特征：色泽暗、无光泽，色彩不均匀，有的还露出底色。

②保险套：真洋酒瓶的保险套盖是锡制的，其内面呈银白色光泽。假洋酒保险套盖多是铝制的，颜色较暗。有些洋酒如“人头马”的酒瓶上安装有塑料章盖，该套盖的下方呈完整的环状。假洋酒的套盖工艺粗糙，套盖下方的环上有缺口、断隙现象。

③防伪标志：洋酒的瓶颈上一般都有商标，商标内有各种防伪标志，不同洋酒的防伪标志也不相同。为了防止他人伪造，有的洋酒如长颈 FOV 及轩尼诗生产厂家采用了一次性使用的防伪标志。假洋酒多是贴用从弃用的洋酒瓶上取下来的防伪标志，在防伪标志上一般常可找到破损处。

④看商标：真洋酒商标十分讲究，整齐、清晰，凹凸感强，印刷鲜明，精细工整，字迹图案不会出现陈旧、模糊现象；假商标图案失真、变形，有的表面有线状龟裂，边缘不清晰，字迹不清晰，字母大小不均或遗漏，封口条粗糙、不整齐，开口撕条纹理粗糙不均匀。

⑤看封口：洋酒的封口有铝封和铅封。使用集装箱运输的名贵洋酒，箱外一般都有铅封，如铅封打开或无铅封，则该酒有问题，不可购买。

⑥看商标密码：不同的酒印有不同的数字密码，分别表示酒的生产日期、生

产厂家以及进口时间。如果该酒商标上的编号与该种洋酒的编号不同，则表明其为假冒货。

通过以上感官鉴别，可对真假洋酒作出初步判断，但最后定论常需要结合检验分析的结果。目前先进的检验仪器、化验方法可以准确测出不同酒中所含的各种成分，从而可以确定其真假。

2. 罐头的外观质量鉴别

根据罐头的包装材质不同，可将市售罐头粗略分为马口铁装和玻璃瓶装两种。

（1）开罐前的鉴别　主要依据容器外观、按罐盖、敲打听音和漏气检查四个方面进行。

①容器外观：主要检查罐头封口是否严密，外表是否清洁，有无磨损及锈蚀情况，如外表污秽、变暗、起斑、边缘生锈等。如是玻璃瓶罐头，可以置于明亮处直接观察其内部质量情况，轻轻摇动后看内容物是否块形整齐，汤汁是否混浊，有无杂质、异物等。

②手按罐盖：主要检查罐头有无胖听现象。可用手指按压马口铁罐头的底和盖，玻璃瓶罐头按压瓶盖即可，仔细观察有无胀罐现象。

③敲打听音：主要检查罐头内容物质量，可用小棍或手指敲击罐头的底盖中心，听其声响。良质罐头声音清脆，发实音；次质和劣质罐头（包括内容物不足、空隙大的）声音浊，发空音（沙哑声）。

④漏气检查：罐头是否漏气，对于罐头的保存非常重要。一般是将罐头沉入水中，如有漏气，就会产生小气泡。

（2）罐头优、劣外观区别

①良质罐头：整洁无损，敲击声清脆。

②次质罐头：假胖听、突角、生锈、氧化油标、单咬、无真空，敲击声空、闷。

③劣质罐头：真胖听、沙眼、缺口、大齿或罐头外污秽，敲击时发出破锣声，锈蚀严重。

（3）依据外观挑选

①日期：选购罐头，一定要选择日期较近的罐头。

②商标：要看是否有生产厂的厂名，要选购商标新、无污损的产品。

③罐形：罐头的盖和底向内凹进的罐头的真空度高，产品质量好。如果罐头的盖和底向外凸出，说明罐头内的真空度低，产品质量差。这种胖听罐头不能购买。铁罐表面还应无锈蚀现象。

思考题

1. 简述预包装食品标签的基本要求。
2. 直接向消费者提供的预包装食品标签必须标示的内容有哪些？

3. 简述预包装食品营养标签的基本要求。

4. “SC”编号证书标示的是什么？其主要特征和主要内容有哪些？

5. 实施食品质量安全市场准入制度的食品有哪些？举3例。

6. 什么是无公害食品、绿色食品、有机食品？它们的标志是什么？它们有何共同点？有何区别？

7. 画出1、2、3、4、5、6、7号塑料制品的标识。

8. 简述有毒与无毒塑料包装的简易识别方法。

9. 罐头的外观鉴别主要依据哪四个方面进行？

实训内容

实训一

塑料袋食品包装的检验

一、实训目的

了解并掌握塑料袋食品包装要求。

二、实训原理

原理见本模块“项目一　食品标签的鉴别检验”和“项目二　了解《食品生产许可管理办法》”。

三、实训方法

到市场或者企业调查了解。

四、实训要求

举例叙述特征，说明塑料袋食品包装是否符合要求，进行总结，写出结论。

实训二

塑料瓶饮料包装的检验

一、实训目的

了解并掌握塑料瓶饮料包装要求。

二、实训原理

原理见本模块“项目一　食品标签的鉴别检验”和“项目二　了解《食品生产许可管理办法》”。

三、实训方法

到市场或者企业调查了解。

四、实训要求

举例叙述特征，说明塑料瓶饮料包装是否符合要求，进行总结，写出结论。

实训三

无公害食品、绿色食品、有机食品的包装鉴别

一、实训目的

了解并掌握无公害食品、绿色食品、有机食品的包装鉴别。

二、实训原理

原理见本模块“项目三　无公害食品、绿色食品、有机食品的标识”。

三、实训方法

到市场或者企业调查了解。

四、实训要求

举例叙述特征，说明无公害食品、绿色食品、有机食品的包装是否符合要求，进行总结，写出结论。

实训四

酒类食品包装的检验

一、实训目的

了解并掌握酒类食品接触用材料要求。

二、实训原理

原理见本模块“项目四　真伪食品接触材料鉴别”。

三、实训方法

到市场或者企业调查了解。

四、实训要求

举例叙述特征，说明酒类食品包装是否符合要求，进行总结，写出结论。

实训五

罐头食品包装的鉴别

一、实训目的

了解并掌握罐头食品包装要求。

二、实训原理

原理见本模块“项目四　真伪食品接触材料鉴别”。

三、实训方法

到市场或者企业调查了解。

四、实训要求

举例叙述特征，说明罐头食品包装是否符合要求，进行总结，写出结论。

参考文献

［1］王竹天．食品卫生检验方法（理化部分）［M］．北京：中国标准出版社，2012.

［2］中国预防医学科学院标准处．食品卫生国家标准汇编（1）~（5）［M］．北京：中国标准出版社，2003.

［3］王林，王晶，周景洋．食品安全快速检测技术手册［M］．北京：化学工业出版社，2008.

［4］杨祖英．食品安全检验手册［M］．北京：化学工业出版社，2009.

［5］余芳，施瑛．你不可不知的掺假食品识别100招［M］．南京：江苏科技出版社，2010.

［6］刘约权，李贵深．实验化学［M］．北京：高等教育出版社，2005.

［7］彭珊珊．食品分析检测及其实训教程［M］．北京：中国轻工业出版社，2011.

［8］傅德成，孙瑛．食品质量感官鉴别指南［M］．北京：中国标准出版社，1995.

［9］唐宏荣．家庭食品质量鉴别与保鲜指南［M］．北京：中国旅游出版社，1997.

［10］质量技术监督行业职业技能鉴定指导中心．食品质量检验——肉蛋及制品类［M］．北京：中国计量出版社，2006.

［11］陈晓平，黄广民．食品理化检验［M］．北京：中国计量出版社，2008.

［12］赵镭，刘文．感官分析技术应用指南［M］．北京：中国轻工业出版社，2011.

［13］高佩群．识别伪劣商品1000例［M］．北京：中国计量出版社，2003.

［14］汪东风．食品质量与安全实验技术［M］．北京：中国轻工业出版社，2011.

［15］生庆海，张爱霞，马蕊．乳与乳制品感官品评［M］．北京：中国轻工业出版社，2009.

［16］蔡惠平，陈黎敏．肉制品包装［M］．北京：化学工业出版社，2004.

［17］丁伟．牛奶掺假快速检验［M］．太原：山西科学技术出版社，1993.

［18］李晓宏．粮油及制品检验技术［M］．北京：中国计量出版社，2000.

［19］苏世彦．常见掺假食品的鉴别检验［M］．北京：中国轻工业出版社，1991.